全国教育科学规划教育部重点课题
——高等教育大众化与数字化环境下高校课堂教学的实效性研究(DCA090221)

物理化学实验

主　编　张立庆
副主编　李菊清　姜华昌

ZHEJIANG UNIVERSITY PRESS
浙江大学出版社

图书在版编目（CIP）数据

物理化学实验 / 张立庆主编. —杭州：浙江大学
出版社，2014.8(2024.7 重印)

ISBN 978-7-308-13592-4

Ⅰ.①物… Ⅱ.①张… Ⅲ.①物理化学－化学实验－
教材 Ⅳ.①O64-33

中国版本图书馆 CIP 数据核字（2014）第 167084 号

物理化学实验

主 编 张立庆

副主编 李菊清 姜华昌

责任编辑 徐素君(sujunxu@zju.edu.cn)

封面设计 黄晓意

出版发行 浙江大学出版社

（杭州市天目山路 148 号 邮政编码 310007)

（网址:http://www.zjupress.com)

排 版 杭州青翊图文设计有限公司

印 刷 杭州高腾印务有限公司

开 本 710mm×1000mm 1/16

印 张 16

字 数 305 千

版 印 次 2014 年 8 月第 1 版 2024 年 7 月第 5 次印刷

书 号 ISBN 978-7-308-13592-4

定 价 48.00 元

前　言

　　物理化学实验是一门独立的基础化学实验课程,近年来随着教学改革的深入与发展,物理化学实验在教学内容、教学方式,特别是实验设备等方面发生了很大的发展与变化。因此我们结合近年来物理化学实验新的教学成果编写了本书。全书在内容安排上深入浅出,循序渐进,既有传统的经典物理化学实验,也有与实际化学化工应用研究相结合的综合设计与拓展性实验,体现了物理化学实验的基础性、应用性和综合设计性等特点。

　　本书注重与物理化学理论教材的相互融合及互补,使实验与理论既自成体系,又互为依托,相辅相成,并注意实验课程和实验教材自身的衔接,强调系统性与相对独立性。

　　本书是经长期教学实践和教学改革积累形成的研究成果,从 2009 年开始在浙江科技学院使用并根据教学情况不断进行修改与完善,是全国教育科学"十一五"规划教育部重点项目——高等教育大众化与数字化环境下高校课堂教学的实效性研究(DCA090221)的项目教学实践内容,本书以"夯实基础、注重综合、突出应用"为主线,以"基础—综合—应用"为框架进行编写,立足基础训练,强化综合性、设计性与拓展性;适当融合研究性、应用性与创新性;目的是让学生扎实地掌握物理化学的基础实验知识与基本实验技术,逐步提高学生分析问题与解决问题的能力,在教材内容基础上进行深入与拓展,知识结构上进行整合与精简,特别注意了实验与仪器的整体性。本书适合高等院校化工工程与工艺、制药工程、材料科学与工程、食品科学与工程、生物工程、轻化工程等近化类工科专业的物理化学实验教学。

　　全书由浙江科技学院张立庆(第一章,实验 5、9、11、16,实验 32 至实

37，实验 45，附录）、李菊清（实验 3、7、8，实验 17 至实验 22，实验 30、31）、姜华昌（实验 1、2、10，实验 25 至实验 27）、曾翎（实验 6，实验 12 至实验 15，实验 29）、成忠（第二章，实验 23、24、28）、傅晓航（实验 4）、俞远志（实验 38、39、40）、张艳萍（实验 41、42、43）、李惠（实验 44）编写。本书由张立庆担任主编，李菊清、姜华昌担任副主编。全书由张立庆统稿和定稿。

　　由于编者水平有限，书中难免有不足之处，恳请读者不吝批评指正。

　　　　　　　　　　　　　　　　　　　　　　　　编　者

　　　　　　　　　　　　　　　　　　　　2014 年 3 月于杭州

目　录

第一章　绪　论

　　物理化学是从物理现象和化学现象的联系入手,探求化学变化基本规律的科学。物理化学实验是印证物理化学理论的重要环节。目前,物理化学实验是一门独立的基础实验课,是基础化学实验课程的一个重要组成部分,主要培养学生运用物理化学理论解决实际化学问题的能力。它是继无机及分析化学实验、有机化学实验等课程后的重要实验课程,物理化学实验综合了化学领域的各个分支所需要的基本实验工具和研究方法。随着实验技术与设备的不断发展与更新,物理化学实验研究渗透到自然科学的各个领域,其实验技术与研究方法在现代自然科学研究中得到了广泛应用。

1.1　物理化学实验的目的

　　物理化学实验是运用物理学的技术和仪器,采用数学运算工具,进而研究化学体系变化的性质与规律。物理化学实验的主要任务是对物理化学各个分支如化学热力学、化学动力学、电化学、表面现象与胶体化学等方面的各种物理化学量进行测量。实验过程中会涉及多种物理仪器的测量和测试技术,同时许多物理量的测量需要通过设计变化过程、改变测试条件来实现。物理化学实验的结果通常必须根据物理化学的基本原理和公式,通过采用各种实验数据处理和分析方法才能获得。因此,通过物理化学实验课程的学习,可使学生初步掌握物理化学实验的基本技术与研究方法,加深对物理化学理论的认识,提高灵活运用物理化学原理和实验技术解决实际问题的能力。

　　物理化学实验的主要特点是学生需要使用精密仪器进行实验,一般都涉及较为复杂的物理测量方法和技术,因此不仅要求学生会动手组装和使用实验装置和仪器,而且要求学生能设计实验并对实验结果做出正确的处理。因此,通过学习物理化学实验课程,学生应该理解物理化学的研究方法,掌握物理化学实验基本技术与基本技能。学会基本物理化学实验仪器的构造、测量原理与使用方法,了解大型仪器的功能、测试方法和计算机在物理化学实验中的应用。

掌握重要的物理化学性能测定,培养观察和记录实验现象、选择实验条件和实验数据的分析处理以及归纳实验结果的能力。同时,通过综合设计与拓展性实验,培养学生文献资料的查阅能力、思维的探索能力,使学生在具有扎实的实验技能的基础上,初步具备进行科学研究的能力。物理化学实验的主要目的有以下四个方面:

(1)掌握运用物理学实验研究化学变化规律的基本方法,掌握物理化学实验的一般研究手段,加深对物理化学基本知识、基本理论和基本原理的理解与运用。

(2)熟练掌握物理化学实验操作的基本技术,正确掌握物理化学实验中各种常见仪器的使用,培养独立工作和独立思考能力,培养正确观察、准确记录和分析、归纳、综合实验现象、正确处理实验数据、规范撰写实验报告、初步掌握查阅文献资料等方面的能力。

(3)培养实事求是的科学态度,培养准确、耐心、整洁和合理安排实验时间等良好的实验习惯,培养认真仔细、一丝不苟的实验态度,养成良好的实验室工作习惯。

(4)严格执行实验室纪律,掌握实验室工作的基本知识,如实验室试剂和仪器的管理与使用,实验室可能发生的一般事故及其正确应急处理方法,掌握实验室废液的处理方法。

1.2　物理化学实验的要求

物理化学基本理论是化学学科的理论基础,物理化学实验则是将物理化学的基本理论具体化,是对化学理论的实践检验。因此,在物理化学实验中将理论和实践相结合显得特别重要。物理化学实验应在重视基本知识与基本技能教学的同时,更要注重学生研究能力的培养。所以在教学中要求首先做好规定的基础经典实验,熟练掌握每个实验的原理、方法、技术和相关仪器的操作。在实验教学的后期,可以根据学生的实际情况适当安排一些综合设计性实验。

为达到物理化学实验课程的目的,掌握实验技术与知识,达到教学要求,提高物理化学实验教学效果,一般可以从实验预习、实验操作过程、实验记录和实验报告的撰写等四个方面来掌握,具体有:

1. 实验预习

物理化学实验是一门理论与实际紧密结合的课程,同时,物理化学实验课程有其本身的特点。为了使实验能够达到预期的教学效果,学生在开始做每个实验前必须充分预习有关实验内容，认真阅读实验教材，查阅相关文献资料，掌握实验原理，明确所用仪器设备的原理与构造以及使用方法，做好实验前的各项准备工作。通过学习实验教材和有关参考资料，观看实验教学录像，应熟练掌握实验的内容、步骤、操作过程和注意事项，了解实验的技术要领，清楚该实验需进行哪些测量，记录哪些数据，然后设计原始数据的记录表格，在此基础上写出简明扼要的预习报告(对综合性、设计性、拓展性实验则应该写出设计方案)，同时对实验时间进行合理的规划，作好统一安排。在实验前学生应将预习报告交指导教师检查，教师要针对学生的情况进行提问，并对该实验的关键问题进行分析与指导。学生达到预习要求并经教师同意后，才可以进行实验，对未预习或未达到预习要求的学生，不允许进行实验。教学实践表明，课前认真预习对减少仪器破损，提高物理化学实验课程的学习效果具有十分明显的作用。

2. 实验操作过程

在认真进行了实验预习以后，学生在教师指导下独立完成实验是物理化学实验的主要教学环节，是学生掌握实验基本技术，达到实验目的的重要手段。在整个实验过程中应做到以下几点：

(1)学生进入实验室后，首先应根据预习报告检查核对实验仪器和实验试剂，对照仪器再次阅读实验教材中的有关部分或者是仪器说明书，熟悉仪器的操作方法。同时记录实验时的室温和大气压，做好实验的准备工作。指导教师应检查学生的预习情况，进行必要的提问，并解答学生提出的问题。

(2)在整个实验过程中，应严格按照实验操作步骤与仪器操作方法进行，如需改动，必须与指导教师进行讨论，经教师同意后才可以实行。

(3)认真进行实验，严格控制实验条件，仔细观察实验现象，独立思考，善于发现和解决实验中出现的各种问题。如实记录实验数据，原始数据应详细记录在实验记录本上，注意整齐清洁，尽可能采用表格形式，注意培养良好的记录习惯。

(4)如果发现实验现象或数据和理论不符，首先必须尊重实验事实，不能擅自删去自认为不正确的原始数据，而要认真地分析和检查原因，必要时经教师同意可以重做实验进行核实，从而得到正确的结论。

(5)在实验过程中，要爱护实验仪器与设备，实验中仪器如果出现故障应及时报告，在教师指导下进行处理。

(6)实验过程中应独立进行实验，勤于思考，保持实验室整洁，不看手机，不看与实验无关的书籍，不谈论与实验无关的事情，不随意走动和擅自离岗。在讨论与实验有关的问题时，应注意小声说话，保持实验室安静。严格遵守实验

第一章 绪论

室工作规则。

（7）实验结束后，应先将实验数据交给指导教师，检查同意后方可清理实验台。应及时洗净仪器，将试剂放回原处，清理废液。若有仪器损坏应进行登记。所做的实验原始数据记录经指导教师签字确认后，才能离开实验室。

3. 实验记录

（1）养成良好的数据记录习惯是物理化学实验的基本要求之一。学生必须养成一边进行实验一边随时在实验记录本上进行记录的习惯，不能事后补写。记录的内容应该包括实验的全部过程，进入实验室应该首先记录当时的实验条件，因为实验结果与实验条件密切相关，它是分析实验结果和误差的重要依据。实验条件包括环境条件和仪器与试剂条件。环境条件是指室温、大气压等；仪器试剂条件是指实验所使用仪器的名称、规格、型号、精度；试剂的名称、纯度、浓度等。

（2）记录原始数据必须实事求是，要求做到完全、准确、整齐、清楚。对原始数据不能随意涂改、任意取舍，不允许回忆补记，原始数据不能用铅笔记录，不要先写在碎纸片上然后再转抄。由于操作不慎或记录笔误而记下的错误数据，应用线将其划掉，在一旁写上正确的数据。应该牢记，实验记录是原始资料，绝对不能做假，这是科学工作者必须具备的素质。实验结束后，必须将实验原始记录交指导教师检查并签字，然后才可以离开实验室。

4. 实验报告

实验报告是对实验工作的分析与总结，完成实验报告是物理化学实验教学的一个重要环节，它能使学生在实验数据处理、计算机作图、误差分析、问题讨论等方面得到训练，能使学生更好地掌握物理化学实验原理，加深对实验设计思想的理解，为写技术实习报告与毕业论文打下扎实的基础。因此，学生必须认真完成实验报告。实验报告应简明扼要，书写工整，一般应包括：

（1）实验名称与实验时间以及实验地点。并写清班级、学号、实验者与同组学生姓名。

（2）实验目的。明确实验必须掌握的物理化学原理、重要仪器与实验方法。

（3）实验原理。简述实验的基本原理、主要计算公式以及必要的推导与实验原理图。

（4）实验仪器、试剂与装置。应该完整地列出所用的仪器（型号）与试剂（规格），正确画出仪器装置示意图。

（5）实验步骤。简明扼要地表示实验操作步骤。

（6）实验数据记录与处理。数据记录要真实与完整，尽量采用表格记录原始实验数据。进行实验数据计算，必须把所依据的公式和主要数据表达清楚，计算步骤要具体有条理。最后,应将所得结果与文献值进行比较,求出相对测量误差,讨论结果的可靠性。

(7)实验讨论。报告中可以针对实验过程中遇到的疑难问题,发现的异常现象,或数据处理时出现的异常结果展开讨论,提出自己的见解,分析原因,也可对实验方法、实验内容等提出自己的意见或建议。

(8)完成实验的分析思考题。

(9)物理化学实验一般由2人一组共同完成,但实验报告必须每人一份,同组的实验测定数据相同,但是实验数据处理和结果讨论应独立完成。

物理化学实验的常见报告格式如下。

物理化学实验报告格式

实验名称:
一、实验目的
二、实验原理(包括原理图)
三、主要仪器与试剂
四、实验步骤(包括仪器装置图)
五、实验数据与处理
六、问题与讨论
七、分析与思考

1.3 物理化学实验的基本规则

(1)进入实验室前必须明确实验目的,掌握实验原理、熟悉实验步骤以及有关的基本实验技术,完成预习报告。没有预习或预习不合要求者,不能进实验室做实验。

(2)学生必须提前10分钟进入实验室,熟悉实验室的环境和各种设施的位置,然后按实验要求清点仪器,检查所用仪器是否正常,有无缺损,核对所用实验试剂是否符合要求,如有缺损,及时报告,并做好实验前的各项准备。

(3)实验时应该严格遵守实验室规则,使用仪器时要严格按仪器操作规程进行,听从教师的指导,以免损坏仪器。对于较为复杂的仪器和电路,在安装或者线路连接后请教师进行检查,确认正确后,才可以开始实验。

(4)在实验过程中必须注意安全,爱护实验仪器,同时保持实验室的整洁和安静。如果实验过程中仪器出现故障,应及时报告教师,不得擅自修理与调换,应由教师进行维修与处置。

(5)实验时不要乱拿别人的仪器与试剂,不能随意变更公用仪器及试剂的摆放位置,用完应立即归回原处。实验过程中产生的废液必须倒入废液桶,用后的试纸和其他废物应投入废物篓,严禁投进水槽中,以免堵塞水槽及下水道。

(6)实验中必须严格遵守水、电、气、易燃易爆以及有毒药品的安全使用规则,防止事故的发生。

(7)实验完毕,应先将原始数据交指导教师检查,并由教师签名。经教师检查实验数据合格者,才可以整理实验台。

(8)值日生要认真做好实验室的卫生工作,关好水、电、气、门、窗,填写实验室值日记录表,经教师检查后方可离开实验室。

1.4 物理化学实验室的安全与防护

物理化学实验室中有各种仪器设备、很多试剂易燃、易爆,具有腐蚀性或毒性,以及水、电、高压气等,存在着不安全因素。因此在进行物理化学实验时,必须树立安全实验意识,特别重视实验室的安全问题,绝不可麻痹大意。在实验过程中,一定要遵守实验室安全守则,为保证实验安全进行,掌握必要的安全防护知识,是每个学生必须具备的基本能力。

1.4.1 安全用电与防护

物理化学实验需要使用各种电器,因此要特别注意安全用电,遵守用电规则,违规用电可能造成仪器设备的损坏、甚至发生火灾与人身伤亡等严重事故。在使用电器设备时,必须特别注意安全,防止触电事故的发生。物理化学实验室安全用电规则如下。

(1)在操作电器设备时,手必须干燥,一切电源裸露部分必须有绝缘装置。

(2)物理化学实验室的插座一般最大的允许电流为16A。使用电器时不得超载。

(3)导线不慎短路也会导致事故的发生。为防止短路,应尽量防止酸、碱及水溶液等浸湿导线和电器设备。严禁使用湿布擦拭正在通电的仪器、插座和电线等。

(4)使用电器时,首先应该注意仪器要求的电源是直流电还是交流电,单相电还是三相电,电压与功率是否与仪器要求相符。严禁导线靠近高温热源。

(5)当电器设备的线路安装完毕后应进行仔细检查,确定正确后,才可以通电,根据仪表的指示情况,判断线路是否存在错接、反接以及短路、断路、漏电等情况。如果在使用过程中嗅到异常气味,必须立即断电进行检查。

(6)必须清楚了解实验室的电源总闸位置,如果有人触电,不能直接用手施救。要立即用不导电的物体(木棒等)将带电体与触电者身体分开,切断电源,并对触电者进行急救,情况严重者必须迅速就医。

(7)实验结束必须关闭仪器开关,离开实验室时应关闭电源总闸和照明开关。

1.4.2 高压钢瓶的安全使用

物理化学实验室中,常用的高压气体有氮气、氧气、氢气、氨气与二氧化碳气体等。高压钢瓶是由无缝碳素钢或合金钢制成。国家人力资源和社会保障部在 2000 年颁布了高压气钢瓶的安全使用规程,规定了各类气瓶的色标和工作压力,具体见表 1-1。

表 1-1　标准储气钢瓶的分类与色标

钢瓶 名称	外表面 颜色	字样 颜色	横条 颜色	工作压力 /MPa	试验压力/MPa	
					水压试验	气压试验
氧气	天蓝	黑	—	15	22.5	15
氢气	深绿	红	红	15	22.5	15
氮气	黑	黄	棕	15	22.5	15
二氧化碳	黑	黄	—	12.5	19.0	12.5
氩气	灰	绿	—	15	22.5	15
氦气	棕	白	—	15	22.5	15

钢瓶应固定在钢瓶柜中。应该远离热源、火种、配电柜、腐蚀性物质。

在使用气体时,一定要在钢瓶上安装减压阀,通常氧气和氮气都可使用正向右牙螺纹氧气减压阀,氢气只能使用专用的反向左牙螺纹氢气减压阀,二氧化碳和乙炔也有各自专用的减压阀,千万不可混用。

开启或关闭钢瓶时,操作者应站在减压阀接管的侧面,确认接头和管道无泄漏后才能继续使用。钢瓶内的气体不能用尽,必须保持不低于 0.1MPa 的压力。

搬运钢瓶时应关紧钢瓶总阀,拆除减压阀,旋上瓶帽,使用专门的搬运车。

使用高压氧气时,严禁在气瓶阀头、减压阀、连接头及实验者的手、衣服、工具上沾有油脂,因为高压氧气与油脂相遇会引起燃烧。

1.4.3 可燃性气体的安全使用

使用可燃性气体时,应该防止气体逸出,室内通风要良好。操作大量可燃性气体时,严禁同时使用明火,必须防止产生电火花与其他撞击火花。可燃气体与空气混合,当两者比例达到爆炸极限时,受到热源等诱发,就会引起爆炸。常见气体的爆炸极限见表1-2。

表 1-2 与空气相混合的某些气体的爆炸极限　　　　(20℃,101.325kPa)

气体	爆炸高限/% (体积)	爆炸低限/% (体积)	气体	爆炸高限/% (体积)	爆炸低限/% (体积)
氢	74.2	4	醋酸	—	4.1
乙烯	28.6	2.8	乙酸乙酯	11.4	2.2
乙炔	80	2.5	一氧化碳	74.2	12.5
乙醇	19	3.3	水煤气	72	7
乙醚	36.5	1.9	煤气	32	5.3
丙酮	12.8	2.6	氨	27	15.5

1.4.4 化学试剂的安全使用

大多数化学试剂都具有不同程度的毒性,部分化学试剂具有易燃、易爆与腐蚀性,因此化学试剂在使用时必须注意安全,必须尽量防止化学试剂以任何方式进入人体。严格按操作规程进行操作,同时在保管时也必须注意安全,要做到防火、防水、防挥发和防变质。应根据化学试剂的毒性、易燃性、腐蚀性和潮解性等特点,对不同的化学试剂必须采用不同的保管方法。物理化学实验主要目的是测定物质或系统的性能和特性,因此可以用低毒试剂代替高毒试剂,应尽量减少使用毒性大、致癌可能性大的化学试剂。

(1)实验前必须了解所用试剂的毒性,掌握其防护措施。操作有毒化学试剂与腐蚀性气体必须在通风橱内进行。饮食用具不要带进实验室,以防污染。离开实验室时要用洗手液洗净双手。

(2)许多有机溶剂(如乙醚、丙酮、乙醇等)非常容易燃烧,使用时实验室内不能有明火,使用后要及时回收处理,不可倒入水槽与下水道,以免引起火灾。

(3)在实验过程中,使用具有强腐蚀性的浓酸、浓碱、铬酸洗液等时,应避免接触皮肤和溅在衣服上,更要注意保护眼睛,必要时应戴防护眼镜。

(4)在取用剧毒化学试剂时,必须戴橡皮手套,不能将剧毒试剂洒落在实验台面上。严防进入口内或接触伤口。实验过程中要经常冲洗双手。剩余试剂应用回收瓶集中处理。

（5）物理化学实验室经常用到汞，金属汞易挥发，在人体中逐渐积累会引起慢性中毒。因此，在实验过程中，如果不慎将汞洒落在桌面或地上时，首先应尽可能收集起来，然后用硫黄粉盖在洒落的地方，使汞转化为不易挥发的硫化汞。

第二章　物理化学实验数据分析与处理

物理化学实验,以测量物理量为基本内容,并对所测得的数据加以合理地处理,探寻得出某些重要的规律,从而研究体系的物理化学性质与化学反应间的关系。由于测量仪器、测量方法、测量环境、人的观察力、测量程序等诸多因素均会对实验结果的准确度产生影响,任何实验都不可能获得一个绝对准确的数值,测量值和真值之间存在的这一差值,称为"测量误差"。因此,必须树立正确的误差概念,了解误差分析的基础知识,以便能够正确地表达测量结果的可靠程度,合理地选择适当精度的实验仪器、实验方法和实验控制条件,从而在一定条件下得到更接近于真值的最佳测量结果。同时,若将实验数据通过列表、作图、建立数学关系式等处理步骤,可挖掘隐含在实验数据中有价值的规律或结论。

随着计算机技术的飞速发展,用计算机处理实验数据已成为必然趋势。当前,Excel、Origin、Matlab 等软件提供了较强大的计算、绘图、曲线拟合以及插值等功能,而且易学、易用、简捷、直观,故本章也将简要介绍工具软件在物理化学实验数据处理上的应用。

2.1　误差分析与实验数据的表达

物理化学实验是研究物质的物理化学性质及其与化学反应间关系的一门实验科学。在测量时,由于实验仪器、实验方法、实验条件及实验者观察的局限性,实验测得的数据实际上是带有随机误差的近似值,需要对其进行科学处理;另一方面还要将实验数据进行整理、归纳、并以一定的方式表示实验数据物理量之间的关系。前者需要误差理论基础知识,如误差类型、误差分布、误差计算、误差传递等;后者则需要数据处理的基本技术,如列表、绘图、数学解析、曲线拟合以及计算机处理实验数据等。

2.1.1 误差的基本概念

1.真值和平均值

真值,即真实值,是指在一定条件下,一个变量客观存在的实际值。真值在不同场合有不同的含义。

理论真值,也称绝对真值,是理论上存在的或由计算推导出来的,如平面三角形内角之和恒等于180°。

约定真值,国际上公认的某些基准测量值,如国际米制公约定义"米等于光在真空中1/299792458s的时间间隔内行程"。

相对真值,计量器具按精度不同分为若干等级,上一等级的指示值即为下一等级的真值,此真值称为相对真值。

对于被测物理量,真值通常是个未知量,由于误差的客观存在,真值一般是无法通过测量获得。

测量次数无限多时,根据正负误差出现的概率相等(随机误差的对称性)的误差分布定律,在不存在系统误差的情况下,它们的平均值十分接近真值。故在实验科学中真值取值为无限多次观测值的平均值。但实际测量的次数总是有限的,由有限次观测值 $x_1, x_2, \cdots, x_n$ 求出的平均值,它近似地接近于真值,称为平均值的最佳值或最可依赖值。

常用的平均值有:

(1)算术平均值(arithmetic mean),适用于呈正态分布的数据。

$$\bar{x} = \frac{x_1 + x_2 + \cdots + x_n}{n} = \frac{1}{n}\sum_{i=1}^{n} x_i$$

(2)几何平均值(geometric mean),适用于取对数后分布曲线呈对称的实验数据,如比率数据,用其几何平均值以表征平均变化率。

$$\bar{x}_G = \sqrt[n]{x_1 \cdot x_2 \cdots x_n} = \sqrt[n]{\prod_{i=1}^{n} x_i}$$

(3)加权平均值(weighted mean),适用于不同权重的实验数据,以提高数据的可靠性。

$$\bar{x}_W = \frac{w_1 x_1 + w_2 x_2 + \cdots + w_n x_n}{w_1 + w_2 + \cdots + w_n} = \frac{\sum_{i=1}^{n} w_i x_i}{\sum_{i=1}^{n} w_i}$$

(4)对数平均值(logarithmic mean),适用于分布曲线呈对数特性的数据,如传热过程中的温度分布、传质过程中的浓度分布等。

$$\overline{x}_L = \frac{x_2 - x_1}{\ln\left(\dfrac{x_2}{x_1}\right)}$$

这里需要注意的是,不同的平均值都有各自适用的场合,选择哪种求平均值的方法取决于实验数据本身的特点,如分布类型、可靠性程度等。

2.误差的分类与来源

(1)系统误差。系统误差是由某些固定不变的因素引起的,这些因素将影响测量结果始终朝一个方向偏移,其大小及符号在同一组实验测量中也完全相同。当实验条件一经确定,系统误差就是一个客观上的恒定值,多次测量的平均值也不能减弱它的影响。系统误差产生的原因有以下方面:

①仪器设备因素,如仪器设计上的缺陷,刻度不准,仪表未校正或标准表本身存在偏差,安装不正确等引起的误差;

②环境因素,如外界温度、湿度、压力等引起的误差;

③方法因素,如不完善的测量方法或近似的计算公式等引起的误差;

④主观因素,测量人员的习惯和偏向,如刻度读取偏高或偏低所引起的误差。

只有对系统误差的产生原因有了充分的认识和掌握,才能对它进行校正或设法消除。

(2)随机误差。随机误差是由某些不易控制的因素造成的。在相同条件下,单次测量的误差数值是不确定的,时大时小,时正时负,没有固定的规律,这类误差称为随机误差,有时也称为偶然误差。这类误差由于是实验过程中一些偶然因素造成的,实验者无法严格控制,因而也就无法消除。若对某一物理量进行足够多次的等精度测量,就会发现随机误差服从正态分布统计规律,如图 2-1 所示。

随机误差呈现以下几个特征:①对称性,绝对值相等的正负误差出现的次数近乎相等;②单峰性,绝对值小的误差比绝对值大的误差出现的次数多;③有界性,随机误差绝对值不会超过一定程度;④抵偿性,当测量次数足够多时,随机误差的算术平均值趋于 0。

误差的表示方法,则有绝对误差和相对误差两种。

(1)绝对误差。绝对误差是指物理量的观测值与其真值之差

$$e_i = x_i - \mu$$

式中 μ 为真值,x_i 为第 i 次观测值,而 e_i 即为第 i 次测量的误差。鉴于真值往往无法获得而由平均值近似时,则可计算各测量结果的偏差

$$d_i = x_i - \overline{x}$$

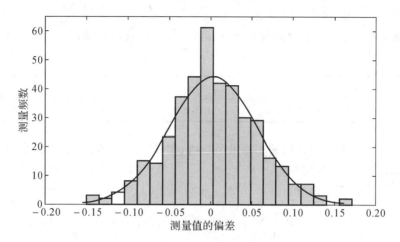

图 2-1　随机误差的正态分布

这样,对于多次测量结果,在用数理统计方法处理和表征实验数据特征时,常用样本的标准误差 s(均方根误差)或平均偏差 $\bar{d}$ 来衡量一组实验数据的精度

$$s = \sqrt{\frac{\sum_{i=1}^{n}(x_i - \bar{x})^2}{n-1}}$$

$$\bar{d} = \frac{1}{n}\sum_{i=1}^{n}|d_i| = \frac{1}{n}\sum_{i=1}^{n}|x_i - \bar{x}|$$

绝对误差(偏差)能表示测量结果是偏大还是偏小以及偏离程度,但不能确切地表示测量所达到的准确程度。

(2)相对误差。相对误差是指绝对误差与真值之比

$$E_{r_i} = \frac{e_i}{\mu} \times 100\%$$

同样,若真值由平均值近似,则可用相对偏差来表示

$$D_{r_i} = \frac{d_i}{\bar{x}} \times 100\%$$

对于多次测量结果,则有相对标准偏差(也称为变异系数) RSD 和相对平均偏差 RAD

$$RSD = \frac{s}{\bar{x}} \times 100\%$$

$$RAD = \frac{\bar{d}}{\bar{x}} \times 100\%$$

相对误差不仅可表示测量的绝对误差,而且能反映出测量时所达到的

精度。

例 2-1 对某样品重复做 10 次色谱分析,分别测得其峰高 x_i(mm),$i = 1$,$2,\cdots,10$,如下:

i	1	2	3	4	5	6	7	8	9	10
x_i	142.1	147.0	146.2	145.2	143.8	146.2	147.3	156.3	145.9	151.8

试计算这批实验数据的①算术平均值;②样本标准差;③平均偏差;④相对标准偏差;⑤相对平均偏差。

解 ①算术平均值 $\bar{x}$:

$$\bar{x} = \frac{1}{n}\sum_{i=1}^{n} x_i = \frac{1}{10}\sum_{i=1}^{10} x_i = 147.2\text{mm}$$

②样本标准差 s:

$$s = \sqrt{\frac{\sum\limits_{i=1}^{n}(x_i - \bar{x})^2}{n-1}} = \sqrt{\frac{\sum\limits_{i=1}^{10}(x_i - 147.2)^2}{10-1}} = 4.1\text{mm}$$

③平均偏差 $\bar{d}$:

$$\bar{d} = \frac{1}{n}\sum_{i=1}^{n}|x_i - \bar{x}| = \frac{1}{10}\sum_{i=1}^{10}|x_i - 147.2| = 2.8\text{mm}$$

④相对标准偏差

$$RSD = \frac{s}{\bar{x}} = \frac{4.1}{147.2} = 2.8\%$$

⑤相对平均偏差

$$RAD = \frac{\bar{d}}{\bar{x}} = \frac{2.8}{147.2} = 1.9\%$$

上面计算过程在 Matlab 中的实现如图 2-2 所示。

(3)过失误差。在实验条件完全相同的重复实验中,实验数据中可能会出现过大或过小的个别或少数异常数据,而由异常数据计算的误差就是过失误差。过失误差主要是由于实验人员粗心大意、操作不当或测量条件的突变造成的,如读错数据、记错或计算错误、操作失误等。过失误差是一种与客观实际不符的误差,它的存在会歪曲对实验结果的评价。因此,对存有过失误差的实验数据,在整理数据时应予以剔除。目前,对于异常数据的识别和处理,主要有技术判别法和统计判别法两类。

1)技术判别法 即在实验过程中,实验人员根据常识或经验,判别因震动、误读等原因造成的异常数据;或依据观测对象的物理化学性质进行技术分析,

图 2-2　均值和误差的 Matlab 计算

以判别偏差较大的数据是否确为异常数据。此类方法的特点是,随时发现随时剔除。

2)统计判别法　统计判别法的基本思想是,它基于数理统计的方法,在经由给定的置信概率(例如 0.99)确定实验数据的置信限或置信区域后,将凡测量误差超过此限的数据判定为异常数据,并予以剔除。目前,分属此类方法有三倍标准差法、小概率事件法、端值判别法等。下面分别讲解三倍标准差法和端值判别法的计算过程。

①三倍标准差法。若某一定常对象的 n 次观测结果为 $x_1,x_2,\cdots,x_n$。首先计算该组数据的算术平均值 $\bar{x}$ 和每个观测数据的偏差 $d_i = x_i - \bar{x}(i = 1, 2, \cdots, n)$;然后再计算该组数据的标准误差 $s = \sqrt{\dfrac{1}{(n-1)}\sum_{i=1}^{n}d_i^2}$。三倍标准差判别法认为,若某个 x_i 观测值的偏差 d_i 满足下式

$$|d_i| > 3s$$

则认为 x_i 是含有过失误差的异常数据。

②端值判别法。端值判别法由格拉布斯(Grubbs)提出,故又称 Grubbs 方法。这种方法先将 n 个观测值,按数值从小到大排成序列

$$x'_1, x'_2, \cdots, x'_i, \cdots, x'_{n-1}, x'_n$$

显然在排序后的该组观测值中,两个端值 x'_1 和 x'_n 最应该被怀疑为异常数据,为此引入统计量

15

$$t_1 = \frac{\bar{x} - x'_1}{s} \text{ 和 } t_2 = \frac{x'_n - \bar{x}}{s}$$

对于给定的风险率α,有下式成立:

$$P\{t \geqslant T_0(n, \alpha)\} = \alpha$$

其中随机变量t为t_1或t_2,而$T_0(n, \alpha)$为 Grubbs 临界值,其值可参见表 2-1。

表 2-1　Grubbs 临界值表 $T_0(\alpha, n)$

n \ α	0.05	0.01	n \ α	0.05	0.01
3	1.153	1.155	17	2.475	2.785
4	1.463	1.492	18	2.504	2.821
5	1.672	1.749	19	2.532	2.854
6	1.822	1.944	20	2.557	2.884
7	1.938	2.097	21	2.580	2.912
8	2.032	2.221	22	2.603	2.939
9	2.110	2.323	23	2.624	2.963
10	2.176	2.410	24	2.644	2.987
11	2.234	2.485	25	2.663	3.009
12	2.285	2.550	30	2.745	3.103
13	2.331	2.607	35	2.811	3.178
14	2.371	2.659	40	2.866	3.240
15	2.409	2.705	45	2.914	3.292
16	2.443	2.747	50	2.956	3.336

Grubbs 方法的准则是:对于最大或最小的观测值x_i,若其偏差d_i满足

$$|d_i > T_0(n, \alpha) \cdot s|$$

则x_i为异常数据,应予以剔除。

　　与三倍标准差法不同,端值判别法可以选定风险率α,以决定"小概率"的大小。但应注意的是,在一般情况下α值不宜取得太小。否则,虽然可降低犯弃真错误的概率,然而会使真正的异常数据未被剔除,亦即犯取伪错误的概率将会变大,这种情况也理应避免。

　　无论选用哪个异常数据的判别方法,在识别和剔除已确定的异常数据后,均须对剩余的实验数据继续执行判别准则,直至确认不再有异常数据为止。

　　例 2-2　容器中某一溶液的浓度共测定了 15 次,得到溶质的摩尔分数$x_i(\%)(i = 1, 2, \cdots, 15)$的数值分别为 20.42,20.43,20.40,20.43,20.42,

20.43，20.39，20.30，20.40，20.43，20.42，20.41，20.39，20.39，20.40，试识别与剔除其中的异常数据。

解 该组实验数据的算术平均值和标准误差为

$$\bar{x} = \sum_{i=1}^{15} x_i = 20.404, \quad s = \sqrt{\frac{\sum_{i=1}^{15}(x_i - \bar{x})^2}{15 - 1}} = 0.033$$

(1)三倍标准差法 计算 $3s = 3 \times 0.033 = 0.099$。然后逐个计算并检验 e_i，在 $i = 8$ 时，有

$$|e_8| = |x_8 - \bar{x}| = |20.30 - 20.404| = 0.104 > 0.099$$

故 x_8 为异常数据，应予剔除。

在剔除 x_8，重复上述步骤。

$$\bar{x} = 20.411, \quad s = \sqrt{\frac{\sum_{i=1}^{14}(x_i - \bar{x})^2}{14 - 1}} = 0.016$$

和 $3s = 3 \times 0.016 = 0.048$。再逐个计算并检验 e_i，其绝对值无一超过 0.048。故不再有需要剔除的异常数据了。

(2)Grubbs 方法 取风险率 $\alpha = 0.05$，及由题中 $n = 15$，从 Grubbs 临界值表上可查得 $T_0(15,0.05) = 2.41$。由此算出 $T_0(15,0.05) \cdot s = 2.41 \times 0.033 = 0.080 < |e_8| = 0.104$，故 x_8 为异常数据。在剔除 x_8 后，再作异常数据检查。取同样的风险率，可查得 $T_0(14,0.05) = 2.37$，则有：

$$T_0(14,0.05) \cdot s = 2.37 \times 0.016 = 0.038$$

经检验 $|e_i|$ 均小于 0.038，故已无异常数据需要剔除。

3.精密度与准确度

误差的大小可以反映实验结果的质量好坏，但这个误差可能由随机误差或系统误差单独造成，也有可能是两者的叠加。为了指明误差来源，现引入精密度和准确度的概念。

精密度：在测量中所测得的数值重现性的程度。它可以反映随机误差的影响强度，随机误差小，则精密度高。极差 R 和样本标准差 s 是常用来表征数据精密度的指标，其中极差 R 是一组实验数据中最大值与最小值的差值。R 和 s 的数值越小，实验数据的精密度越高。

准确度：一组实验数据的平均值与真值的接近程度，它可以反映系统误差的大小。由于随机误差和系统误差是两种不同性质的误差，因此对于某一组实验数据而言，精密度高并不意味着准确度也高；反之，精密度不好，但当实验次数相当多时，有时也会得到好的准确度。

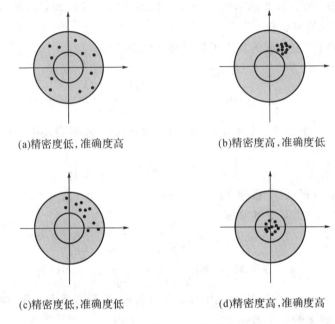

(a)精密度低,准确度高   (b)精密度高,准确度低

(c)精密度低,准确度低   (d)精密度高,准确度高

图 2-3 精密度和准确度

精密度和准确度的区别和联系,可从图 2-3 说明。图 2-3(a)的精密度低,但准确度高,由此反映随机误差大,系统误差小;图 2-3(b)的准确度低,但精密度高,则反映系统误差大,随机误差小;图 2-3(c)的准确度低,精密度也低,表明系统误差和随机误差都很大,图 2-3(d)精密度和准确度都很高,则表明系统误差和随机误差都很小。

2.1.2 实验数据的误差分析

在物理化学实验数据测定工作中,绝大多数是要对几个物理量进行直接测量,然后代入某种函数关系式进行运算才能得到结果,这称为间接测量。在间接测量中,每个直接测量值的准确度都会影响最后结果的准确性。

通过误差分析,可以探明直接测量的误差对间接测量结果的影响情况,从而找出误差的主要来源,以便于选择适当的实验方法,合理配置仪器,以寻求测量的有利条件。

1. 仪器的精确度

误差分析限于对间接测量结果的最大可能误差估计,因而需要事先知道各个直接测量物理量的最大误差范围。当系统误差已经校正,而操作控制又足够精密时,通常可以用仪器读数的精密度来表示测量误差范围。常用仪器读数精密度如表 2-2 所示。

表 2-2　常用仪器读数精密度

仪　　器	一　　等	二　　等	仪　　器	一　　等	二　　等
移液管(25mL)	±0.04mL	±0.10mL	工业天平		±0.001g
移液管(10mL)	±0.02mL	±0.04mL	容量瓶(1000mL)	±0.30mL	±0.60mL
移液管(5mL)	±0.01mL	±0.03mL	容量瓶(500mL)	±0.15mL	±0.30mL
移液管(2mL)	±0.006mL	±0.015mL	容量瓶(250mL)	±0.10mL	±0.20mL
台秤(1kg)		±0.1g	容量瓶(100mL)	±0.10mL	±0.20mL
分析天平	±0.0001g	±0.0004g	容量瓶(50mL)	±0.05mL	±0.10mL

常用的指针式测量仪表,如电压表、电流表、压力表等,用精度等级来表示测量误差范围,并可通过引用误差(相对误差表示的基本误差限)的数值来表示。

$$\gamma = \pm \frac{\Delta}{\text{指示上限} - \text{指示下限}} \times 100\% = \pm k\%$$

式中,Δ 为用绝对误差表示的基本误差限,k 即为"精度"。通常是在仪表的刻度盘上用一个带圈的数字表示,例如 1.5 级,用 1.5 表示。

一台 0.5 级的电压表,量程范围为 $0 \sim 1.5V$,最大测量误差为 $\pm 0.5\% \times 1500 = \pm 7.5mV$。

数字式仪表则一般由其显示的最末位改变一个数来表示。如果没有精度表示,对于大多数仪表来说,最小刻度的 1/5 可以看作其精度,如玻璃温度计,液柱式压力(压差)计等。

2. 误差传递

化学实验的结果一般都通过间接测量获得的,间接测量是以直接测量为基础的,直接测量值不可避免地存在误差。显然,由直接测量值根据一定的函数关系,经过运算而获得的间接测量的结果,必然也有误差存在,在此称之为函数误差。怎样来计算函数误差呢?这实质上是要解决一个误差的传递问题,即推导出一个用于估算间接测量值误差的公式,即误差传递公式。

误差传递的方式不仅取决于误差的性质(系统误差或随机误差),还取决于间接测量变量 u 与各直接测量变量 $v_1, v_2, \cdots, v_m$ 之间的函数关系:$u = f(v_1, v_2, \cdots, v_m)$。

在求得各直接测量变量的系统误差 $\Delta v_1, \Delta v_2, \cdots, \Delta v_m$ 后,间接测量变量 y 的系统误差 Δy 则可通过下式求得

$$\Delta y = |\partial y / \partial v_1| \cdot |\Delta v_1| + |\partial y / \partial v_2| \cdot |\Delta v_2| + \cdots + |\partial y / \partial v_m| \cdot |\Delta v_m|$$

同样,在计算出各直接测量变量的标准差,即随机误差 $s_1, s_2, \cdots, s_n$ 后,则间接测量变量 y 的随机误差(标准差) s_y 为

$$s_y = \left[(\partial y/\partial v_1)_{v_2,v_3,\cdots,v_m} \cdot s_1 + (\partial y/\partial v_2)_{v_2,v_3,\cdots,v_n} \cdot s_2 + \cdots \right.$$
$$\left. + (\partial y/\partial v_m)_{v_1,v_2,\cdots,v_{m-1}} \cdot s_m \right]^{\frac{1}{2}}$$

3. 误差分析的应用

(1)函数误差的计算。现以苯为溶剂,用凝固点降低法测定某溶质的摩尔质量,其计算公式为

$$M_B = K_f \cdot \frac{W_B}{W_A(T_f^* - T_f)}$$

式中 K_f 是溶剂苯的凝固点降低常数,其值为 $5.12℃ \cdot kg \cdot mol^{-1}$,而 W_B, W_A, T_f 及 T_f^* 为直接测量物理量。溶质质量是用分析天平称得 $W_B = 0.2352g$,其绝对误差为 $0.0002g$。溶剂质量 W_A 为 $(25.0 \pm 0.1) \times 0.879g$,它是通过 25mL 移液管移取,密度为 $0.879g \cdot cm^{-3}$。另外,凝固点是选用贝克曼温度计测量,精密度为 $0.0002℃$,三次测得纯苯的凝固点 T_f^* 读数为 $3.569℃, 3.570℃$ 和 $3.571℃$,而溶液的凝固点 T_f 的读数分别为 $3.130℃, 3.128℃$ 和 $3.121℃$。现求算溶质的摩尔质量 M_B 及误差范围。

首先基于测得的纯苯凝固点 T_f^* 的三次测量值,求其算术平均值

$$T_f^* = \frac{3.569 + 3.570 + 3.571}{3} = 3.570$$

而其平均绝对误差

$$\Delta T_f^* = \pm \frac{0.001 + 0.000 + 0.001}{3} = \pm 0.001$$

同理,求得溶液三次测量结果的算术平均值 $T_f = 3.126$ 及平均绝对误差 $\Delta T_f = \pm 0.004$。

对于 ΔW_A 和 ΔW_B 的确定,可由仪器的精密度计算。

$$\Delta W_A = \pm 0.1 \times 0.879 = \pm 0.09g$$
$$\Delta W_B = \pm 0.0002g$$

将计算公式取对数,再微分,然后将 dW_B, dW_A, dT_f, dT_f^* 换成 $\Delta W_B, \Delta W_A$, $\Delta T_f, \Delta T_f^*$,从而可得溶质的摩尔质量 M_B,它的相对误差 $\frac{\Delta M_B}{M_B}$ 和误差范围 ΔM_B。

$$\frac{\Delta M_B}{M_B} = \frac{\Delta W_B}{W_B} + \frac{\Delta W_A}{W_A} + \frac{\Delta T_f^* - \Delta T_f}{T_f^* - T_f}$$
$$= \pm \left(\frac{0.0002}{0.2352} + \frac{0.09}{25.0 \times 0.879} + \frac{0.001 + 0.004}{3.570 - 3.126} \right) = \pm 1.6\%$$

$$M_B = \frac{1000 \times 0.2352 \times 5.12}{25.0 \times 0.879 \times (3.570 - 3.126)} = 123\text{g} \cdot \text{mol}^{-1}$$

$$\Delta M_B = \pm 123 \times 1.6\% = \pm 2\text{g} \cdot \text{mol}^{-1}$$

最终结果表示为 $M_B = (123 \pm 2)\text{g} \cdot \text{mol}^{-1}$，与文献值 $128.11\text{g} \cdot \text{mol}^{-1}$ 比较，可认为该实验存在系统误差。

(2)仪器的选择。在用电标定法测 KNO_3 的溶解热实验时，$\Delta_{fus}H = MIVt/W$。M 为相对分子质量，I 为电流约 0.5A，V 为电压约 6V，t 为时间约 400s，W 为 KNO_3 的质量，其值约为 3g。如果要把相对误差控制在 3% 以内，应选用什么规格的仪器？

实验结果的误差来源于以上 4 个直接测量物理量。由误差传递公式可知

$$\frac{\Delta(\Delta_{fus}H)}{\Delta_{fus}H} = \frac{\Delta I}{I} + \frac{\Delta V}{V} + \frac{\Delta t}{t} + \frac{\Delta W}{W}$$

时间测量用秒表，误差不超过 1s，相对误差约 0.25%。溶质质量若用台秤，误差将大于 3%，若用分析天平，误差为 $0.0004/3$，在 0.02% 以下。I、V 的测量应将误差控制在 1% 以下，因此应选用精度为 1.0 级的仪表。

实验中还有水量的测量，由于要求精度不高，同时用量大约在 $400 \sim 500\text{g}$（或 $400 \sim 500\text{mL}$），用台秤或量筒即可解决。

（3）实验条件的选定。在利用如图 2-4 所示的惠斯通电桥测量电阻时，待测电阻 R_x 可由下式计算

$$R_x = R_0 \frac{l_1}{l_2} = R_0 \frac{L - l_2}{l_2}$$

式中 R_0 为已知电阻，L 是电阻丝的全长，$L = l_1 + l_2$。

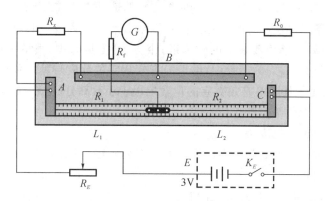

图 2-4　电阻测量的惠斯通电桥

因此，间接测量值 R_x 的误差取决于直接测量值 l_2 的误差。

$$dR_x = \pm \left(\frac{\partial R_x}{\partial l_2} \right) dl_2 = \pm \left[\partial \left(R_0 \frac{L-l_2}{l_2} \right) / \partial l_2 \right] dl_2 = \pm \left(\frac{R_0 L}{l_2^2} \right) dl_2$$

相对误差为

$$\frac{dR_x}{R_x} = \pm \frac{\dfrac{R_0 L}{l_2^2} dl_2}{R_0 \dfrac{L-l_2}{l_2}} = \pm \frac{L}{(L-l_2)l_2} dl_2$$

由于 L 为常量,所以当 $(L-l_2)l_2$ 为最大时,其相对误差最小,即

$$\frac{d}{dl_2} \left[(L-l_2)l_2 \right] = 0$$

得
$$l_2 = L/2$$

所以,用惠斯通电桥测量电阻时,滑臂上的接触点在中间时 $(l_1 = l_2)$ 有最小的测量误差。由此,根据电桥平衡原理,应选用电阻值与被测电阻 R_x 相近的已知电阻 R_0。

2.1.3 实验数据的表达

1. 实验有效数字

实验测量中所使用的仪器仪表只能达到一定的精度,因此测量或运算的结果不可能也不应该超越仪器仪表所允许的精度范围。实验数据所取位数,除末一位数字为测量时的可疑数或估计数外,其余各位数字都是准确可靠的,通常末一位可疑数字上下可以有一个单位的误差,这样的数字称作有效数字。

有效数字修约准则:四舍六入五考虑,五后非零必进一。五后皆零视奇偶,五前为偶应舍去,五前为奇则进一。同时须注意的是,只能对数字施行一次性修约。

有效数字运算法则:加减法运算中,以小数点后位数最少的数为准;乘除法运算中,以有效数字位数最少的数为准;乘方、开方运算中,其结果可比原数多保留一位有效数字;对数运算中,结果的有效数字位数应与其真数相同。另外,pH、pM、pK、lg$c$、lg$K$ 等有效数字的位数取决于小数部分(尾数)数字的位数,而单位换算的有效数字位数保持不变。

2. 实验数据表达方法

实验数据中各变量间关系的表示方法有列表法、图示法和经验公式法。列表法是将实验数据制成表格,它显示了各变量间的对应关系,反映出变量之间的变化规律,是进一步处理数据的基础。图示法是将实验数据用散点或曲线绘制出来,它可直观地反映出变量之间的关系,而且为整理成数学模型(倘若为方程形式)提供直观表达的函数形式。经验公式法是借助于数学方法将实验数据按一定函数形式整理成方程,即数学模型。

(1)列表法。在物理化学实验中,实验数据首先是列成表格,然后再进行其他的数据处理。表格法简单方便,但要进行深入的分析,表格就不能胜任了。首先,尽管测量次数相当多,但它不能给出变量间的相关关系;其次,从表格中不易看出自变量变化时函数的变化规律,而只能大致估计出函数是递增的、递减的或是周期性变化的等。列成表格是为了表示出测量结果,或是为了以后的计算方便,同时也是图示法和经验公式法的基础。

表格有两种,一种是数据记录表,另一种是结果表。前者是该项实验检测的原始记录表,它包括的内容应有实验检测目的、内容摘要、实验日期、环境条件、检测仪器设备、原始数据、实验数据、结果分析以及参加人员和负责人等。后者只反映实验检测结果的最后结论。一般只有几个变量之间的对应关系。实验检测结果表应力求简明扼要,能说明问题。

列表法的基本要求:①应有简明完备的名称、数量单位和因次;②数据排列整齐(小数点),注意有效数字的位数;③选择的自变量,如时间、温度、浓度等,应按递增排列;④如需要,将自变量处理为均匀递增的形式,这需找出数据之间的关系,用拟合的方法处理。⑤间接测量的结果可与直接测量的数值并列在一张表上,必要时在表的下方注明数据的处理方法或计算公式。

溶液表面张力实验测定数据的列表法如表 2-3 示,表中最后一行是间接测量结果表面张力数据。

表 2-3 正丁醇水溶液的表面张力实验数据

实验日期:2009 年 4 月 16 日　　　　　　　　　　　室温: 25.02℃;室压 100.84kPa

被测液体		纯水	正丁醇水溶液浓度 $c/\text{mol} \cdot \text{L}^{-1}$						
			0.025	0.05	0.075	0.10	0.15	0.20	0.25
$\Delta p_{max}/\text{Pa}$	第 1 次	337	313	290	267	251	230	213
	第 2 次	336	314	289	267	252	229	213
	第 3 次	337	315	290	266	251	228	213
	平均值	336.7	314	289.7	266.7	251.3	229	213
表面张力 $\sigma/(\text{N} \cdot \text{m}^{-1})$		0.07197	0.06713	0.06193	0.05701	0.05373	0.04896	0.04554	0.04169

注:$\sigma = k\Delta p_{max}$,其中 $k = 0.2138$ 由纯水 $\sigma_{H_2O}(25℃) = 0.07197\text{N} \cdot \text{m}^{-1}$ 导出。

(2)图示法。图示法的最大优点是一目了然,即可从图形中直观地看出变量间的变化趋向,如递增性或递减性,是否具有周期性变化规律等,也可从图上获得诸如最大值、最小值、转折点、变化速率等,它是整理实验数据的重要方法之一。图示法的基本要点如下:

①在直角坐标系中,应以自变量为横坐标,纵坐标则为对应的因变量。

②坐标纸的大小与分度的选择应与实验数据的精度相适应。分度过粗时,影响原始数据的有效数字,绘图精度将低于实验中参数测量的精度;分度过细时会高于原始数据的精度。坐标分度值不一定自零起,可用低于实验数据的某一数值作起点和高于实验数据的某一数值作终点,曲线以基本占满全幅坐标纸为宜,直线应尽可能与坐标轴成 45°角。横坐标与纵坐标的实际长度应基本相等。

③坐标轴应注明分度值的有效数字和名称、单位,必要时还应标明实验条件,坐标的文字书写方向应与该坐标轴平行,在同一图上表示不同数据时应该用不同的符号加以区别。

④实验点的标示可用点、圆、矩形、叉等各种形式,但其大小应与其误差相对应。

⑤曲线平滑方法。由于每一实验数据总存在误差,按带有误差的各数据所标定的点不一定是真实值的正确位置。根据足够多的实验数据,完全有可能作出一光滑曲线。在决定曲线走向时,应尽可能通过或接近所有的实验点,且让曲线两边的点数接近于相等。

现在 Matlab 软件平台上,绘制表 2-3 正丁醇水溶液的表面张力与浓度的趋向关系曲线。正丁醇水溶液浓度作为自变量选用横坐标,表面张力作为因变量选用纵坐标,其绘图过程和结果如图 2-5 所示。

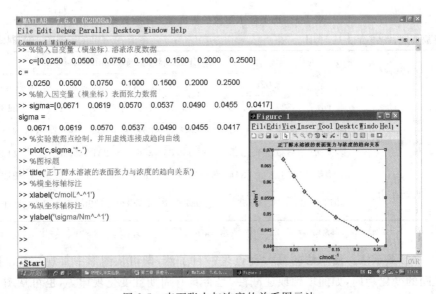

图 2-5　表面张力与浓度的关系图示法

（3）经验公式法。实验数据不仅可用图形展示变量之间的关系，而且可通过与图形对应的数学解析公式来表示所有的实验数据，当然这个解析数学公式不可能完全准确地表达全部数据。因此，常把与曲线对应的公式称为经验公式，在回归分析中称之为回归方程。

把全部实验数据用一个公式来代替，不仅有紧凑扼要的优点，而且可以对公式进行必要的数学运算以研究各变量间的函数关系。基于一组实验数据，如何建立公式，建立什么形式的公式，往往不是一件容易的事情，在很大程度上取决于实验人员的经验和判断能力，而且建立公式的过程比较繁琐，有时还要多次反复才能得到与实验数据更为接近的公式。建立公式的步骤大致如下：

①经由图示法将实验数据点描绘制成趋向曲线。

②对所描绘的实验数据曲线进行分析，拟定经验公式的基本形式。如果数据点描绘的基本上是直线，则可用一元线性回归方程。如果数据点描绘的是曲线，则要根据曲线的特点判断曲线的类型，如双曲线、幂函数、指数函数、对数函数等。

③曲线化直。在实验数据曲线被选定为某种类型后，则尽可能地将该曲线方程变换表示为直线方程，然后按一元线性回归方程处理。

④确定公式中的系数常量。倘若代表实验数据的直线方程，或经曲线化直后的方程记为 $y = a + bx$，则通过该组实验数据求算出方程中的系数常量 a 和 b；

⑤检验经验公式的有效性，即将实验数据自变量值代入经验公式计算因变量的拟合值，察看它与因变量实际测量值是否一致或是否满足允许误差精度指标要求。如果误差较大，表明选定的经验公式形式可能不适用而需要改选其他形式的经验公式。如果实验数据曲线很难判断属何种类型，则可按多项式回归处理。

现将两个变量以 x 和 y 标记，并已获得实验数据点对 $(x_1, y_1), (x_2, y_2), \cdots, (x_n, y_n)$。一元线性经验公式表示，就是用回归分析的方法得出这两个变量之间的关系式 $y = a + bx$，其中 a 和 b 为待求解的常量系数。

将 x 和 y 满足的线性理论模型设为：
$$y_i = a + bx_i + \varepsilon_i, \varepsilon_i \sim N(0, \sigma^2), i = 1, 2, \cdots, n$$
其中未知参数 σ^2 是不依赖于随机变量 x。未知参数 a 和 b 的最小二乘估计准则是，实验数据因变量的模型拟合值与其实验测量值之间的误差平方和最小，即
$$Q(a, b) = \sum_{i=1}^{n} \varepsilon_i^2 = \sum_{i=1}^{n} (y_i - a - bx_i)^2$$

通过求 $Q(a, b)$ 的极值点

$$\frac{\partial Q}{\partial a} = -2\sum_{i=1}^{n}(y_i - a - bx_i) = 0$$

$$\frac{\partial Q}{\partial b} = -2\sum_{i=1}^{n}(y_i - a - bx_i)x_i = 0$$

得方程组

$$\begin{cases} na + (\sum_{i=1}^{n}x_i)b = \sum_{i=1}^{n}y_i \\ (\sum_{i=1}^{n}x_i)a + (\sum_{i=1}^{n}x_i^2)b = \sum_{i=1}^{n}x_iy_i \end{cases}$$

解此方程组，得唯一解

$$\begin{cases} b = \dfrac{n\sum\limits_{i=1}^{n}x_iy_i - (\sum\limits_{i=1}^{n}x_i)(\sum\limits_{i=1}^{n}y_i)}{n\sum\limits_{i=1}^{n}x_i^2 - (\sum\limits_{i=1}^{n}x_i)^2} = \dfrac{\sum\limits_{i=1}^{n}(x_i-\bar{x})(y_i-\bar{y})}{\sum\limits_{i=1}^{n}(x_i-\bar{x})^2} \\ a = \dfrac{1}{n}\sum\limits_{i=1}^{n}y_i - \dfrac{b}{n}\sum\limits_{i=1}^{n}x_i = \bar{y} - b\bar{x} \end{cases}$$

其中 $\bar{x} = \dfrac{1}{n}\sum_{i=1}^{n}x_i, \bar{y} = \sum_{i=1}^{n}y_i$。

在完成 a 和 b 的求解后，需计算 σ^2 的估值，以用于方程线性假设的显著性检验。由于 $E\{[y-(a+bx)^2]\} = E(\varepsilon^2) = \sigma^2$。记 $\hat{y}_i = \hat{y}\big|_{x=x_i} = a + bx_i$，称 $y_i - \hat{y}_i$ 为 x_i 处的残差。而残差平方和

$$Q_e = \sum_{i=1}^{n}(y_i - \hat{y}_i)^2 = \sum_{i=1}^{n}(y_i - a - bx_i)^2$$

为了计算 Q_e，将 Q_e 做如下分解

$$Q_e = \sum_{i=1}^{n}(y_i - \hat{y}_i)^2 = \sum_{i=1}^{n}[y_i - \bar{y} - b(x_i - \bar{x})]^2$$

$$= \sum_{i=1}^{n}(y_i - \bar{y})^2 - 2b\sum_{i=1}^{n}(x_i-\bar{x})(y_i-\bar{y}) + b^2\sum_{i=1}^{n}(x_i-\bar{x})^2$$

若记 $S_{yy} = \sum_{i=1}^{n}(y_i-\bar{y})^2, S_{xy} = \sum_{i=1}^{n}(x_i-\bar{x})(y_i-\bar{y}), S_{xx} = \sum_{i=1}^{n}(x_i-\bar{x})^2$,

则有 $b = \dfrac{S_{xy}}{S_{xx}}$ 和 $Q_e = S_{yy} - bS_{xy}$。而 σ^2 的无偏估计量

$$\sigma^2 = \frac{Q_e}{n-2} = \frac{1}{n-2}(S_{yy} - bS_{xy})$$

若线性假设符合实际，则 b 不应为零。因为 $b=0$，y 就不依赖于 x 了。因此，我们需要检验假设 $H_0:b=0$ 和 $H_1:b\neq0$。现选用 t 检验法计算统计量 T 来进行检验，H_0 的拒绝域为

$$T = \frac{|b|}{\sigma}\sqrt{S_{xx}} \geqslant t_{a/2}(n-2)$$

此处 α 为风险率。

当假设 H_0 被拒绝时，认为回归效果是显著的，反之，就认为回归效果不显著。回归效果不显著的原因可能有如下几种：

(1) 影响 y 的取值，除了 x 及随机误差外还有其他不可忽略的因素；

(2) y 不是 x 的线性函数，而是其他形式的函数；

(3) y 与 x 不存在关系。

现以蔗糖水解反应速度常数的测定实验数据为例，演示最小二乘法求解模型系数的方法和步骤。

$$C_{12}H_{22}O_{11}(蔗糖) + H_2O \xrightarrow{H^+} C_6H_{22}O_6(葡萄糖) + C_6H_{22}O_6(果糖)$$

其动力学方程式为

$$-\frac{\mathrm{d}c}{\mathrm{d}t} = kc$$

式中，c 为时间 t 时的蔗糖的浓度，k 为待定速度常数。依据蔗糖浓度与其旋光度成正比，并选用 Guggenheim 法处理数据，速度常数 k 的测定计算借助下式完成。

$$\alpha_t - \alpha_{t+\Delta} = (\alpha_0 - \alpha_\infty)\mathrm{e}^{-kt}(1 - \mathrm{e}^{-k\Delta})$$

式中 $\alpha_{t+\Delta}$ 为时间 $t+\Delta$（Δ 代表某一固定时间间隔）时的溶液旋光度。若将上式两边取对数

$$\ln(\alpha_t - \alpha_{t+\Delta}) = \ln[(\alpha_0 - \alpha_\infty)(1 - \mathrm{e}^{-k\Delta})] - kt$$

从上式可看出，只要 Δ 保持不变，右端第一项即为线性回归的常数项，而 $-k$ 则为线性回归自变量的常系数。现通过实验的采集数据求解反应速度常数 k。

表 2-4　蔗糖水解实验数据

t /min	α_t	$t+\Delta$/min	$\alpha_{t+\Delta}$	$\alpha_t - \alpha_{t+\Delta}$	$\ln(\alpha_t - \alpha_{t+\Delta})$
5	9.65	35	-2.85	12.50	2.52
10	5.65	40	-3.05	8.70	2.16
15	2.10	45	-3.30	5.40	1.69
20	0.10	50	-3.40	3.50	1.25
25	-1.05	55	-3.50	2.45	0.90
30	-2.10	60	-3.70	1.60	0.47

现令自变量 $x = t$ 和因变量 $y = \ln(\alpha_t - \alpha_{t+\Delta})$，它们的算术平均值为

$$\bar{t} = \sum_{i=1}^{6} t_i = 17.5, \bar{y} = \sum_{i=1}^{6} \ln(\alpha_{t_i} - \alpha_{t_i+\Delta}) = 1.50$$

然后，将它们连同表格中的 t 和 $\ln(\alpha_t - \alpha_{t+\Delta})$ 数据进行如下计算

$$b = \frac{S_{xy}}{S_{xx}} = \frac{\sum_{i=1}^{n}(x_i - \bar{x})(y_i - \bar{y})}{\sum_{i=1}^{n}(x_i - \bar{x})^2} = \frac{-36.18}{437.5} = -0.0829$$

$$a = \bar{y} - b\bar{x} = 1.50 - (-0.0829) \times 17.5 = 2.950$$

即反应速度常数 $k = -b = 0.0829$。

为检验方程的有效性（其实这里检验的是数据的质量，而模型方程已由机理确定为属线性的一级反应），现计算回归方程的方差：

$$\sigma^2 = \frac{1}{n-2}(S_{yy} - bS_{xy}) = \frac{1}{6-2}[2.995 - (-0.0829) \times (-36.18)] = 0.0011$$

则检验统计量

$$T = \frac{|b|}{\sigma}\sqrt{S_{xx}} = \frac{|-0.0829|}{\sqrt{0.0011}}\sqrt{437.5} = 53.38$$

选取风险率 $\alpha = 0.05$，查表得 $t_{a/2}(n-2) = 2.776$。因 $T > t_{a/2}(n-2)$，故线性回归方程显著。

上述求解过程在 Matlab 平台上的操作如图 2-6 所示。

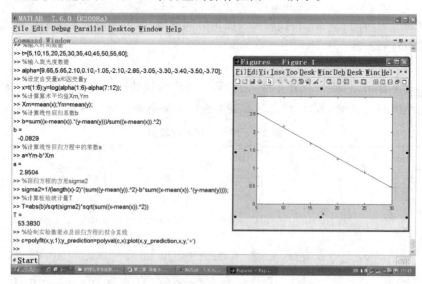

图 2-6　线性回归方程的 Matlab 求解

2.2 物理化学实验数据的计算机处理

在物理化学实验数据处理中,计算机数据处理软件,如 Microsoft Excel、Origin、Matlab 等已被广泛应用。它们不仅可帮助克服手工处理数据时运算量大、随意性大等弊端,而且可提高数据处理的效率和准确性。

2.2.1 Excel 实验数据处理

Microsoft Excel 提供了一套数据分析工具,称为"分析工具库",用于进行复杂的统计分析。"分析工具库"提供的常用统计方法有:描述统计分析、方差分析、回归分析、t-检验等。实验人员只要提供必要的数据和参数,该工具会通过你选择的统计函数,在你给定的输出区域内以表格或图形的形式显示相应的结果。"分析工具库"需安装后使用。下面以表 2-5 乙醇-环己烷气液平衡数据的实验结果为例,介绍 Excel 进行实验数据处理的操作过程。

表 2-5　乙醇-环己烷气液平衡数据

实验编号	沸点/℃	液相乙醇含量%	气相乙醇含量%
1	79.7	0.00	0.00
2	70.9	1.07	17.58
3	66.5	5.07	25.57
4	64.0	19.83	29.40
5	64.1	42.74	31.13
6	64.5	56.03	33.62
7	66.3	75.20	40.87
8	70.5	90.36	56.87
9	74.3	95.88	80.03
10	77.2	100	100

其 Excel 的处理过程为:

①将实验编号、沸点、液相乙醇含量、气相乙醇含量实验数据按列输入在 A2 至 D11 的区域内(A1、B1、C1、D1 为 Excel 的表头行);

②按"插入图表"按钮,在出现对话框的"图表类型"中选择"标准类型",并在"子图表类型"中选择"折线图",按"下一步";

③在下一个对话框中的"数据区域"中填上"B2:B11",并在"系列产生在"

框中选"列",按"下一步";

④在下一个对话框中的"数据区域"中填上"C2：C11",并在"系列产生在"框中选"行",按"下一步";

⑤增加一个序列。在下一个对话框中的"数据区域"中填上"B2：B11",并在"系列产生在"框中选"列",按"下一步";

⑥在下一个对话框中的"数据区域"中填上"D2：D11",并在"系列产生在"框中选"行",按"下一步";

⑦在出现的对话框中可按自己意愿填入图的名称、X、Y轴的名称等,随后按"下一步"。如本例中,将图的X、Y轴的名称分别取为"乙醇含量/％"和"沸点/℃";

⑧在出现的对话框中按自己意愿选择图形的存放位置,如选择"作为其中的对象插入"后按"完成"即可绘制出实验数据的散点图形。图2-7给出了本实例的最终标准曲线及回归方程。

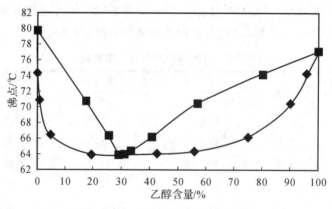

图2-7　Excel的气液平衡相图绘制

2.2.2　Origin 实验数据处理

Origin 软件是一个多文档界面(Multiple Document Interface)的应用程序,它将用户所有的工作都保存在后缀为OPJ的工程文件(Project)中,一个工程文件可以包括多个子窗口,如工作表窗口(Worksheet)、绘图窗口(Graph)、函数图窗口(Function Graph)、矩阵窗口(Matrix)等,且各个窗口相互关联,数据实时更新,即如果工作表中的数据被改动,其变化能在其他子窗口中立即得到更新。

Origin 软件具有两大功能:数据分析和科学绘图。数据分析功能包括化学实验分析中常用的参数平均值、标准偏差、数据排序、数据的线性或非线性的回归等。而绘图功能模块件可以绘制散点图、点线图、柱形图、条形图、饼图,以及双 Y 轴图形等。操作时只需选择所要分析或绘图的数据,然后再选择相应的菜单命令即可。

1.数据的输入输出

(1)数据导入。

①直接输入数据或数据粘贴;

②文件菜单 Import 命令,注意调开窗口中的 Option 这个选项,这里可设置输入数据的很多选项。

(2)数据导出。

①文件菜单 Export ASCII 命令,会调出选项对话框,可以设置以何种方式分割输出数据;

②图形的导出,激活绘图窗口,Edit→Copy Page 就可以复制图像。另外,在 File→Export Page 可以把图像存为图像文件。

2.数据管理

(1)变换数列。在数据表上点右键选择 Add New Column,然后选择该列右键选择 Set Column Values,并设置下面输入框中 变换函数,点击 OK 完成该列数据的函数输入。

(2)数据排序。Origin 可以做到单列、多列甚至整个工作表数据排序,命令为"sort…"。

最为复杂的是整个工作表排序,选定整个工作表的方法是鼠标移到工作表左上角的空白方格的右下角变为斜向下的箭头时单击。

(3)频率记数。Frequency Count 统计一个数列或其中一段中数据出现的频率。做法对准某一列或者选定的一段点右键 Frequency Count。BinCtr 数据区间的中心值,Count 落入该区间的数据个数,即频率计数值,BinEnd 数据区间右边界值,Sum 频率计数值的累计和。

(4)规格化数据 选择某一列,右键→Normalize。

3.数据分析

(1)简单数学运算。

①算术运算。命令为:柱形图→列值设定。比如,Y＝Y1(＋－＊/)Y2 的运算,其中 Y 和 Y1 为数列,Y2 为数列或者数字。

②减去参考直线。激活曲线,Analysis→Subtract:Straight Line。

此时光标自动变为 ✛ ,然后在窗口上双击左键定起始点,然后再在终止点双击,此时会曲线变为原来的减为这条直线后的曲线。

③垂直和水平移动。垂直移动指选定的数据曲线沿 Y 轴垂直移动。选择

Analysis→Translate：Vertical 这时光标自动变为 ⊞ ，然后双击曲线上的一个数据点，将其设为起点，这时光标形状变为 ✛ ，双击屏幕上任意点将其设为终点。这时 Origin 将自动计算起点和重点纵坐标的差值，工作表内数据列的值也自动更新为原数据数列的值加上该差值，同时曲线也更新。水平移动和次类似。

④多条曲线平均。多条曲线平均是指在当前激活的数据曲线的每一个 X 坐标处，计算当前激活的图层内所有数据曲线的 Y 值的平均值。Analysis→Average Multiple Curves。

⑤插值。插值是指在当前激活的数据曲线的数据点之间利用某种方法估计信的数据点。Analysis→Interpolate and Extrapolate。

⑥微分。也就是求当前曲线的导数，命令为：Analysis → Calculus：Differentiate。

⑦积分。对当前激活的数据曲线用梯形法进行积分，命令为：Analysis→Calculus：Integrate。

(2)统计分析。平均值(Mean)、标准差(Standard Deviation，Std，SD)、标准误差(Standard Error of the Mean)、最小值(Minimum)、最大值(Maximum)、百分位数(Percentiles)、直方图(Histogram)、T 检验(T-test for One or Two Populations)、方差分析(One-way ANOVA)、线性、多项式和多元回归分析(Linear，Polynomial and Multiple Regression Analysis)。

4. 图形的绘制

(1)输入数据。

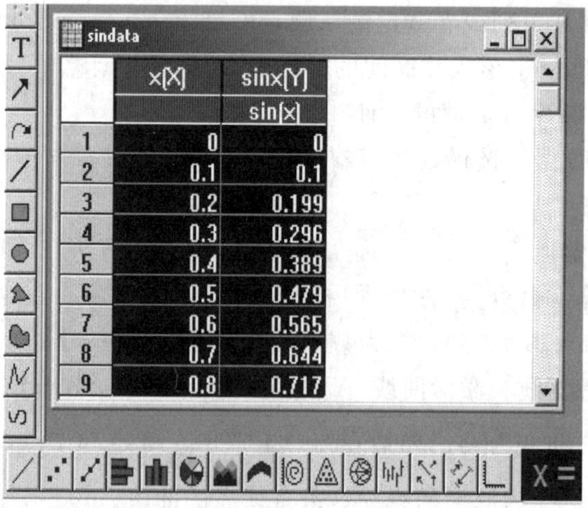

图 2-8　Origin 键盘录入二维绘图数据

(2)绘制简单二维图 按住鼠标左键拖动选定这两列数据,用图中最下面一排按钮就可以绘制简单的图形,比如,按从左到右的第三个按钮做出的效果如图 2-9 所示。

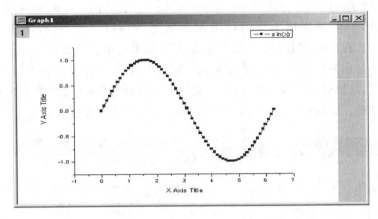

图 2-9 Origin 绘制的二维图形

(3)定制图形

①定制数据曲线

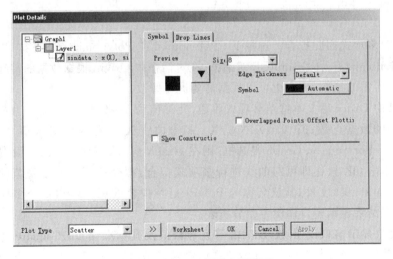

图 2-10 Origin 图形定制界面

②定制坐标轴。

③添加文本说明。用左侧按钮 T,如果想移动位置,可以用鼠标拖动。注意利用 Symbol Map 可以方便地添加特殊字符。做法:在文本编辑状态下点右

键,然后选择:Symbol Map。

④添加日期和时间标记。

5.数据回归与拟合

(1)线性回归拟合 选择 Fit Linear 或 Linear Fit 下拉菜单,则对曲线进行线性拟合,拟合后生成一个隐蔽的拟合数据 Worksheet 文件,默认名称为 LinearFit1,在拟合数据上汇出拟合直线,并在结果显示窗口输出方差分析表。

结果显示窗口说明:A 为截距及其标准误差;B 为斜率及其标准误差;R 为相关系数,其值越接近与 1 越好;N 为数据点数目;P-值表示显著性水平;SD 为拟合标准差。删除产生的拟合数据 Worksheet 文件即可删除拟合曲线。

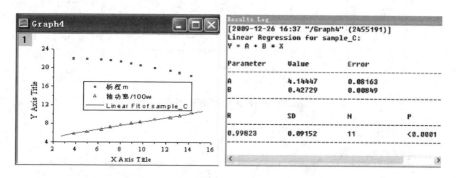

图 2-11 Origin 线性回归拟合及结果记录

(2)多项式回归拟合 选择 Fit Polynomial 或 Polynomial Fit 下拉菜单,打开 Polynomial Fit to sample B 对话框,在对话框中 Origin 根据数据的特征会给出拟合所需的参数,用户也可以根据需要进行修改。

其中 Order 后文本框填多项式阶数,允许值为 $1 \sim 9$;Fit curve 后为拟合曲线制图的数据点数;Fit Curve X_{min}/X_{max} 拟合曲线 X 的最小值/最大值;如果选中 Show Formula on Graph 复选框,则在 Graph 窗口显示拟合公式;设置好参数后,单击 OK 按钮即可对曲线进行多项式拟合,拟合后生成一个隐蔽的拟合数据 Worksheet 文件,默认名称为 PolyFit1,在拟合数据上汇出拟合多项式曲线,并在结果显示窗口输出方差分析表。

结果显示窗口说明:A,B1,B2 等为参数值及其标准误差;R-square 为测定系数,其值越接近与 1 越好;N 为数据点数目;P-值表示显著性水平;SD 为拟合标准差。

下面以 Fe^{2+}-邻二氮菲体系的分光光度法测定吸收曲线为例,介绍 Origin 数据分析和绘图的操作方法。

表 2-6　Fe^{2+}-邻二氮菲体系吸收曲线的分光光度法测定数据

实验号/♯	波长 λ/nm	吸光度 A
1	570	0.010
2	550	0.029
3	530	0.075
4	520	0.096
5	510	0.102
6	500	0.099
7	490	0.096
8	470	0.091
9	450	0.077
10	430	0.073

现将 Origin 绘制吸收曲线的步骤描述如下：

①将波长和吸光度的实验数据分别输入在 A(X)和 B(Y)这两列的第 1 至第 10 行上；

②选中 A(X)和 B(Y)两列中输入的数据，再点击"plot"菜单，选择"Line＋Symbol"，即制作成实验数据的点线图；

③在得到的图中，双击横轴名 A 或纵轴名 B，可按实验项目要求改写 X 和 Y 轴的名称。如将图中的 X、Y 轴的名称分别取为"波长/nm"和"吸光度"。图 2-12 即为本实例绘制的吸收曲线。

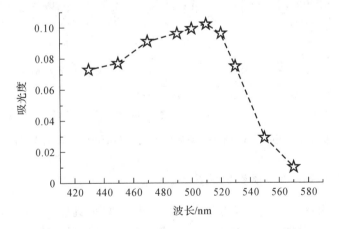

图 2-12　Fe^{2+}-邻二氮菲体系吸收曲线的 Origin 绘制

从图 2-12 的吸收趋势曲线可以判断，吸光度与波长间的关系为非线性。考虑到多项式为目前各种非线性曲线中较为成熟的经验模型,并可依据逼近误差精度要求,自由调整多项式的项数或次数,故在变量间的理论公式未知条件下,首荐多项式用于实验数据回归其变量间的经验方程。现仍以表 2-6 的实验数据,探寻以多项式表述的吸光度与波长间的非线性相关关系。Origin 的操作步骤如下:

①选中 A(X) 和 B(Y) 输入的数据,再点击"Analysis"菜单,在出现的菜单中选择"Fitting/Fit Polynomial"子菜单后,即出现"Fit Polynomial"相应的对话框;

②在"Fit Polynomial"对话框中的"Polynomial Order"条目上,选取多项式的次数后按"OK"按钮。一般由低到高逐次试验,当回归方程有效且达到逼近精度要求时,停止高次多项式的试验,将最后在工作表中得到多项式拟合作为实验数据的经验回归方程。

③在生成的报告工作表中,包括图 2-13 所示的多项式逼近的吸收曲线(多项式次数为 2),以及曲线的经验回归方程:$A = -3.20 + 0.0137\lambda - 1.416 \times 10^{-5}\lambda^2$,该方程经方差检验为显著,方程对实验数据的逼近精度为残差平方和 6.98×10^{-4}。

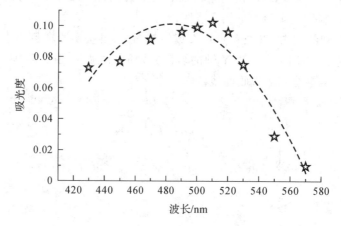

图 2-13　Fe^{2+}-邻二氮菲体系吸收曲线的 Origin 二次多项式拟合

2.2.3　Matlab 实验数据处理

Matlab 作为一种以矩阵为基础的科学计算语言,具有易学、易用、简捷、直观等优点,符合科技专业人员的思维方式和书写习惯,可以满足科学和工程计算及绘图的需要,且编程和调试效率高。

1. Matlab 数据输入输出

在 Matlab 语言中的基本运算单元是矩阵。单个的数据(标量)可看作 1×1 的矩阵,而行向量或列向量可看作仅有一行或一列的矩阵。

(1)数据输入　为了处理数据,事先需准备和输入数据。Matlab 有多种数据输入的方法,这里仅介绍其常用的两种基本方法。

①在 Matlab 命令窗口中直接输入

如标量:压力:$p = 101.3$ (/kPa)

向量:实验条件温度的不同水平取值:$t = [30,50,70,90]$ (/℃)。需说明的是,若属只有一行的矩阵,即行向量,数据之间用空格或逗号","分隔;若属只有一列的矩阵,即列向量,数据之间须用分号";"分隔。另外,在输入向量或矩阵时,成对的"["和"]"(方括号)是必需的。

矩阵:每行的数据之间用空格或","分隔,而分列时则用";"分隔。如 $X = [1,2;3,4]$。

如果在语句输入最后加入";"作为结束,则回车后输入的结果不回显,否则将回显。图 2-14 为上述示例的操作结果。

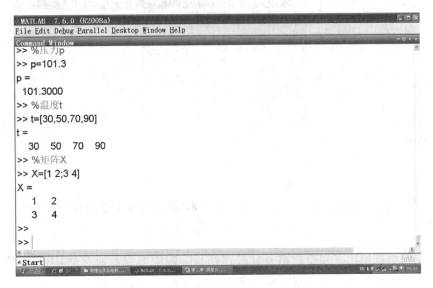

图 2-14　Matlab 的数据窗口直接输入

②从文件读入。对于数据量大的数据,或由外部程序产生的数据,再或由仪器设备自动采集的数据,常常是以文件形式存放的。Matlab 可以从文件读入数据,但读取数据的方法和语法则与数据存储的格式有关。下面介绍几个常用的数据输入函数。

load 函数,它常用于读取.mat 格式(matlab 自身定义的格式数据文件)或.txt文本格式的数据文件,其使用语法格式为

$$\text{load filename } [X] \, [Y] \, [Z]$$

该函数命令功能是,读取文件名为 filename 的数据文件中的全部变量数据,若带有后面的可选项 X、Y、Z,则表示仅读取该数据文件中的 X、Y、Z 变量数据。

xlsread 函数,可以从 Excel 中读取数据,其使用语法格式为

$$[\text{num,txt}] = \text{xlsread}('filename',[\text{sheet}],['range'])$$

该函数命令功能是,读取文件名为 filename 的 Excel 数据文件表单 sheet1 中的全部数据,而后面的可选项 sheet 用于指定哪个表单,range 用于指定数据行、列的范围。图 2-15 为 Matlab 从 Excel 数据文件的两张表单中读取数据示例。

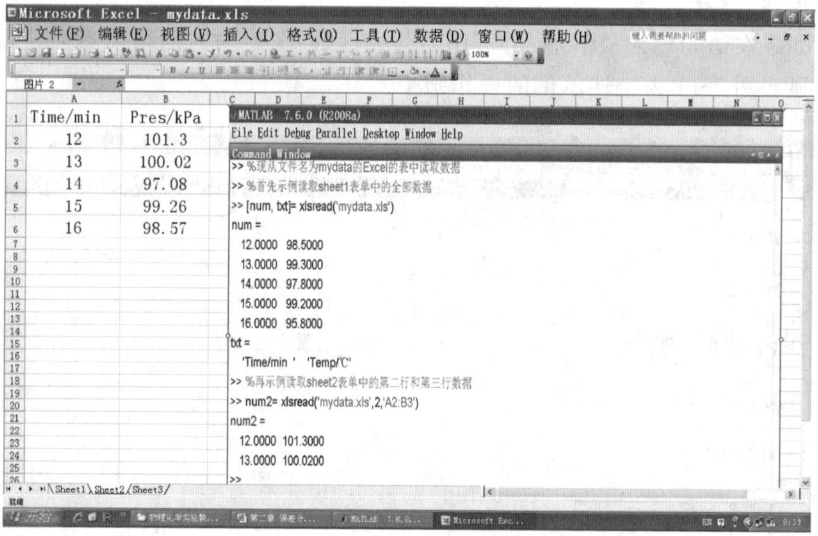

图 2-15　Matlab 的文件数据读入

(2)数据输出　实验数据及其处理结果一般需要保存或存储,下面介绍三个 Matlab 函数以帮助实现不同要求的存储方式。

save 函数,它以.mat 格式的文件来存储数据,其数据文件也只能在 matlab 中读取,但好处是把所有的结果都包括到一个.mat 文件中。

dlmwrite 函数,可以把数据写为.txt 格式的数据,并且数和数之间的空格符号可以自己定义,如空格,逗号等等。

xlswrite 函数,则是把数据直接写到一个 Excel 文件中。图 2-16 为上述三个 Matlab 数据输出函数的操作示例。

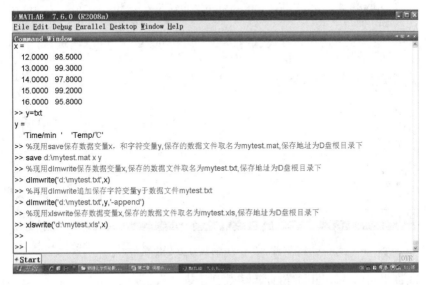

图 2-16　Matlab 的文件数据输出

2. Matlab 数值计算

数值计算功能建立在矩阵和数组之上,包括矩阵的创建和保存,数值矩阵代数、乘方运算和分解,数组运算,矩阵操作,多项式和有理分式运算,数理统计分析、差分和数值导数,求积分、优化和微分方程的数值解及功能函数等。在此环境下所解问题的 Matlab 语言表述形式和其数学表达形式相同。

例如,下列线性方程组求解

$$\begin{cases} 3x_1 - x_2 + 2x_3 = 3 \\ x_1 + 3x_3 = 5 \\ 3x_1 + x_2 + 2x_3 = 7 \end{cases}$$

其在 Matlab 命令窗口中的解题过程如图 2-17 所示。

图 2-17　Matlab 的线性方程组求解

现将常用的 Matlab 数值计算函数列于表 2-7。

表 2-7　常用 Matlab 数据分析与计算函数

Matlab 函数	函数功能	Matlab 函数	函数功能
corrcoef	求相关系数	polyfit	数据的多项式拟合
cov	协方差矩阵	polyval	数据的多项式估值
diff	数据差分	interp	多项式插值
sort	数据排序	spline	样条函数插值
inv	矩阵求逆	fsolve	求解非线性方程组
eig	求特征根及特征向量	fminbnd	一元函数求极值
svd	奇异值分解	fminsearch	多元函数求极值
gradient	梯度	ode23	2—3 阶 R-K 求解微分方程

3. Matlab 图形及可视化

数据的图形与可视化，可以从一堆杂乱无序的数据中观察数据间的内在关系，形象、有序、直观地表现数据的特征，获得数据整体感知。Matlab 语言提供了一套功能强大的图形绘制函数和工具，为数据及处理结果的可视化提供了极佳的手段。表 2-8 列出了常用的绘图函数，表 2-9 为常用的绘图参数。

表 2-8　常用 Matlab 绘图函数

Matlab 函数	函数功能	Matlab 函数	函数功能
plot	绘制 2D 图	title	设置图的标题
plot3	绘制 3D 图	legend	设置图例
subplot	绘制子图	xlabel	x 轴标签
hold	保持当前图形	ylabel	y 轴标签
hist	直方图	datetick	数据格式标记
histc	直方图计数	gtest	图形鼠标位置录入文本
semilogx	x 轴对数坐标	grid	加网格线
loglog	x,y 对数坐标图	contour	等高线图
bar	竖直条图	pie	饼状图
barh	水平条图	plotyy	左右边都绘 y 轴
printf	图形打印	axis	设定轴的区域大小
rotate	图形旋转	scatter	散点图的绘制
colordef	图形色彩控制	view	图形视角控制

表 2-9　常用的 Matlab 绘图参数

点型	线型	点或线的颜色
'·'（实心圆点）	'—'（实线）	'y'（黄色）
'。'（空心圆圈）	':'（点线）	'm'（紫红）
'×'（叉号）	'—g'（点划线）	'r'（红色）
'*'（星号）	'…'（虚线）	'c'（青色）
's'（正方形）		'b'（蓝色）
'p'（五角星）		'w'（白色）
'd'（菱形）		'k'（黑色）
'V'（向下三角形）		'g'（绿色）

　　现以乙醇-环己烷二元气液平衡相图的绘制以例,介绍 Matlab 的制图过程。实验测量数据如表 2-5。在 Matlab 命令窗口中,相图的绘制的过程如图 2-18所示。

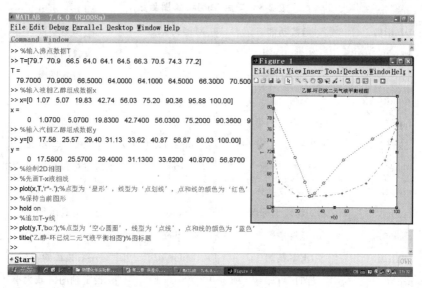

图 2-18　Matlab 的气液平衡相图绘制

参考文献

[1]黄允中,张元勤,刘凡编著.计算机辅助物理化学实验[M].北京:化学工业出版社,2003.

[2]金丽萍,邬时清,陈大勇编.物理化学实验[M].上海:华东理工大学出版社,2005.

[3]印永嘉,奚正楷,张树永等编.物理化学简明教程(第四版)[M].北京:高等教育出版社,2007.

[4]成忠,张立庆.基于 Matlab 的双液系气液平衡模型构建及其相图绘制[J].计算机与应用化学,2012,29(11):1347－1350.

● 物理化学实验数据处理,参见浙江省精品课程——浙江科技学院"物理化学"课程网站。

网址:http://zlq.zust.edu.cn/wlhx/

实验指导栏——物理化学实验数据处理系统

第三章 基础实验

实验 1 恒温槽的装配性能测试和黏度的测定

一、实验目的

1.了解恒温槽的构造及恒温原理,初步掌握其装配和调试的基本技术。

2.绘制恒温槽灵敏度曲线,掌握测试恒温槽性能的方法。

3.掌握水银接点温度计、电子继电器的基本测量原理和使用方法。

4.学会使用乌氏黏度计测量黏度。

二、实验原理

1.恒温槽恒温原理

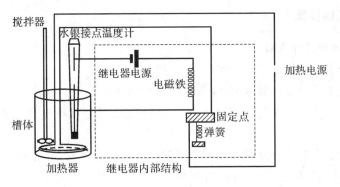

图 3-1-1 恒温槽恒温原理

恒温槽通过温度调节器比较所需控制温度和实际温度,发出信号给电子继电器,使电子继电器供电或断电,加热器则相应地加热或停止加热。

2.乌氏黏度计结构图

乌氏黏度计结构图见图 3-1-2。

3.黏度计测量原理

测定黏度时,通常测定一定体积的液体流经固定、长度垂直的毛细管所需的时间,根据泊塞耳公式计算其黏度:

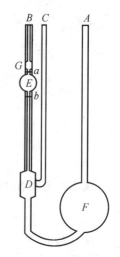

$$\eta = \frac{\pi p r^4 t}{8Vl}$$

但通过此方法直接测定液体的绝对黏度较难,所以可通过测量未知液体与标准液体(水)的相对黏度,通过下式进行计算。

$$\frac{\eta_待}{\eta_水} = \frac{\rho_待}{\rho_水} \frac{t_待}{t_水}$$

图 3-1-2 乌氏黏度计结构

三、仪器与试剂

1.仪器

恒温槽(包括五部分:槽体;加热器或冷却器;温度调节器;电子继电器;搅拌器);数字贝克曼温度计;停表(精确度 0.01 s);乌氏黏度计;洗耳球;电子计时器(精确度 1 s)。

2.试剂

NaCl;蒸馏水

四、实验步骤

1.恒温槽操作步骤

(1)插上电子继电器电源,打开电子继电器开关。

(2)插上电动搅拌器电源,调节合适的搅拌速度。

(3)插上数字贝克曼温度计电源,打开开关。检查实际温度是否低于所控制温度。

(4)旋松水银接点温度计上端的调节帽上的固定螺丝,旋转调节帽,使水银接点温度计内的钨丝高度下降,直到观察到电子继电器的红灯刚好亮。插上加热器电源,缓慢旋转调节帽,使钨丝高度上升,直到观察到电子继电器的红灯刚好灭,加热器开始加热。

(5)当电子继电器的红灯亮,又可以缓慢旋转调节帽,使钨丝高度上升,直到电子继电器的红灯刚好灭,加热器开始加热。反复进行,直到实际温度在设定温度的一定范围内波动,拧紧固定螺丝。当实际温度与所控温度相差较大时,调节幅度可以大些;当实际温度快接近所控温度时,调节幅度要很小,不然温度很容易冲得太高，难以降下来。

（6）观察实际温度，当发现实际温度在设定温度的一定范围内波动时，记录温度随时间的变化值，以时间作为横坐标，实际温度与设定温度的温差作为纵坐标，绘制恒温槽灵敏度曲线。

2.黏度计操作步骤

（1）将黏度计用蒸馏水润洗至少三次后，将蒸馏水自 A 管注入黏度计内，注入量为使液面处于 F 球的两条黄线之间，垂直夹在恒温槽内，恒温 5min 左右，夹紧 C 管上连结的乳胶管，同时在连接 B 管的乳胶管上用洗耳球慢慢吸气，待液体升至 G 球的 1/2 左右时停止，拿掉洗耳球打开 C 管乳胶管上夹子，使毛细管内液体同 D 球分开，用秒表测定液面在 a,b 两线间移动所需时间（精确到 0.01s）。

（2）重复测定 3 次，每次误差不超过 0.2～0.3s，如果超过 0.3s，则需重新测定，取平均值。

（3）用同样的方法测定 10％NaCl 溶液的黏度。

（4）实验完毕后，按开机相反的顺序关闭电源，整理实验台。

五、数据记录与处理

1.恒温槽实验数据记录：（例表如下）（控制温度：____；室温：____）

时间/min	0.5	1.0	1.5	2.0	2.5	3.0	3.5	4.0	4.5	5.0	5.5	6.0	6.5	7.0
温度/℃														
时间/min	7.5	8.0	8.5	9.0	9.5	10.0	10.5	11.0	11.5	12.0	12.5	13.0	13.5	14.0
温度/℃														
时间/min														
温度/℃														

2.以时间为横坐标、温度为纵坐标作图，分析实验结果。

3.黏度计实验数据记录：（例表如下）（控制温度：____）

样品名	第一次 s	第二次 s	第三次 s	第四次 s	第五次 s	平均值 s
水						
10％NaCl 溶液						

4.10％NaCl 溶液黏度计算：

$$\eta_{水}(\underline{\quad}°) = \underline{\quad}；\quad \rho_{水}(\underline{\quad}°) = \underline{\quad}；\quad \rho_{待}(\underline{\quad}°) = \underline{\quad}；$$

$$\eta_{待} = \eta_{水} \times \frac{\rho_{待}}{\rho_{水}} \frac{t_{待}}{t_{水}} = \underline{\quad}。$$

六、注意事项

1.旋转调节帽时,速度宜慢。调节时应密切注意实际温度与所控温度的差别,以决定调节的速度。

2.每次旋转调节帽后,均应拧紧固定螺丝。

3.实验结束后,千万不要忘了拔掉加热电源。

4.黏度计必须洁净,测定时黏度计要垂直放置,否则影响结果的准确性。

5.记录结果和计算时要注意数据的精确度。

6.电子继电器的指示灯颜色会因型号不同而不同。

七、分析与思考

1.请查阅文献说明数字贝克曼温度计、普通水银温度计、水银接点温度计、热电偶的测量原理、用途、精确度各有什么不同?

2.分析恒温槽的五个部件对恒温槽灵敏度的影响。

3.根据分析,预测所控制温度对恒温槽灵敏度的影响,并说明理由。

4.由于本实验控制温度与室温相差不大,往往容易冲温,请查阅相关文献说明,在生产实践中可以采用何种装置防止冲温,使恒温槽的波动范围缩小。

5.在测定黏度时,为什么要打开C管乳胶管上夹子使毛细管内液体同D球分开?

6.请查阅文献说明液体密度的测量方法,本实验怎么测量液体的密度。测量密度时是否需要恒温?

● 本实验技术操作示范,参见浙江省精品课程——浙江科技学院"物理化学"课程网站。

网址:http://zlq.zust.edu.cn/wlhx/

实验指导栏——实验1 恒温槽的装配和性能测试

实验 2 燃烧焓的测定

一、实验目的

1.使用弹式量热计测定萘的燃烧焓。

2.了解量热计的原理和构造,掌握其使用方法。

二、实验原理

在适当的条件下,许多有机物都能迅速而完全地进行氧化反应,这就为准确测定它们的燃烧热创造了有利条件。

在实验中,用压力为 1.2～1.4MPa 的氧气作为氧化剂。用氧弹式量热计进行实验时,在量热计与环境没有热交换的情况下(实验时保持水桶中水量 3L),可写出如下的热量平衡式:

(其中氧弹内的氮气氧化带来的误差可通过将第一次氧弹内充入的气体放出后重新再充氧气的方法进行置换降低)

$$-Q_V \times a - q_1 \times b - q_2 \times c = K\Delta t \tag{2-1}$$

式中:Q_V ——被测物质的定容热值,J/g;

　　a ——被测物质的质量,g;

　　q_1 ——引火丝的热值,J/g(铁丝为 -6694 J/g);

　　b ——烧掉了的引火丝质量,g;

　　q_2 ——棉纱线的热值(棉纱线为 -17600 J/g);

　　c ——棉纱线的质量,g;

　　K ——量热计常数,J/K;

　　Δt ——与环境无热交换时的真实温差,K。

标准燃烧热是指在标准状态下,1mol 物质完全燃烧成同一温度的指定产物的焓变化,以 $\Delta_c H_m^{\ominus}$ 表示。在氧弹式量热计中,可得物质的定容摩尔燃烧热:

$$\Delta_c U_m = Q_V \times M \tag{2-2}$$

如果将气体看成是理想气体,且忽略压力对燃烧热的影响,则可由下式将定容燃烧热换算为标准摩尔燃烧热:

$$\Delta_c H_m^{\ominus} = \Delta_c U_m + \sum_B \nu_B(g)RT \tag{2-3}$$

式中,$\sum_B \nu_B(g)$ ——燃烧前、后气体的化学计量数加和。

实际上,氧弹式量热计不是严格的绝热系统,加之由于传热速度的限制,燃烧后由最低温度达到最高温度需一定的时间,在这段时间里系统与环境难免发生热交换,因此从温度计上读得的温度就不是真实的温差 Δt。为此,必须对读得的温差进行校正,下面是常用的经验公式:

$$\Delta t_{校正} = (V + V_1)m/2 + V_1 \times r \tag{2-4}$$

式中:V ——点火前,每半分钟量热计的平均温度变化;

　　V_1 ——样品燃烧使量热计温度达到最高而开始下降后,每半分钟的平均温度变化;

　　m ——点火后,温度上升很快(温升速度大于每半分钟 0.3℃)的半分钟间隔数,第一间隔不管温度升高多少度都计入 m 中;

　　r ——点火后,温度上升较慢的半分钟间隔数。

在考虑了温差校正后,真实温差 Δt 应该是

$$\Delta t = t_{高} - t_{低} + \Delta t_{校正} \tag{2-5}$$

式中:$t_{低}$——点火前读得量热计的温度;

$t_{高}$——点火后,量热计达到最高温度后,开始下降的第一个读数。

其意义可由时间-温度曲线来说明(图 3-2-1)。

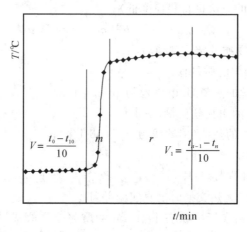

图 3-2-1 氧弹法测量燃烧焓温升示意

从(2-1)式可知,要测得样品的 Q_V,必须知道仪器常数 K。测定的方法是以一定量的已知燃烧热的标准物质(常用苯甲酸)在相同条件下进行实验,测得 $t_{高}$、$t_{低}$,并用(2-3)式算出 $\Delta t_{校正}$ 后,就可按(2-1)式算出 K 值。

三、仪器与试剂

1. 仪器

氧弹式热量计(带控制器一台);AL204 型电子天平;数显万用表;氧气钢瓶;氧气减压阀;充氧机;放气阀;氧弹盖架;压片机;量筒;棉纱线;引火丝;药匙。

2. 试剂

苯甲酸(分析纯);萘(分析纯)。

四、实验步骤

1. 在台秤上称取约 0.8g 苯甲酸,在压片机上压片,除去片上表面黏附的粉末,在分析天平上准确称量。

2. 用手拧开氧弹盖,将盖放在专用架上。

3. 取出一根引火丝、10～15cm 长的棉纱线,分别放在天平上称量后,将引

火丝绕在棉纱线上,将药片绑紧,然后将引火丝的两端在引火电极上夹紧,使药片悬在坩埚上方。

4.拧紧氧弹盖,将氧弹放好。打开氧气钢瓶开关,调节减压阀压力为1.2～1.4MPa。压下充氧机扳手,充氧20s后停止。用放气阀将氧弹内的气体放掉除去氮气,重新充入氧气。

5.用量筒量取3L自来水装入干净的铜水桶中。将氧弹放入,检查氧弹是否漏气。接好点火电线,确定引火电路是否正常。注意:记录温度前千万不能碰到点火按钮。装上贝克曼温度计的热电偶插头,盖好盖子,开动搅拌器。

6.搅拌3～4min,待温度变化基本稳定后(温度变化均匀),设置控制器提醒时间为半分钟,按采零锁定键,开始读点火前最初阶段的温度,每隔半分钟读一次,先读11个数据,读数完毕,立即按电钮点火。

7.继续每半分钟读数,至温度开始下降后,再读取最后阶段的10次读数,关闭控制器,取出并打开氧弹,观察有机物是否燃烧完全,取下未燃烧完全的引火丝并称量。

8.用同样方法在台秤上称取约0.6g萘进行压片,其余操作与前相同。

9.实验完毕,清洗仪器,关闭电源,整理实验台。

五、数据记录与处理

1.列出苯甲酸燃烧实验各物质的质量表

物　　质	粗称(g)	燃烧前(g)	燃烧后(g)	燃烧净质量(g)
苯甲酸(a)			—	
引火丝(b)	—			
棉纱线(c)	—			
合　计			—	—

列出苯甲酸燃烧时温度读数

每隔半分钟/min	1	2	3	4	5	6	7	8	9	10	11 (点火)	12	13	14
温度/℃														
每隔半分钟/min	15	16	17	18	19	20	21	22	23	24	25	26	27	28
温度/℃														
每隔半分钟/min	29	30	31	32	33	34	35	36	37	38	39	40	41	42
温度/℃														
每隔半分钟/min														
温度/℃														

2.用电脑作图,计算 $\Delta t_{校正}$ 和量热计常数。

列出数据和方程:$t_1 =$ ___ ;$t_{11} =$ ___ ;$r =$ ___ ;$m =$ ___ ;

$t_n =$ ___ ;$t_{n-10} =$ ___ ;

$$V = \frac{t_1 - t_{11}}{10} = \underline{\qquad} ;\quad V_1 = \frac{t_{n-10} - t_n}{10} = \underline{\qquad} ;$$

$$\Delta t_{校正} = (V + V_1)m/2 + V_1 \times r = \underline{\qquad} ;$$

$t_{低} =$ ___ ;$t_{高} =$ ___ ;

$$\Delta t = t_{高} - t_{低} + \Delta t_{校正} = \underline{\qquad} ;$$

$$-Q_V \times a - q_1 \times b - q_2 \times c = K\Delta t$$

$$K = \frac{-Q_V \times a - q_1 \times b - q_2 \times c}{\Delta t} = \underline{\qquad} 。$$

3.列出萘燃烧实验各物质的质量表

物质	粗称/g	燃烧前/g	燃烧后/g	燃烧净质量/g
萘(a)			—	
引火丝(b)	—			
棉纱线(c)	—		—	
合计	—		—	

列出萘燃烧时温度读数

每隔半分钟/min	1	2	3	4	5	6	7	8	9	10	11 (点火)	12	13	14
温度/℃														
每隔半分钟/min	15	16	17	18	19	20	21	22	23	24	25	26	27	28
温度/℃														
每隔半分钟/min	29	30	31	32	33	34	35	36	37	38	39	40	41	42
温度/℃														
每隔半分钟/min														
温度/℃														

4.用电脑作图,计算 $\Delta t_{校正}$ 。

列出数据和方程:$t_1 =$ ___ ;$t_{11} =$ ___ ;$r =$ ___ ;$m =$ ___ ;

$t_n =$ ___ ;$t_{n-10} =$ ___ ;

$$V = \frac{t_1 - t_{11}}{10} = \underline{\qquad} ;\quad V_1 = \frac{t_{n-10} - t_n}{10} = \underline{\qquad} ;$$

$$\Delta t_{校正} = (V + V_1)m/2 + V_1 \times r = \underline{\qquad} 。$$

5.计算萘的标准摩尔燃烧热 $\Delta_c H_m^{\ominus}$,并与文献值比较,计算其误差。

$t_{低} = $ _____ $;t_{高} = $ _____ ;

$\Delta t = t_{高} - t_{低} + \Delta t_{校正} = $ _____ ;

$-Q_V \times a - q_1 \times b - q_2 \times c = K\Delta t$

$Q_V = -\dfrac{K\Delta t + Q_1 \times b + Q_2 \times c}{a} = $ _____ ;

$\Delta_c U_m = Q_V \times M = $ _____ 。

反应方程式为:

$\sum\limits_{B} \nu_B(g) = $ _____ $;T = $ _____ ;

$\Delta_c H_m^{\ominus} = \Delta_c U_m + \sum\limits_{B} \nu_B(g)RT = $ _____ 。

六、注意事项

1.充气时防止漏气,不能压得太紧或太松。

2.充气前可先将导电电极插上,测试引火电路是否正常。

3.压片时,应注意压片机的标签,不能混淆。

4.样品应悬在坩埚上面,防止引火丝与坩埚相碰。

5.实验时应注意水桶中的水温与环境的温度,水温应高于室温 $0.5 \sim 1.0\,^{\circ}\!C$。

6.有机物压片后,可先不称量,待引火丝和棉纱线精确称量后,将有机物绑好一起称量,减去引火丝和棉纱线质量可得燃烧有机物质量。该方法可减少由于手接触有机物引起的质量误差。

7.试样在氧弹中燃烧产生的压力可达 14MPa。因此在使用后应将氧弹内部擦干净,以免引起弹壁腐蚀,减少其强度。

8.氧弹、量热容器、搅拌器在使用完毕后,应用干布擦去水迹,保持表面清洁干燥。

9.氧气遇油脂会爆炸,因此氧气减压器、氧弹以及氧气通过的各个部件、各连接部分不允许有油污,更不允许使用润滑油。如发现油垢,应用乙醚或其他有机溶剂清洗干净。

10.坩埚在每次使用后,必须清洗和除去碳化物,并用纱布清除黏着的污点。

11.测量时,应保持水量 3L,否则会产生较大误差。

七、分析与思考

1.查阅资料说明为什么 $t_{高}$ 不是最高值。

2.如果水桶中的水温比室温低,对实验结果会有什么影响?

51

3.如何确定样品的称重量？燃烧后的温升范围应该控制在什么范围？过大或过小可能对实验结果产生何种影响？

4.如何确定搅拌机在正常工作？

5.查阅相关文献说明如何测量气体或者液体样品的燃烧焓。

6.查阅相关文献说明 $\Delta t_{校正}$ 的其他校正方法。

7.在实验过程中不用棉纱线可以吗？不用引火丝可以吗？为什么？引火丝的热值还可以用什么单位表示？

● 本实验技术操作示范,参见浙江省精品课程——浙江科技学院"物理化学"课程网站。

网址:http://zlq.zust.edu.cn/wlhx/

实验指导栏——实验2　燃烧焓的测定

实验 3　液体饱和蒸汽压的测定

一、实验目的

1.学习纯液体饱和蒸汽压及气、液两相平衡的概念,理解纯液体饱和蒸汽压与温度的关系及克劳修斯-克拉贝龙方程式的含义。

2.用静态法测定乙醇在不同温度下的饱和蒸汽压,掌握真空泵、恒温槽的使用。

3.学习用图解法求乙醇在实验温度范围内的平均摩尔汽化焓。

二、实验原理

液体饱和蒸汽压是指在一定温度下纯液体处于平衡状态时的蒸汽压。液体分子从表面逃逸而成蒸汽,蒸汽分子又会因碰撞而凝结成液相,两者达到平衡时,气相中该分子的压力就称为饱和蒸汽压。若温度不同,分子逃逸的速度不同,因此饱和蒸汽压不同。纯液体的蒸汽压是随温度的升高而增大,温度降低而减小。当蒸汽压与外界压力相等时,液体沸腾;外压不同时,液体的沸点也不同。通常,把外压为101325Pa时的沸腾温度定义为液体的正常沸点。

饱和蒸汽压与温度的关系可用克拉贝龙-克劳修斯方程式(简称克-克方程)来表示:

$$\frac{\mathrm{d}p}{\mathrm{d}T} = \frac{\Delta_{vap}H_m}{T\Delta V_m}$$

设蒸汽为理想气体,在实验温度范围内摩尔汽化焓 $\Delta_{vap}H_m$ 为常数,忽略液

体体积的变化,对上式积分可得克-克方程式:

$$\ln p = -\frac{\Delta_{vap}H_m}{RT} + C$$

式中:p 为液体在温度 T 时的饱和蒸汽压;C 为积分常数。

根据克-克方程,以 $\ln p$ 对 $\frac{1}{T}$ 作图,得一直线,其斜率 $m = -\frac{\Delta_{vap}H_m}{R}$,即可求得汽化焓 $\Delta_{vap}H_m$。

测定液体饱和蒸汽压的方法有动态法、静态法和饱和气流法三种。本实验采用静态法,是把待测物质放在一封闭系统中,在不同温度下直接测量蒸汽压,或在不同外压下测液体的沸点。

用等压计测定乙醇在不同温度下的饱和蒸汽压的原理如图 3-3-1 所示,左侧为压差测量仪原理图,右侧为等压管,等压管右侧小球中盛被测样品——无水乙醇,U 形管中用样品本身做封闭液。

在一定温度下,若等压计小球液面上方仅有被测物质的蒸汽,那么 U 形管右支管液面上即 D 液面所受压力就是其蒸汽压。当这个压力与 U 形管左支液面即 C 上的空气压力相平衡时(U 形管两臂液面齐平),就可从等压计相连接的压差测量仪中测出此温度下的饱和蒸汽压。

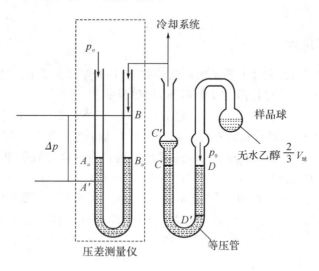

图 3-3-1　原理图

三、实验装置

静态法测定乙醇饱和蒸汽压的装置如图 3-3-2 所示。

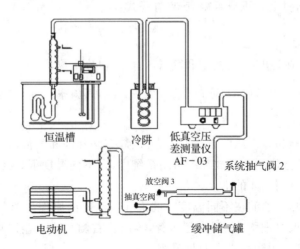

恒温槽　　　冷阱　　　低真空压
　　　　　　　　　　差测量仪
　　　　　　　　　　AF－03　　系统抽气阀2

　　　　　　　　　　　　放空阀3
　　　　　　　　　　抽真空阀1
电动机　　　　　　　　　　缓冲储气罐

图 3-3-2　静态法测定乙醇饱和蒸汽压的装置

四、仪器与试剂

仪器:真空泵,缓冲瓶,干燥塔,恒温槽,冷阱,等压计,测压仪

试剂:无水乙醇

五、实验步骤

1.恒温调节:首先插上恒温槽总电源插座,打开电源开关和搅拌器开关,按下温度设定开关,设定目标温度如 20℃,加热恒温。

2.检漏:将烘干的等压计与冷凝管连接,打开冷却水,关闭放空阀,打开真空泵及抽真空阀1,缓慢打开系统抽真空阀2,使低真空压差测量仪上显示压差为 40~50kPa。关闭抽真空阀1、2,注意观察压差测量仪的数字变化。如果系统漏气,则压差测量仪的显示数值逐渐变小。此时应细致分段检查,寻找漏气部位,并用真空油脂封住漏口,直至不漏气为止,才可进行下一步实验。

3.装样:取下等压计,将盛样球烤热,赶出样品球内的空气,再从上口加入乙醇,样品管冷时,即可将乙醇吸入,再烤,再装,装至 2/3 球的体积。在 U 形管中加乙醇作液封。

4.体系抽真空、测定饱和蒸汽压。等压计与冷凝管接好并用橡皮筋固定,注意各磨口连接处均要涂上真空油脂密封,置 20℃恒温槽中。开动真空泵,开启抽真空阀1,缓缓开启系统抽气阀2,使等压计中液体缓缓沸腾,并看到连续气柱(说明体系内空气已抽净),关闭抽气阀2和1;缓缓开启放空阀3,调节 U 形管两侧液面等高。从压差测量仪上读出 Δp 及恒温槽中的 T 值,同法再抽气,再调节等压管双臂液面等高,重读压力差,直至两次的压力差读数相差值≤0.2kPa。表示样品球液面上的空间已全部被乙醇蒸汽充满,记下压差测量仪上的读数。

5.同法测定 25℃,30℃,35℃,40℃时乙醇的蒸汽压。注意:升温过程中应经常开启放空阀 3,缓缓放入空气,使 U 形管两臂液面接近相等,如放入空气过多,可缓缓打开抽气阀 2 抽气。

6.实验完后,缓缓打开放空阀 3 至常压。并在数字式大气压力计上读取当时的室温和大气压,做记录。

六、注意事项

1.整个实验过程中,应保持等压计样品球液面上空的空气排净。

2.抽气的速度要合适。必须防止等压计内液体沸腾过剧,致使 U 形管内液封被抽尽。

3.蒸汽压与温度有关,测定过程中恒温槽的控温精度±0.1℃。

4.实验过程中需防止 U 形管内液体倒灌入样品球内,若带入空气,实验数据偏大。

5.实验结束时,必须将体系放空,系统内恢复常压后,关掉缓冲罐上抽真空开关及所有电源开关和冷却水。

七、数据记录与处理

1.将测得数据和计算结果列表(见下表)。

乙醇的饱和蒸汽压测定数据记录及计算表

温度 ＼ 项目	$\Delta p/\text{Pa}$	$p = p_0 + \Delta p/\text{Pa}$	$\ln p$	$1/T/\text{K}^{-1}$	备注

注意:p_0 为大气压,气压计读出后,加以校正之值,Δp 为压力测量仪上读数。

2.根据实验数据作出 $\ln p \sim 1/T$ 图,并作一次线性回归,得一次线性回归方程和线性相关系数。

3.从直线的斜率即可求出乙醇在实验温度范围内的平均摩尔汽化焓 $\Delta_{\text{vap}} H_{\text{m}}$,将计算结果与文献值进行比较,分析其误差来源。

第三章 基础实验

八、分析与思考

1. 克-克方程式在什么条件下才适用？

2. 等压计 U 形管中的液体起什么作用？对该液体的性能有什么要求？冷凝器起什么作用？

3. 实验过程中为什么要防止空气倒灌？应如何操作？

4. 实验时如何判定盛样小球的空气已抽尽？

5. 如何检查漏气？

● 本实验技术操作示范,参见浙江省精品课程——浙江科技学院"物理化学"课程网站。

网址:http://zlq.zust.edu.cn/wlhx/

实验指导栏——实验 3　液体饱和蒸汽压的测定

九、实验仪器使用原理与方法

1. 压力的测量

(1)压力概念。

常压:指一个大气压,即大气层产生的气体压力。一个标准大气压为101325 Pa(帕,帕斯卡是常用压强单位)。100000Pa＝100kPa,"一个标准大气压"常用 100kPa 或 101kPa 表示。每个地方由于不同的地理位置、海拔高度、温度等,当地的实际大气压跟标准大气压也不相等,但可近似地认为常压就是一个标准大气压,即 100kPa。

负压:是指比常压的气压低的气体状态,常说的"真空"。

正压:是指比常压的气压高的气体状态。

真空度:指泵工作时能达到的极限压力,即它能将密闭容器内的气体抽走后,剩下气体的稀薄程度。工业上,极限压力有两种表示,"绝对压力"和"相对压力",即以理论上才能达到的"绝对的真空"为零位,标出的数值都是正值,数字越小,越接近绝对真空,真空度越高。"相对压力"是以大气压作为零位,低于大气压的用负值表示,也叫"负压"。负值的绝对值越大,真空度越高。国际真空行业用"绝对压力"标识;因为相对压力的测量方法简便、测量仪器普遍,所以国内习惯用"相对压力"来标识。两者关系:相对压力＝绝对压力－当地大气压。

(2)动槽式水银气压表。动槽式水银气压表和定槽式水银气压表是常用于测量大气压的两种仪器。制造原理是:利用作用在水银面上的大气压强,和与其相通、顶端封闭且抽成真空的玻璃管中的水银柱对水银面产生的压强相平衡。

动槽式(又称福丁式)水银气压表的组成为内管、外套管与水银槽三部分(见图3-3-3),象牙针位于水银槽的上部,针尖位置即为刻度标尺的零点。每次必须按要求将槽内水银面调至象牙针尖的位置上进行观测。

(1)安装。气压表安装场所应该是:温度变化少、光线充足、既通风又无太大空气流动的室内。应牢固、垂直地悬挂在墙壁、水泥柱上,不能安装在热源和门窗、空调器旁边,也不能安装在阳光直接照射的地方。

安装前,先在准备悬挂气压表的地方将挂板牢固地固定。再小心地从木盒(皮套)中取出气压表,注意槽部向上,稍稍拧紧槽底调整螺旋约1～2圈,慢慢地将气压表倒转过来,使槽部在下,表直立。将槽的下端插入挂板的固定环里,再把表顶悬环套入挂钩中,等气压表自然下垂后,慢慢旋紧固定环上的三个螺丝固定气压表。最后旋转槽底调整螺旋,使槽内水银面下降到象牙针尖稍下的位置止。稳定4个小时后就能观测使用。

(2)观测和记录。

①调整水银槽内水银面至与象牙针尖相切。具体操作:旋动槽底调整螺旋,使槽内水银面自下而上慢慢升高,直到象牙针尖与水银面恰好相切,即水银面上无小涡,无空隙。

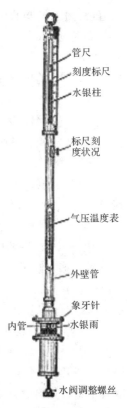

图3-3-3 动槽式水银气压表

②调整游尺与读数。先调游尺略高于水银柱顶,调整视线,使视线与游尺环的前后下缘在同一水平线上,再缓慢下降游尺至游尺环的前后下缘与水银柱凸面顶点刚刚相切,然后通过游尺下缘零线所对标尺的刻度即可读出整数,小数部分则从游尺刻度线上找出一根与标尺上某一刻度对齐的刻度线,游尺上这根刻度线的数字就是小数读数。

③降下水银面。读数经复验后,旋转槽底调整螺旋至水银面离开象牙针尖约2～3mm。

(3)气压计的读数校正。读取的气压示值,只表示观测所得的水银柱高度。为了求得本地的气压,水银气压表读数顺序须经过仪器差修正、温度修正和重力修正三步。

①仪器差修正。这是由于压力计构造上的缺陷或长期使用后汞中溶解微量空气渗入真空部分所引起的。当与标准气压计比较之后,即可得到这项校

正值,常附于仪器的检定证书上。

②温度修正:

$$C_t = -B \cdot [(0.0001634t)/(1+0.0001818t)]$$

式中:C_t—— 温度修正值;

$\quad$ B—— 经仪器差修正后的气压值;

$\quad$ t—— 附温度表所读的温度值。

（3）重力修正(包括纬度重力修正、高度重力修正):

纬度重力修正:

$$C_\Phi = -0.000265 \cdot \cos_2\Phi \cdot B_\Phi$$

式中:C_Φ—— 纬度重力修正值;

$\quad$ Φ—— 当地纬度;

$\quad$ B_Φ—— 经器差修正、温度修正后的气压值。

高度重力修正:

$$C_h = -0.000000196h \cdot B_h$$

式中:C_h—— 高度重力修正值;

$\quad$ h—— 气压表水银槽的海拔高度;

$\quad$ B_h—— 经器差修正、温度修正后的气压值。

（4）移运。移运气压表的步骤与安装顺序相反。先旋动槽底调整螺旋,使内管中水银柱恰达外套管窗孔的顶部止。然后松开固定环的螺丝,取下挂钩上的气压计,两手分持气压计身的上部和下部,缓缓倾斜 45°左右,当听到水银与管顶的轻击声音(如声音清脆,则表明内管真空良好;若声音混浊,则表明内管真空不良),槽部在上,继续缓慢地倒转气压表,使之完全倒立。将气压计装入特制的皮套内,旋松调整螺旋 1~2 圈。在运输过程中,防止震动,始终要按皮套箭头所示的方向,即气压表槽部在上进行移运。

（5）维护。

①应经常保持气压表的清洁。

②动槽式水银气压表槽内水银面若有氧化物产生,请及时清除。对有过滤板装置的气压表,可以慢慢旋松槽底调整螺旋,使水银面缓缓下降到"过滤板"之下,再逐渐旋紧槽底调整螺旋,使水银面升高至象牙针附近。重复几次上述操作,直到水银面洁净止。

③气压表必须垂直悬挂,应定期用铅垂线在相互成直角的两个方向上检查校正。

④气压表水银柱凸面突然变平并不再恢复,或其示值显著不正常时,应及时维修。

2. 真空技术

真空技术是建立低于大气压力的物理环境,以及在此环境中进行工艺制作、物理测量和科学试验等所需的技术。真空技术主要包括真空产生、真空测量、真空检漏和真空应用四个方面。

(1)真空概念。真空是指压力低于标准大气压的气体的给定空间。真空是相对于大气压来说的,空间并非没有物质存在。气体稀薄程度是对真空的一种客观量度,是单位体积中的气体分子数最直接的物理量度。气体分子密度越小,气体压力越低,真空就越高。但因历史原因,真空量度常用压力表示。1 真空常用帕斯卡或托尔作为压力的单位。

物理化学实验中常使用玻璃真空系统。这种小型真空系统的优点是:制作比较方便、便于观察内部情况、耐腐蚀和便于检漏。缺点是易破碎及由于不能高温除气,难以达到 10^{-5} Pa 的真空。实验中通常将真空划分为粗真空($10^5 \sim 10^3$ Pa)、低真空($10^3 \sim 10^{-1}$ Pa)、高真空($10^{-1} \sim 10^{-6}$ Pa)、超高真空($10^{-6} \sim 10^{-10}$ Pa)和极高真空($<10^{-10}$ Pa)等区间。

(2)真空的产生。真空泵是产生真空的设备。机械泵和扩散泵是实验室常用的。前者可获得 $1 \sim 0.1$ Pa 真空,后者可获得优于 10^{-4} Pa 的真空。扩散泵要用机械泵作为前置泵。常用的机械泵是旋片式油泵。

①旋片式机械泵(见图 3-3-4)。转子、定子、旋片(或称刮板)、活门和油槽等构成旋片式机械泵。泵的定子装在油槽中,定子的空腔是圆柱形。转子是圆柱形轮子,装在与定子空腔内切的位置。转子可绕自己的旋转对称轴转动,由马达带动转子。转子中镶有两块刮板,用弹簧连接两刮板,使刮板紧贴在定子空腔内壁上。转子运转时,被抽容器中的气体首先经过进气口到定子与转子之间

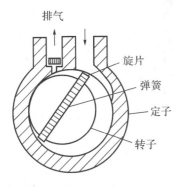

图 3-3-4 旋片式机械泵的结构图

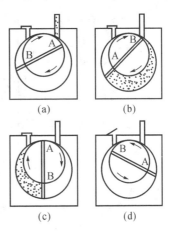

(a)　　　　　　(b)

(c)　　　　　　(d)

图 3-3-5 旋片式真空泵原理图

的空间,再由活门及进气口排出。定子浸在油中(油是起密封、润滑与冷却作用),油进入空腔则要通过进油槽。进入空腔的油除了以上作用外,还可协助打开活门。由于被压缩的气体在压强很低时不足以打开活门,而不可压缩的油强迫活门打开,活门的作用是让气体从泵中排出,而避免大气进入泵中。泵的工作原理如图 3-3-5 所示。

图(a)表示两刮板转动的时候,上刮板 A 与进气口之间的体积不断增大,被抽容器内气体从进气口进入这部分空间。图(b)、(c)表示的是进入泵中的气体被刮板 B 与被抽容器隔开,并被压缩到活门。当转子转动到图(d)所示的位置时,被压缩的气体的压强大于大气压,此时活门被打开,气体排出泵外。两个刮板不停地重复上述过程,达到对容器连续抽气的目的。

②油扩散泵。机械泵不能获得较高的真空度,采用扩散泵才能获得更高的真空度,扩散泵和机械泵则可构成高真空机组。机组中机械泵是扩散泵的前置泵,其工作真空度可达 $10^{-2} \sim 10^{-5}$ Pa。扩散泵工作时,内有高速流动的蒸汽流,被抽气体先扩散到蒸汽流,然后被带往排气口而达到抽气的目的,所以扩散泵又称蒸汽射流泵。由工作介质油经过加热产生蒸汽流,利用油作为工作介质的扩散泵叫做油扩散泵,其工作原理如图 3-3-6 所示。进气口在上部,通过主阀门与真空炉腔相连,右下方是与前级泵连接的出气口,底部贮有扩散泵油的蒸发室,中间是带有导流管的伞形喷嘴,冷却水管安装在金属外壳周围,蒸发室下面的电炉加热扩散泵油。当电炉加热扩散泵油后,产生的蒸汽流沿着导流管,经伞形喷嘴向下喷出,由于其具有较高的蒸汽密度,在界面两边形成浓度差,使被抽气体分子通过进气口进入泵内时不断地扩散到蒸汽流中,并随蒸汽流向下飞去而被带往出气口,再由前级泵排出。最后蒸汽流碰上有冷却水的泵壳,凝结成

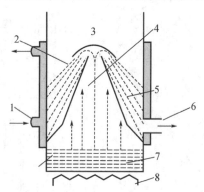

1.冷却水;2.喷嘴;3.进气口;4.导流管;5.蒸汽流;6.排气口;7.泵油;8.加热器

图 3-3-6 油扩散泵原理

液体,重新回到蒸发室。故扩散泵的抽气过程是把扩散到油蒸汽射流中的被抽气体携带到泵出气口的过程。

蒸汽流的长度、流速以及气体分子的扩散系数影响扩散泵的极限真空度和压缩比。蒸汽流的流速愈高、长度愈长、扩散系数愈小,扩散泵的极限真空度也就愈高。压缩比愈大,在一定的前级压强下,得到愈高的极限真空度。为获得较高的压缩比,一般扩散泵采用多个喷嘴串联,称其为多极扩散泵,图 3-3-7 就是有三个喷嘴的扩散泵,称为三级扩散泵。总的压缩比是各喷嘴压缩比的乘积,这样就能获得更高的极限真空度,但实际上最后决定扩散泵的极限真空度的是扩散泵油的饱和气压。

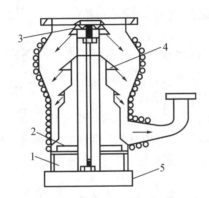

1.蒸发室；2.防溅板；3.冷相；4.多级喷嘴；5.加热器

图 3-3-7　三级扩散泵

油扩散泵与汞扩散泵相比的优点:(1)硅油的蒸汽压较低(室温下小于 10^{-5} Pa),使用时,高于此压力可不用冷阱;(2)无毒;(3)抽气速率高。其缺点:在高温下有空气时硅油易分解及油分子可能污染真空系统。使用时,必须在前置泵已抽到 1Pa 才能加热,最好装冷阱以防油分子反扩散而污染真空系统。

(3)真空的测量。真空测量就是真空度的测量,低于大气压力的气体稀薄程度称为真空度。也就是测量低压气体的压力,所用量具称真空规。常用有 U 形水银压力计、麦氏真空规、热电偶真空规和电离真空规等测量不同范围的真空度。下面着重介绍麦氏真空规。

麦氏真空规其构造如图 3-3-8 所示,又称压缩式真空计。它是利用波义耳定律,将被测真空体系中的装在玻璃泡和毛细管中的气体加以压缩,比较压缩前后体积、压力的变化,算出其真空度。操作步骤如下:缓慢启开活塞,接通真空规与被测真空体系,使真空规中的气体压力逐渐接近于被测体系的真空度,同时使三通活塞开向辅助真空,对汞槽抽真空,不让汞槽中的汞上升。待玻璃

61

泡和闭口毛细管中的气体压力与被测体系的压力达到稳定平衡后,开始测量。将三通活塞缓慢地开向大气,缓慢上升汞槽中汞,进入真空规上方。当汞面上升到切口处时,玻璃泡和毛细管就形成一个封闭体系,其体积是事先标定过的。汞面继续上升,不断压缩封闭体系中的气体,压力不断增大,最后压缩到闭口毛细管内。毛细管 R 是开口通向被测真空体系的,其压力不随汞面上升而变化。故随着汞面上升,R 和闭口毛细管产生压差,其差值可从两个表面在标尺上的位置直接读出,若已知毛细管和玻璃泡的容积,从标尺上读出压缩到闭口毛细管中的气体体积,即可

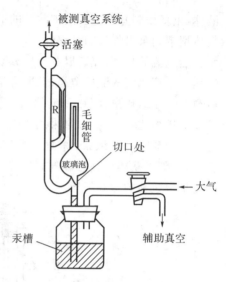

图 3-3-8　麦氏真空规

算出被测体系的真空度。一般不再需要计算,麦氏真空规已将真空度直接刻在标尺上。只要进行下列操作:当闭口毛细管中的汞面刚达零线,立即关闭活塞,停止汞面上升,此刻管 R 中的汞面所在位置的刻度线,就是所测真空度。其量程范围为 $10 \sim 10^{-4} \mathrm{Pa}$。

U 形管真空计是结构最简单的压力测量仪器,通常用玻璃管制成,其工作液体通常为水银。管的一端与待测压力的真空容器相连,另一端封死或与大气相通,以 U 形管两端的液面差即 Δh 指示真空度。其测量范围为 $10^5 \sim 10 \mathrm{Pa}$,是一种绝对真空计。分开式和闭式两种,结构如图 3-3-9、图 3-3-10 所示。

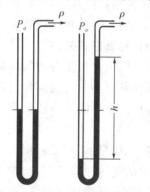

图 3-3-9　开式 U 形管真空计

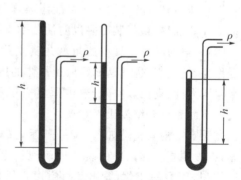

图 3-3-10　闭式 U 形管真空计

（4）真空系统设计和操作。根据不同需求,设计不同的真空系统,但大体上由三部分构成:真空的产生、真空的测量及真空的使用。要形成一个完整的真

空系统,首先根据实验所需要的真空度和抽气时间选择机械泵、管道和真空材料。要求极限真空度为 0.1333Pa,选用性能较好的机械泵或吸附泵。若要求极限真空度≤0.1333Pa,则设置机械泵为前级泵,扩散泵为次级泵。

①真空体系各部件的选择。

(a)材料。真空体系的材料,可以用玻璃或金属。玻璃真空体系吹制比较方便,内部情况便于观察,用高频火花检漏器在低真空条件下检漏,但其真空度较低,一般可达 $10^{-1} \sim 10^{-3}$ Pa。用不锈钢材料制成的金属真空体系可达到 10^{-10} Pa 的真空度。

(b)真空泵。如要求极限真空度仅达 10^{-1} Pa 时,不必用扩散泵,可直接使用性能较好的机械泵。如要求真空度高于 10^{-1} Pa 时,需用扩散泵和机械泵配套。选用真空泵主要考虑泵的极限真空度的抽气速率。如对极限真空度要求高,可选用多级扩散泵,要求抽气速率大,可采用大型扩散泵和多喷口扩散泵。扩散泵应配用机械泵作为它的前级泵,选用机械泵要注意它的真空度和抽气速率应与扩散泵匹配。

(c)真空规。根据所需量程及具体使用要求来选定。如真空度在 $10 \sim 10^{-2}$ Pa 范围,可选用转式麦氏规或热偶真空规;真空度在 $10^{-1} \sim 10^{-4}$ Pa 范围,可选用座式麦氏规或电离真空规;真空度在 $10 \sim 10^{-6}$ Pa 较宽范围,选用热偶真空规和电离真空规配套的复合真空规。

(d)冷阱。冷阱是设置在气体通道中的冷却室陷阱,能使可凝蒸汽冷凝成液体,以避免水汽、有机蒸汽、汞蒸汽等进入机械泵,影响泵的工作性能。通常安装在扩散泵和机械泵、扩散泵和待抽真空部分之间。常用的冷阱结构如图 3-3-11 所示。其外部套装有冷却剂的杜瓦瓶,常用液氮、干冰和丙酮作为冷却剂。

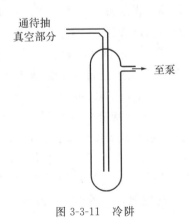

通待抽
真空部分

至泵

图 3-3-11 冷阱

(e)管道和真空活塞。玻璃真空体系各部件间连接,使用管道和真空活塞。

管道应尽可能粗而短,尤其在靠近扩散泵时,因为管道的尺寸对抽气速率影响很大。真空活塞的选择应注意它的孔芯大小应与管道尺寸相配合,活塞的密封接触面应足够大,常采用质量轻、温度变化引起的漏气可能性小的空心活塞。

(f)真空涂敷材料。真空涂敷材料包括真空脂、真空泥和真空蜡等。在室温时的蒸汽压都很小,在 $10^{-2}\sim10^{-4}$ Pa。为了转动灵活、避免漏气,在真空活塞和磨口连接处涂上真空脂(涂覆要均匀、透明无丝状)。国产真空脂根据使用温度可分为 1 号、2 号、3 号真空脂。真空泥用来修补小沙孔或小缝隙。真空蜡用来胶合难以融合的接头。

②真空体系的检漏和操作。

(a)真空泵的使用。为避免发生真空泵油倒抽入真空系统,在停止机械泵工作前应先接通大气。启动扩散泵前要先用机械泵将体系抽至低真空,再依次接通冷却水、接通电炉,使硅油逐步加热,缓缓升温至硅油沸腾并正常回流。扩散泵停止工作时,先关加热电源至不再回流,再关冷却水和扩散泵进出口旋塞。最后停止机械泵工作。为避免油被氧化,油扩散泵中要防止空气进入。

(b)真空的检漏。安装真空系统一项很麻烦但又很重要的工作是检漏与排漏,检漏的方法较多,如火花法、氮质谱仪法等,可用于检测不同的漏气情况。

对小型玻璃真空系统,常用高频火花真空检漏器检查漏气。使用方法是:先启动机械泵,将系统抽至 13.33~1.333Pa,再调节高频火花检漏器至火花正常,将探头对准真空系统的玻璃移动,可以看到红色辉光点。关闭机械泵通向系统的活塞,5min 后再检查,其放电现象是否和之前相同,假如不同则表示系统漏气。常见的漏气现象发生在玻璃结合处、弯头和活塞。常采用分段检查的方式迅速找出漏气所在位置,具体操作:关闭某些活塞,逐段用高频火化检漏器检查,若发现某处漏气,对漏洞再次进行仔细检查。如果漏气处为小沙眼,则可用真空泥涂封;漏洞较大,要重新焊接。

高频火花检漏器对不同压力的低压气体会产生不同的颜色。其辉光颜色随着压力降低,由浓紫、淡紫、红、蓝色转变至玻璃荧光。当看到玻璃壁呈淡蓝色荧光,表明体系压力低于 0.1333Pa,则可进行系统压力测定。

(c)真空体系的操作。实验前应熟悉真空系统各部件的操作,并注意各活塞的旋转方向。用双手进行启开或关闭活塞操作,左、右手分工合作,一手握活塞套,一手缓缓旋转内塞,开、关活塞时不能产生力矩。

在真空体系抽气或充气操作时,应缓缓调节活塞,使抽气或充气缓慢进行,必须注意不能使体系压力发生急剧的变化,因为体系压力突变会导致系统破裂,或压力计破损。

实验 4　凝固点下降法测定摩尔质量

一、实验目的

1. 用凝固点下降法测定萘的摩尔质量。
2. 掌握溶液凝固点的测定技术。
3. 通过实验加深对稀溶液依数性的理解。

二、实验原理

1. 凝固点分子量的原理

当稀溶液凝固析出纯固体溶剂时,则溶液的凝固点低于纯溶剂的凝固点,其降低值与溶液的质量摩尔浓度成正比。即

$$\Delta T = T_f^{\ominus} - T_f = K_f b_B$$

式中,$T_f^{\ominus}$ 为纯溶剂的凝固点,T_f 为溶液的凝固点,b_B 为溶液中溶质 B 的质量摩尔浓度,K_f 为溶剂的质量摩尔凝固点降低常数,它的数值仅与溶剂的性质有关。

若称取一定量的溶质 $m_B(g)$ 和溶剂 $m_A(g)$,配成稀溶液,则此溶液的质量摩尔浓度为

$$b_B = 1000 m_B / M_B \cdot m_A$$

式中,M_B 为溶质的相对分子质量。将该式代入上式,整理得

$$M_B = 1000 K_f m_B / \Delta T \cdot m_A \ (g/mol)$$

若已知某溶剂的凝固点降低常数 K_f 值,通过实验测定此溶液的凝固点降低值 ΔT,即可计算溶质的分子量 M_B。

2. 凝固点测量原理

纯溶剂的凝固点为其液相和固相共存的平衡温度。若将液态的纯溶剂逐步冷却,在未凝固前温度将随时间均匀下降,开始凝固后因放出凝固热而补偿了热损失,体系将保持液-固两相共存的平衡温度而不变,直至全部凝固,温度再继续下降。其冷却曲线如图 3-4-1 中 1 所示。但实际过程中,当液体温度达到或稍低于其凝固点时,晶体并不析出,这就是所谓的过冷现象。此时若加以搅拌或加入晶种,促使晶核产生,则大量晶体会迅速形成,并放出凝固热,使体系温度迅速回升到稳定的平衡温度;待液体全部凝固后温度再逐渐下降。冷却曲线如图 3-4-1 中 2 所示。

第
三
章
　
基
础
实
验

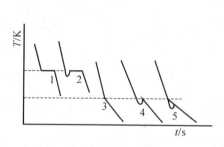

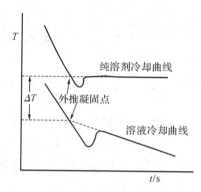

图 3-4-1　纯溶剂和溶液的冷却曲线　　　图 3-4-2　外推法求纯溶剂和溶液的凝固点

溶液的凝固点是该溶液与溶剂的固相共存的平衡温度,其冷却曲线与纯溶剂不同。当有溶剂凝固析出时,剩余溶液的浓度逐渐增大,因而溶液的凝固点也逐渐下降。因有凝固热放出,冷却曲线的斜率发生变化,即温度的下降速度变慢,如图 3-4-1 中 3 所示。本实验要测定已知浓度溶液的凝固点。如果溶液过冷程度不大,析出固体溶剂的量很少,对原始溶液浓度影响不大,则以过冷回升的最高温度作为该溶液的凝固点,如图 3-4-1 中 4 所示。

确定凝固点的另一种方法是外推法,如图 3-4-2 所示,首先记录绘制纯溶剂与溶液的冷却曲线,作曲线后面部分(已经有固体析出)的趋势线并延长使其与曲线的前面部分相交,其交点就是凝固点。

三、实验装置

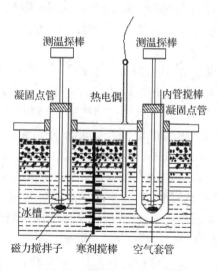

图 3-4-3　凝固点下降法测定摩尔质量实验装置

四、仪器与试剂

仪器:凝固点测定仪、电子温差仪、电子分析天平、25mL 移液管、500mL 烧杯,洗耳球、滤纸、小毛巾

试剂:环己烷、萘、冰块

五、实验步骤

1.凝固点测定仪的设置

设置记录时间(次/20～30s),当 ΔT 与 T 数字一致时按锁定键。

2.调节寒剂的温度

取适量冰与水混合,使寒剂温度控制在 3～3.5℃(电子温差仪检测),在实验过程中不断搅拌并不断补充碎冰,使寒剂保持此温度。

3.溶剂凝固点的测定

用移液管向清洁、干燥的凝固点管内加入 25.00mL 环己烷,并记下环己烷的温度。

先将盛环己烷的凝固点管直接插入寒剂中,平稳搅拌使之冷却,当开始有晶体析出(絮状物)时放在空气套管中冷却,观察样品管的降温过程,当温度达到最低点后,又开始回升,回升到最高点后又开始下降。记录最高及最低点温度,此最高点温度即为环己烷的近似凝固点。

取出凝固点管,用手捂住管壁片刻,同时不断搅拌,使管中固体全部熔化,将凝固点管直接插入寒剂中使之冷却至比近似凝固点略高 0.5℃时,将凝固点管放在空气套管中,缓慢搅拌,使温度逐渐降低,当温度降至比近似凝固点低 0.2℃时,快速搅拌,待温度回升后,再改为缓慢搅拌。直到温度回升到稳定为止,记录最高及最低点温度,重复测定 3 次,3 次平均值作为纯环己烷的凝固点。

4.溶液凝固点的测定

取出凝固点管,如前将管中环己烷溶化,用分析天平精确称取萘(约 0.15g)加入凝固点管中,待全部溶解后,测定溶液的凝固点。测定方法与环己烷的相同,先测近似的凝固点,再精确测定,重复 3 次,取平均值。

5.实验完成后

洗净样品管,关闭电源,弃取冰水浴中的冷却水,擦干搅拌器,整理实验台。

第三章 基础实验

六、数据记录与处理

1.将实验数据列入表中。

室温：＿＿＿＿＿＿　大气压力：＿＿＿＿＿Pa

物质	体积/质量	凝固点 T_f		凝固点降低值	萘的相对分子质量
		测量值	平均值		
环己烷	25.00mL	1			
		2			
		3		$\Delta T = T_f^* - T_f$	$M_B = 1000 K_f m_B / \Delta T \cdot m_A$
萘	0.1510g	1			
		2			
		3			

2.由所得数据计算萘的相对分子质量,并计算与理论值的相对误差 E

七、注意事项

1.搅拌速度的控制是做好本实验的关键,每次测定应按要求的速度搅拌,并且测溶剂与溶液凝固点时搅拌条件要完全一致。准确读取温度也是实验的关键所在,应读准至小数点后第3位。

2.寒剂温度对实验结果也有很大影响,过高会导致冷却太慢,过低则测不出正确的凝固点。

3.在测量过程中,析出的固体越少越好,以减少溶液浓度的变化,才能准确测定溶液的凝固点。若过冷太甚,溶剂凝固越多,溶液的浓度变化太大,使测量值偏低。在过程中可通过加速搅拌、控制过冷温度、加入晶种等控制过冷。

八、分析与思考

1.为什么要将样品管放在空气套管中冷却?

2.为什么溶剂的冷却曲线有平台而溶液的冷却曲线没有平台?

3.在本实验中搅拌的速度如何控制?太快或太慢有何影响?

九、实验仪器使用方法(SWC-LGA 凝固点实验装置)

1.将传感器航空插头插入后面板的传感器接口。

2.将 220V 电源接入后面板上的电源插头。

3.打开电源开关,冰槽搅拌机开始工作,显示屏显示初始状态,如下图所示。

$$D{:}00S \quad \triangle.T{:}5.589^0C$$
$$Real \quad \text{🔒} \quad.T{:}05.58^0C$$

D—— 定时时间的设置,单位为秒(s);

ΔT—— 温差显示值;

T——实时温度显示值;

Real——表示仪器处于对温度温差值跟踪测温状态;

HOLD——表示仪器温度温差值处于保持状态,以方便读数。

🔓 仪器对基温选择处于跟踪状态

🔒 仪器对基温选择处于锁定状态

4.打开窗口开关,将传感器放入冰槽传感器插孔中,并在冰槽中加入碎冰和自来水,当其温度低于环己烷凝固点温度 $2\sim3^\circ C$,将空气套管放入右端口,按下锁定键,使"🔓"变为"🔒"

5.准确移取 25mL 环己烷放入洗净烘干的凝固点测定管并放入磁珠,将温度传感器插入橡胶塞中,然后将橡胶塞塞入凝固点测定管,要塞紧。注意传感器插入凝固点测定管应与管壁平行的中央位置,插入深度以温度传感器顶端离凝固点测定管的底部 5mm 为佳。

6.将空气套管插入冰槽右边端口,将凝固点测定管插入冰槽左边端口中,调节冰浴搅拌调节旋钮至适当的位置,观察"ΔT"温差显示值,直至"ΔT"温度显示值稳定不变,此即为纯溶剂环己烷初测凝固点。

7.取出凝固点测定管,用掌心握住加热,待凝固点测定管内结冰完全溶化后,将凝固点测定管插入冰槽左边端口中,当温差降至高于初测凝固点 $0.7^\circ C$ 时,迅速将凝固点测定管取出,擦干,插入空气套管中,调节空气管搅拌调节旋钮,先缓慢搅拌,使环己烷温度均匀下降,当温度低于凝固点参考温度时,应急速搅拌,促使固体析出,温度开始上升,搅拌减慢,注意观察温差显示值,直至稳定,此即为环己烷的凝固点。

8.将凝固点测定管取出,擦干并迅速插入空气套管时,即时记下温差值"ΔT",然后每间隔 15s 记下温差值"ΔT",直至温差值回升到不再变化,持续 60s,此时显示值即环己烷(纯溶剂)的凝固点。

9.重复 7、8 两步骤再做两次,依次测试凝固点温度 T。绝对平均误差值应小于 $\pm0.003^\circ C$。

10.溶液凝固点的测定,取出测定管,使管中的环己烷溶化,加入事先压成片状的 0.2～0.3g 的萘,待溶解后,重复 6 步骤,先测溶液的凝固点。再重复 7、8 两步骤,做 3 次,3 次测得溶液凝固点温度 T。绝对平均误差值应小于±0.003℃。

11. 如欲绘图,自动记录数据,实验前只需将配备的数据线 RS-232C 串行口与电脑连接即可。注意:手工记数据时,可通过增减键设置多少秒发声提示记录数据。

12. 待实验结束后,关掉电源开关,拔下电源线。

● 本实验技术操作示范,参见浙江省精品课程——浙江科技学院"物理化学"课程网站。

网址:http://zlq.zust.edu.cn/wlhx/

实验指导栏——实验 4　凝固点下降法测定摩尔质量

实验 5　二元液系相图

一、实验目的

1. 用沸点仪测定在常压下环己烷-乙醇的气液平衡相图。
2. 了解沸点的测定方法。
3. 掌握阿贝折射仪的测量原理及使用方法。

二、实验原理

1. 液体的沸点是指液体的饱和蒸汽压和外压相等时的温度。在一定外压下,纯液体的沸点有确定的值。但对于完全互溶的双液系,沸点不仅与外压有关,而且还与双液系的组成有关。

2. 用阿贝折射仪测定气液组成的折光率 n_D^t,获得气液组成。

三、实验原理图

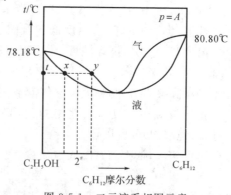

图 3-5-1　二元液系相图示意

四、实验装置

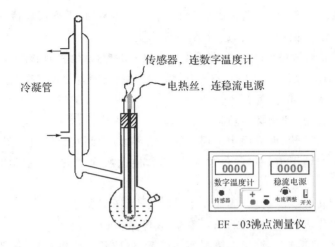

冷凝管

传感器，连数字温度计

电热丝，连稳流电源

0000	0000
数字温度计	稳流电源
传感器	+ − 电流调整 开关

EF−03沸点测量仪

图 3-5-2　二元液系相图实验装置示意

五、仪器与试剂

仪器：EF-03 沸点测量仪、阿贝折射仪、沸点仪、取样管

试剂：无水乙醇、环己烷

六、实验步骤

1. 安装好干燥的沸点仪。

2. 加入纯乙醇 30mL 左右，盖好瓶塞，使电热丝浸入液体中，温度传感器与液面接触。

3. 开冷凝水，将稳流电源调至 2.0～4.0A，接通电热丝，加热至沸腾，待数字温度计上读数恒定后，读下该温度值。

4. 关闭电源，停止加热，将干燥的取样管自冷凝管上端插入冷凝液收集小槽中，取气相冷凝液样，迅速用阿贝折射仪测其折光率。

5. 用干燥的小滴管取液相液样，用阿贝折射仪测其折光率。

6. 分别在沸点仪中加入混合液，重复上述 1、2、3、4、5 操作。

7. 根据环己烷-乙醇标准溶液的折射率 $n_D^{25℃}$ 与组成 $x_{C_6H_{12}}/y_{C_6H_{12}}$ 的关系表（见附录十二），将上述数据转换成环己烷的摩尔分数，绘制相图。

8. 实验完毕后，关闭冷凝水，关闭电源，整理实验台。

八、数字阿贝折光仪的使用

1.连接数字阿贝折光仪电源插座,按下"POWER"按钮。待显示窗显示"0000"、聚光灯部件灯亮时,进行下一步实验。

2.打开折射棱镜部件,移去擦镜纸。用另外的擦镜纸将镜面擦干,取样管垂直向下将样品滴加在镜面上,注意不要有气泡,然后将棱镜合上,轻按,使棱镜紧贴。

3.旋转照明部件,使视场最亮。

4.旋转目镜,使视场最清晰。

5.调节大手轮,使界面中出现上明下暗界面(中间有色散面),图 a 所示。

6.调节目镜下方缺口的色散校正手轮,使色散面消失,出现半明半暗界面,图 b,c 所示。

7.再旋转大手轮,使分界线在十字相交点,图 d 所示。

8.在操作界面上,按"READ"键,读取样品折光率。

9.测试全部结束后,用擦镜纸擦干棱镜,选取新擦镜纸,夹在棱镜部件中。

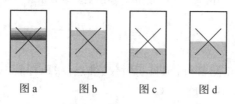

图 a 图 b 图 c 图 d

阿贝折光仪读数调节示意图

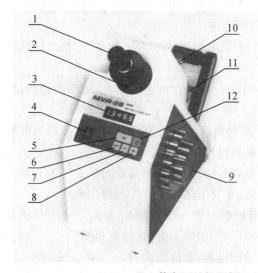

1.目镜
2.色散手轮
3.显示窗
4."POWER"电源开关
5."READ"读数显示键
6."BX-TC"经温度修币锤度显示键
7."n_D"折射率显示键
8."BX"未经温度修正锤度显示
9.调节手轮
10.聚光照明部件
11.折射棱镜部件
12."TEMP"温度显示键

数字阿贝折光仪示意图

八、数据记录与处理

样品	沸点	气相组成		液相组成	
		$n_{样品}^{25℃}$	$y_{C_6H_{12}}$	$n_{样品}^{25℃}$	$x_{C_6H_{12}}$
1					
2					
3					
4					
5					
6					

九、注意事项

1. 在测定纯液体样品时,沸点仪必须是干燥的。

2. 在整个实验中,取样管必须是干燥的。

3. 本实验使用超级恒温槽,其温度必须调至 25℃(本实验环己烷-乙醇标准溶液的折射率与 $x_{C_6H_{12}}/y_{C_6H_{12}}$ 的关系表是在 25℃时测定)。

4. 取样时,应该先关闭电源,停止加热。

5. 取样至阿贝折射仪测定时,取样管应该垂直向下。

6. 在使用阿贝折射仪读取数据时,特别注意在气相冷凝液样与液相液样之间一定要用擦镜纸将镜面擦干。

7. 注意线路的连接,加热时,应缓慢将稳流电源调至 2.0~4.0A。

8. 如电热丝未接通,则关闭电源,先检查线路,然后检查电热丝的接触情况,进行适当调整。

十、分析与思考

1. 每次加入蒸馏瓶中的环己烷或乙醇是否应按记录表规定准确计量?

2. 如何判断气液相已达平衡状态?

3. 收集气相冷凝液的小槽的大小对实验结果有无影响?

4. 我们测定的沸点与标准大气压的沸点是否一致?

5. 测定纯环己烷和乙醇的沸点时为什么要求蒸馏瓶必须是干的,而测混合液沸点和组成时可以不必把原来附在瓶壁上的混合液绝对弄干?

● 本实验技术操作示范,参见浙江省精品课程——浙江科技学院"物理化学"课程网站。

网址:http://zlq.zust.edu.cn/wlhx/

实验指导栏——实验5 二元液系相图

十一、实验仪器的使用方法

1.WAY 型阿贝折射仪使用

阿贝折射仪是测量透明、半透明液体或固体的折射率 n_D 和平均色散 $n_F - n_C$ 的仪器(其中以测定透明液体为主),如仪器连接恒温器则可测定温度为 $0 \sim 50℃$ 内的折射率,是石油工业、油脂工业、制药工业、食品工业等有关工厂、学校及有关科研单位的常用设备之一。

(1)仪器结构。

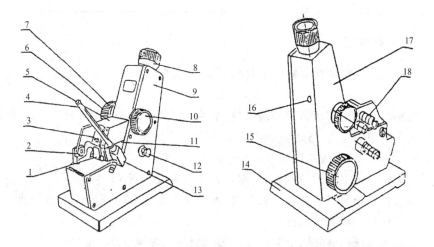

(2)结构部分介绍。底座(14)为仪器支承座,壳体(17)固定在其上面。除棱镜与目镜外全部光学组件及主要结构封闭于壳体内。棱镜固定在壳体上,由进光棱镜、折射棱镜以及棱镜座等组成,(5)为进光棱镜座,(11)为折射棱镜座,两棱镜座由转轴(2)连接。进光棱镜能打开与关闭,当两棱镜座密闭并用手轮(10)锁紧时,二棱镜面之间保持一均匀间隙,被测液体充满此间隙。(3)是遮光板,(18)是四个恒温器接头,(4)是温度计,(13)是温度计座,可用乳胶管与恒温器连接使用。(1)是反射镜,(8)目镜,(9)盖板,(15)折射率刻度调节手轮,(6)色散调节手轮,(7)色散值刻度圈,(12)照明刻度盘聚光镜。

(3)使用与操作方法。

1)准备工作。

①在开始测定前,必须用蒸馏水(按附表)或用标准试样校对读数。如用标准试样应该对折射棱镜的抛光面加 $1 \sim 2$ 滴溴代萘,再贴上标准试样的抛光面,当读数视场指示于标准试样之值时,观察望远镜内明暗分界线是否在十字线中间,若有偏差则用螺丝刀微量旋转小孔(16)内螺钉,使分界线位移至十字线中

心。校正完毕后,在以后的测定过程中不允许随意再动此部位。

在日常测量工作中一般不需校正仪器,如对所测的折射率示值有怀疑时,可按上述方法进行检验。

②每次测定前及进行示值校准时必须将进光棱镜的毛面、折射棱镜抛光面及标准试样抛光面,用无水酒精与乙醚(1:1)的混合液和脱脂棉花轻擦干净,以免留有其他物质,影响准确度。

2)测定工作。

①测定透明、半透明液体。将被测液体用干净滴管加在折射棱镜表面,盖上进光棱镜,用手轮(10)锁紧,使液层均匀,充满视场,无气泡。打开遮光板(3),合上反射镜(1),调节目镜视度,使十字线清晰,此时旋转手轮(15)并在目镜视场中找到明暗分界线的位置,再旋转手轮(6)使分界线不带任何彩色,微调手轮(15),使分界线位于十字线的中心,再适当旋转聚光镜(12),此时目镜视场下方显示的值即为被测液体的折射率。

②测定透明固体。被测物体上需有一个平整的抛光面。把进光棱镜打开,在折射棱镜的抛光面加1~2滴比被测物体折射率高的透明液体(如溴代萘),将被测物体抛光面擦干净放上去,使其接触良好,此时便可在目镜视场中寻找分界线,读数的方法同前。

③测定半透明固体。用上法将被测半透明固体上抛光面粘在折射棱镜上,打开反射镜(1)调整角度利用反射光束测量,操作方法同前。

④测量蔗糖溶液质量分数。操作与测量液体折射率相同,此时读数可直接从视场中示值的上半部读出,即为蔗糖溶液质量分数。

⑤测定平均色散值。基本操作方法与测量折射率相同,只是以两个不同方向转动色散调节手轮(6)时,使视场中明暗分界线无彩色为止,此时需记录每次在色散值刻度圈(7)上指示的刻度值 Z,取其中平均值,再记下其折射率 n_D。根据折射率 n_D 值,在阿贝折射仪色散表的同一横行中找出 A 和 B 值(若 n_D 在表中二数值中间时用内插法求得)。再根据 Z 值在表中查出相应的 Q 值,当 $Z>30$ 时 Q 值取负值。当 $Z<30$ 时,取正值,按照所求出的 A、B、a 值代入色散值公式 $n_f-n_c=A+Ba$ 就可求出平均色散值。

⑥若测量在不同温度时的折射率,接上恒温器的通水管,把恒温器的温度调节到所需测量温度,接通循环水,待温度稳定 10min 后,便可测量。

2.WAY-2S 数字阿贝折射仪使用

(1)仪器工作原理。

①原理方块图。

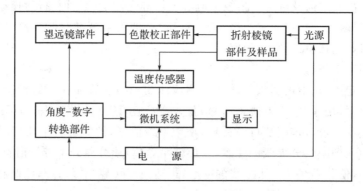

②原理。数字阿贝折射仪测定透明或半透明物质的折射率原理是基于测定临界角,由目视望远镜部件和色散校正部件组成的观察部件来瞄准明暗两部分的分界线,即瞄准临界位置,并由角度-数字转换部件将角度置换成数字量,输入微机系统进行数据处理,然后数字显示出被测样品的折射率或锤度。

(2)仪器结构。

1.目镜;2.色散手轮;3.显示窗;4."POWER"电源开关;5."READ"读数显示键;

6."BX-TC"经温度修正锤度显示键;7."n_D"折射率显示键;8."BX"未经温度修正锤度显示;

9.调节手轮;10.聚光照明部件;11.折射棱镜部件;12."TEMP"温度显示键。

（3）使用方法。

①按下"POWER"电源开关（4），聚光照明部件（10）中照明灯亮，同时显示窗（3）显示00000。有时显示窗先显示"—"，数秒后显示00000。

②打开折射棱镜部件（11），移去擦镜纸，这张擦镜纸是仪器不使用时放在两棱镜之间，防止在关上棱镜时，可能留在棱镜上的细小硬粒弄坏棱镜工作表面。

③检查上、下棱镜表面，用水或乙醇小心清洁表面。测定完后也要清洁两块棱镜表面。

④将被测样品放在下面的折射镜的表面上。如样品为液体，可用干净滴管吸1～2滴样品放在棱镜表面上，然后将上面的进光棱镜盖上。如样品为固体，则固体必须有一个经过抛光加工的平整表面。测量前需将这抛光表面擦清，并在下面的折射棱镜工作表面上滴1～2滴折射率比固体样品折射率高的透明液体（如溴代萘），然后将固体样品抛光面放在折射棱镜工作表面上，使其接触良好。测固体样品时不需将上面的进光棱镜盖上。

⑤旋转聚光照明部件的转臂和聚光镜使上面的进光棱镜的进光表面（测液体样品）或固体样品前面的进光表面（测固体样品）得到均匀照明。

⑥通过目镜（1）观察视场，同时旋转调节手轮（9），使明暗分界线落在交叉线视场中。如从目镜中看到视场是暗的，可将调节手轮逆时针旋转。看到视场是明亮的，则将调节手轮顺时针旋转。明亮区域是在视场顶部。在明亮视场情况下可旋转目镜，调节视度看清晰交叉线。

⑦旋转目镜方缺口里的色散校正手轮（2），并调节聚光镜位置，使视场中明暗两部分具有良好的反差和明暗分界线具有最小的色散。

⑧旋转调节手轮，使明暗分界线准确对准交叉线的交点（右图）。

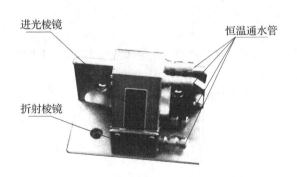

⑨按"READ"读数显示键（5），显示窗中00000消失，显示"—"，数秒后"—"消失，显示被测样品的折射率。

⑩检测样品温度，可按"TEMP"温度显示键（12），显示窗将显示样品温度。

除了按"READ"键后,显示窗显示"一"时,按"TEMP"键无效,在其他情况下都可以对样品进行温度检测。显示为温度时,再按" n_D(7)"、"BX-TC"或"BX"键。显示将是原来的折射率。

⑪样品测量结束后,必须用乙醇或水(样品为糖溶液)进行清洁。

(4)仪器校准。仪器定期进行校准,或对测量数据有怀疑时,也可以对仪器进行校准。校准用蒸馏水或玻璃标准块。如测量数据与标准有误差,可用钟表螺丝刀通过色散校正手轮(2)中的小孔,小心旋转里面的螺钉,使分划板上交叉线上下移动,然后再进行测量,直到测定数值符合要求。

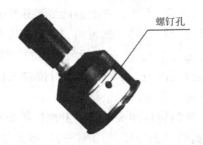

螺钉孔

样品为标准块时,测数要符合标准块上所标定的数据。如样品为蒸馏水时,测数要符合下表。

温度/℃	折射率 n_D	温度/℃	折射率 n_D
18	1.33316	26	1.33239
19	1.33308	27	1.33228
20	1.33299	28	1.33217
21	1.33289	29	1.33205
22	1.33280	30	1.33193
23	1.33270	31	1.33182
24	1.33260	32	1.33170
25	1.33250	33	1.33157

实验 6 二组分金属相图

一、实验目的

1.学会用热分析法测绘锌-锡二元金属相图。

2.了解固液相图的特点,进一步学习和巩固相律等相关知识。

3.掌握热电偶测温的基本方法。

二、实验原理

热分析法是根据样品在加热或冷却过程中,温度随时间的变化关系来判断被测样品是否发生相变化。对于简单的低共熔二元系,当均匀冷却时,如无相变化其温度将连续均匀下降,得到一条平滑的曲线;如在冷却过程中发生了相变,由于放出相变热,使热损失有所抵偿,冷却曲线就会出现转折或水平线段,转折点所对应的温度,即为该组成合金的相变温度。

通过测定一系列组成不同的样品温度随时间的变化曲线(步冷曲线),绘制出二组分金属相图。

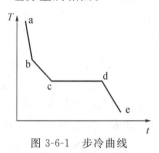

图 3-6-1 步冷曲线

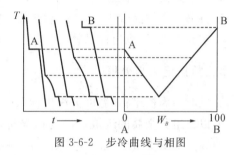

图 3-6-2 步冷曲线与相图

三、实验装置

装置见图 3-6-3 所示。

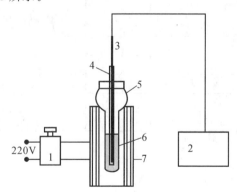

1.调压器;2.电子温度计;3.热电偶;4.细玻璃管;5.试管;6.试样;7.电炉

图 3-6-3 实验装置

四、仪器与试剂

仪器:金属相图实验装置(EF-07):温控仪 1 个、加热炉 1 个、冷却炉 1 个、

第三章 基础实验

热电偶2只。

试剂:100%Zn、100%Sn、70%Zn+30%Sn、25%Zn+75%Sn、8.8%Zn+91.2%Sn样品管。为防止金属氧化,样品表面覆盖石墨粉。

五、实验步骤

1. 在温度控制仪上先设置好加热炉温度(500℃),冷却炉温度(65℃)。

2. 将样品放入加热炉内,插入热电偶,打开加热开关,将温度加热到500℃。

3. 将装有已经熔化的样品管并更换热电偶(冷),从加热炉取出放入冷却炉内。

4. 记录单位时间内温度。每隔0.5min记一个数据。

5. 将另一个样品管再放入加热炉,重复以上实验。

6. 实验完成后,取出样品管,关闭电源,整理实验台。

六、数据记录与处理

1. 以时间为横坐标,温度为纵坐标做时间-温度曲线,即步冷曲线。

2. 以二组分金属的组成(%)为横坐标,温度为纵坐标,作金属相图。找出步冷曲线上的折点和平台所对应的温度和组成,在相图上找出二相点和三相点,连接各点作出二组分金属相图。

时间/分 温度/℃ 样品	纯锌	纯锡	70%Zn+30%Sn	70%Zn+30%Sn	25%Zn+75%Sn	8.8%Zn+91.2%Sn

七、注意事项

1. 被测样品依次按高熔点到低熔点进行测定。(纯锌的熔点:419.58℃,纯锡的熔点232℃)

2. 为使步冷曲线上有明显的相变点,必须将热电偶结点放在熔融体的中间偏下处,同时将熔体搅匀。冷却时,将金属样品管放在冷却炉中,控制温度下降打开风扇。

3. 实验过程中,样品管要小心轻放,插换热电偶时,要格外小心,防止戳破样品管。

4.不要用手触摸被加热的样品管底部,更换热电偶时不要碰到手臂,以免烫伤。

八、分析与思考

1.金属熔融系统冷却时,冷却曲线为什么出现折点?纯金属、低共熔金属及合金等转折点各有几个?曲线形状为何不同?

2.有时在出现固相的冷却记录曲线转折处出现凹陷的小弯,是什么原因造成的?此时应如何读相图转折温度?

3.对所作相图中进行相律分析,指出最低共熔点、曲线、各区的相数和自由度数。

九、实验仪器使用方法

EF-07金属相图实验装置使用方法

1.按 set 键,上排显示 SP(给定值参数)。按▲键或▼键,使下排显示为所需要的值(即给定值),再按 set 键回到标准模式。

2.将装好实验材料的专用试管放入加热炉 I 中并将温度传感器通过玻璃护套插入试管中。

3.开启控制器电源,再开启加热炉,这时加热炉就开始加热。通过控制器的▲或▼键可以很方便地设定所要升的温度。(本仪器仅需一次设定给定值,不需要多次设定,克服了仪器冲过高的弊病。)

4.待温度到达所需温度后,将降温炉的温度传感器插入试管的玻璃护套中,待降温炉温度显示也达到所需温度后,将加热试管移至降温炉,打开记录仪,这时就可以观察金属降温时温度变化的情况。

5.待第一试样测试完毕后,再将第二试样放入加热炉 I 中,并放入温度传感器重复进行第一次的工作循环。

6.在降温的过程为了使降温更快,可以开启降温风扇开关。但在加温的过程中请不要使用。

7.实验结束后,关闭所有的电源开关。

● 本实验技术操作示范,参见浙江省精品课程——浙江科技学院"物理化学"课程网站。

网址:http://zlq.zust.edu.cn/wlhx/

实验指导栏——实验6 二组分合金相图

实验 7　氨基甲酸铵的分解平衡

一、实验目的

用等压法测定氨基甲酸铵的分解压力,计算此分解反应的热力学函数。

二、实验原理

氨基甲酸铵的分解平衡:$NH_4CO_2NH_2(s) \Longrightarrow 2NH_3(g) + CO_2(g)$

该反应是可逆的多相反应。若将气体看成理想气体,分解产物不从系统中移去,则很容易达到平衡,标准平衡常数 K_p 可表示为:

$$K_p = p_{NH_3}^2 \cdot p_{CO_2} \tag{7-1}$$

式中,p_{NH_3}、p_{CO_2} 分别为平衡时 NH_3 和 CO_2 的分压,而固体氨基甲酸铵的蒸气压可忽略不计,体系的总压 p 为:$p = p_{NH_3} + p_{CO_2}$,即为该反应的分解压力。从反应式可知,$p_{NH_3} : p_{CO_2} = 2 : 1$,所以

$$K^\ominus = \frac{4}{27} \times \left(\frac{p}{p^\ominus}\right)^3 \tag{7-2}$$

因此,当体系平衡后,测得给定温度下的平衡总压即可按(7-2)式计算出平衡常数 $K^\ominus$。

当温度变化的范围不大时,测得不同温度下的 $K^\ominus$,可按

$$\ln K^\ominus = -\Delta H_{rm}^\ominus / RT + C$$

求得实验温度范围内的 $\Delta H_{rm}^\ominus$。

根据 $\Delta G_{rm}^\ominus = -RT \ln K^\ominus$ 的关系式可求得 $\Delta G_{rm}^\ominus$。

根据 $\Delta G_{rm}^\ominus = \Delta H_{rm}^\ominus - T \Delta S_{rm}^\ominus$ 的关系求得 $\Delta S_{rm}^\ominus$。

三、仪器与试剂

仪器:真空泵,测压仪,恒温槽,缓冲瓶,干燥塔,冷阱,等压计

试剂:自制氨基甲酸铵,液状石蜡

四、实验装置

氨基甲酸铵分解平衡压力测定装置见图 3-7-1。

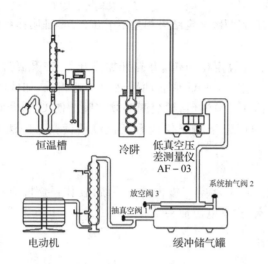

恒温槽　　　　冷阱　　低真空压
　　　　　　　　　　差测量仪
　　　　　　　　　　AF－03

系统抽气阀 2

放空阀 3

抽真空阀 1

电动机　　　　　　　缓冲储气罐

图 3-7-1　氨基甲酸铵分解平衡压力测定

五、实验步骤

1.检查系统气密性

将烘干的等压计与冷凝管连接,打开冷却水,关闭放空阀 3,打开真空泵及抽真空阀 1,缓慢开启体系抽真空阀 2,使低真空压差测量仪上显示压差为40k～50kPa。关闭抽真空阀 1、2,注意观察压差测量仪的数字变化。如果系统漏气,则压差测量仪的显示数值逐渐变小。此时应细致分段检查,寻找漏气部位,并用真空油脂封住漏口,直至不漏气为止,才可进行下一步实验。

2.装样

用漏斗将氨基甲酸铵粉末装入等压计盛样小球中,用橡皮筋与 U 形管固定。U 形管中加适量液状石蜡作密封液。注意各磨口连接处,均要涂上真空油脂密封。

3.测量

将等压计与冷凝管连接好,并固定在恒温槽中。调节恒温槽的温度为25℃,关闭放空阀 3,开动真空泵,开启抽真空阀 1,缓缓开启系统抽气阀 2,抽气至等压管内出现几乎连续气柱(说明体系内空气已抽净),关闭抽气阀 2 和 1,缓缓开启放空阀 3,小心地将空气放入系统,直至 U 形管双臂液面等高,立即关闭系统抽气阀 2,观察等压管双臂液面,反复多次地重复放气操作,直至双臂液面等高,保持 5min 不变,读取此时的 Δp、T 值及大气压,并记录。

4.重复测量

在同一温度下,重复上述抽气操作,让盛样小球继续排气 10min 后,测定氨基

第三章　基础实验

甲酸铵的分解压力,若两次测定结果相差小于 0.2kPa,证明体系内空气已抽完。

5.升温测量

将恒温槽的温度设定在 30℃,并打开加热开关,在升温过程中应经常开启放空阀 3,缓缓放入空气,使 U 形管两臂液面接近相等,如放入空气过多,可缓缓打开抽气阀 2 抽气。恒温后,缓缓调节放空阀 3 使 U 形管双臂液面等高,并保持 3min 不变,即可记录测压仪读数及恒温槽读数。同法测定 35℃、40℃、45℃的分解压。

6.实验完毕

缓缓打开放空阀 3,将空气慢慢放入系统,使体系解除真空。关闭测压仪、恒温水浴和冷却水,拔下电源插头。

六、注意事项

1.整个实验过程中,应保持等压计样品球上空的空气排净。

2.打开放空阀时一定要缓慢进行,小心操作。若放空气速度太快或放气量太多,易使空气倒流,即空气将进入到氨基甲酸铵分解的反应瓶中,此时需更换样品球,重新装样。

3.实验结束时,必须将体系放空,使系统内保持常压,关掉缓冲罐上 3 个调节阀及所有电源开关和冷却水。

七、数据记录与处理

室温:_____℃;大气压_____kPa。

1.将所测得的不同温度下氨基甲酸铵的分解压记录在下表,校正后,计算分解反应的平衡常数 $K^{\ominus}$。

2.作 $\ln K^{\ominus}$-$1/T$ 图,应为一直线,并用斜率计算氨基甲酸铵分解反应的等压反应热效应 $\Delta H_{\mathrm{rm}}^{\ominus}$。

3.计算 25℃时氨基甲酸铵分解反应的 $\Delta G_{\mathrm{rm}}^{\ominus}$ 和 $\Delta S_{\mathrm{rm}}^{\ominus}$。

不同温度时的氨基甲酸铵分解压表

温度			测压仪读数/kPa	分解压/kPa	$K^{\ominus}$	$\ln K^{\ominus}$
$T/℃$	T/K	$1/T(K^{-1})$				

八、分析与思考

1. 什么条件下才能用测总压的办法测定平衡常数?
2. 怎样选择等压计的封闭液?
3. 如果在放空气入体系时,放得过多应怎么办?

● 本实验技术操作示范,参见浙江省精品课程——浙江科技学院"物理化学"课程网站。

网址:http://zlq.zust.edu.cn/wlhx/

实验指导栏——实验7　氨基甲酸铵的分解平衡

实验 8　原电池电动势的测定

一、实验目的

1. 掌握数字电位差计的测量原理和测定电池电动势的方法。
2. 了解可逆电池、可逆电极的概念和盐桥、氯化银电极的制备方法。

二、实验原理

能使化学能转变成电能的装置,称为电池或原电池。由两个"半电池"组成原电池,负极写在左边,正极写在右边。电池反应中负极失去电子发生氧化反应,正极得到电子发生还原反应,电池反应是电池中两个电极反应的总和。若电池电动势为正,该电池反应是自发的。符号"|"表示电极与电解质溶液的两相界面,"‖"表示盐桥。

当电极电势均以还原电势表示时,$E = E_右 - E_左$。若已知一半电池电动势,通过测定该电池电动势,就可求得另一半电池的电极电势。目前,还不能从实验中测定单个半电池的电极电势。电极电势是以某一电极为标准而求出其他电极的相对值。国际上采用标准氢电极为标准电极,即 $\alpha_{H^+} = 1$,$p_{H_2} = 101325$Pa 时被氢气所饱和的铂电极。但氢电极使用较麻烦,常用电极电势相对稳定的甘汞电极、银/氯化银复合电极等作为参比电极。

通过电池电动势的测定可求算某些反应的相关热力学函数、溶液的 pH 值和难溶盐的溶度积等数据,其前提是该反应必须能够设计成一个可逆电池。

例如用电动势法求 AgCl 的 K_{sp},则需设计成如下电池:

$(-)$Ag(s)|AgCl(s)|KCl(0.1mol·L^{-1})‖AgNO$_3$(0.01mol·L^{-1})|Ag(s)$(+)$

电池的电极反应为

负极　　$Ag + Cl^-(0.1mol \cdot L^{-1}) \longrightarrow AgCl + e^-$

$\qquad E_左 = E_左^\ominus + RT/F \times \ln 1/a_{Cl^-}$

正极　　$Ag^+(0.01mol \cdot L^{-1}) + e^- \longrightarrow Ag$

$\qquad E_右 = E_右^\ominus - RT/F \ln 1/a_{Ag^+}$

电池反应　　$Ag^+(0.01mol \cdot L^{-1}) + Cl^-(0.1mol \cdot L^{-1}) \longrightarrow AgCl$

故　　　$E = E^\ominus - RT/F * \ln 1/a_{Ag^+} \cdot a_{Cl^-}$

因为　　$\Delta G^\ominus = -nE^\ominus F = -RT\ln 1/K_{sp}$

所以　　$\lg K_{sp} = \lg a_{Ag^+} + \lg a_{Cl^-} - EF/2.303RT$

只要测得该电池的电动势,就可通过上式求得 AgCl 的 K_{sp}。

又如:利用各种氢离子指示电极与参比电极组成电池,即可从电池电动势求算出溶液的 pH 值,在此用醌氢醌($Q \cdot QH_2$)电极,可设计如下电池:

醌氢醌为等摩尔的醌和氢醌的结晶化合物,在水中溶解度很小,作为正极时其反应式为

$$C_6H_4O_2 + 2H^+ + 2e^- \longrightarrow C_6H_4(OH)_2$$

其电极电势

$$E_右 = E_{醌氢醌}^\ominus - RT/2F \ln a_{氢醌}/a_{醌} \cdot a_{H^+}^2 = E_{醌氢醌}^\ominus - 2.30RT/F \times pH$$

因为　　　　$E = E_右 - E_左 = E_{醌氢醌}^\ominus - 2.30RT/F \times pH - E_{甘汞}$

所以　　　　$pH = (E_{醌氢醌}^\ominus - E - E_{甘汞})/(2.303RT/F)$

只要测得电动势,就可通过上式求得未知溶液的 pH 值。

三、实验装置图

电池组成图见图 3-8-1。

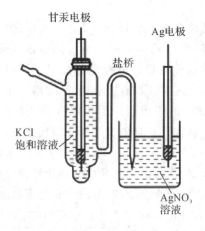

图 3-8-1　原电池组成图

四、仪器与试剂

仪器：EM-3C 型数字电位差计,甘汞电极,氯化银电极,铂电极,银电极,标准电池,50mL 烧杯 5 个,10mL 移液管 2 支,洗瓶 1 个。

试剂：含 3% 琼脂的饱和 KNO_3 盐桥,$0.01mol \cdot L^{-1}$ $AgNO_3$,$0.1mol \cdot L^{-1}$ KCl,饱和 KCl 溶液,氢醌固体粉末,$0.2mol \cdot L^{-1}$ HAc,$0.2mol \cdot L^{-1}$ NaAc,未知溶液。

五、实验步骤

本实验测定下列电池的电动势：

(1) $-Hg(液)|Hg_2Cl_2(固)|KCl(饱和)\parallel AgNO_3(0.01mol \cdot L^{-1})|Ag(固)+$

(2) $-Ag(固)|AgCl(固)|KCl(0.1mol \cdot L^{-1})\parallel AgNO_3(0.01mol \cdot L^{-1})|Ag(固)+$

(3) $-Hg(液)|Hg_2Cl_2(固)|KCl(饱和)\parallel H^+(0.1mol \cdot L^{-1} HAc+0.1mol \cdot L^{-1} NaAc)Q \cdot QH_2|Pt+$

(4) $-Hg(液)|Hg_2Cl_2(固)|KCl(饱和)\parallel$ 未知样品 $Q \cdot QH_2|Pt+$

1. 电极制备

(1)铂电极和甘汞饱和电极采用现成的商品,使用前用蒸馏水清洗干净,若铂片上有油污,则应在丙酮中浸泡后,用蒸馏水清洗。

(2)用商品银电极电镀,制备成银电极、银-氯化银电极。

(3)醌氢醌电极。将少量醌氢醌固体加入待测的未知 pH 溶液中,搅拌使成饱和溶液,然后插入干净的铂电极。

2. 盐桥的制备

其制备方法是：在 100mL 的饱和 KNO_3 溶液中加入 3g 琼脂,煮沸,用滴管将它灌入干净的 U 形管中,U 形管中以及管两端不能留有气泡,冷却后待用。

3. 电动势的测定

(1)按室温,根据能斯特方式计算各电池电动势值。(注:预习时算好)

(2)接通数字电位差计的电源,打开电源开关预热 5min。

(3)测定实验时的室温,计算该温度下的标准电池电动势值,计算公式如下：$E_t=[1.0186-4.06 \times 10^{-5}(t°C-20)-9.5 \times 10^{-7}(t°C-20)^2]V$,$t$—实验温度,℃。

(4)分别用红("+"极)、黑("-"极)测量线的一端插入数字电位差计的外标线路相对应的"+"极与"-"极,其另一端与标准电池的"+"极与"-"极相连接,依次调节电位器开关使电动势指示的值与 E_t 完全相符,将数字电位差计

第三章 基础实验

"功能选择"开关打到"外标",观察平衡指示是否为 0.0000,若不为零,则按"校准"开关。

(5)将甘汞电极插入装有饱和 KCl 溶液的盐桥中;另取一个干净干燥的 100mL 烧杯,装 0.01mol·L^{-1}AgNO$_3$ 溶液 20mL,用蒸馏水淌洗银电极并用滤纸片吸干,将银电极插入 0.01mol·L^{-1}AgNO$_3$ 溶液中,用盐桥与甘汞电极连接构成电池,电池的正、负电极分别与数字电位差计的测量线路"+"、"−"极连接,见图 8-1,注意电极的极性。将面板右侧的"功能选择"开关拨至"测量"位置,依次调节电位器开关至理论计算值,再微调电位器,使平衡指示为 0.0000 止,读出电动势指示值,重复测量 2~3 次,取平均值即为所测电池的电动势。

(6)用浸在 0.1mol·L^{-1}KCl 溶液中的 AgCl 电极代替甘汞电极作参考电极,用它与 Ag 电极连成电池(2),再按上法测其电动势。

(7)用移液管移取 10mL0.2mol·L^{-1}HAC 及 10mL0.2mol·L^{-1}NaAC 溶液于洗净且干燥的小烧杯中,加入少量醌氢醌粉末,摇动使之溶解,但保持溶液中含少量晶体。然后插入铂电极,将甘汞电极插入装有饱和氯化钾溶液的盐桥中构成负极,连接构成电池(3),测其电动势。

(8)将(7)中正极电解质溶液换成未知样品,测其电动势,计算未知溶液的 pH 值。

(9)测定完毕后,将 AgCl 电极浸入 0.1mol·L^{-1}KCl 溶液的广口瓶中保存。回收硝酸银溶液,用蒸馏水淋洗 Pt 电极、Ag 电极和盐桥两端,盐桥浸入硝酸钾溶液中保存,Pt 电极、Ag 电极插入装有蒸馏水的广口瓶中,甘汞电极清洗后套上电极保护套,装入电极盒内。

(10)实验完毕,清洗仪器,电位器复零,关闭电源开关,拔下电源插座,整理好电源连接线和标准电池,合上数字电位差计仪器盖,整理实验室。

六、注意事项

1.数字电位差计要预热 15min。

2.使用盐桥时要注意不要污染,认准一端装氯化物,用后及时清洗,保存在饱和硝酸钾溶液中。

3.硝酸银溶液是贵金属,用后要回收到指定的容器中。

4.电池电动势测定时不要长时间通电,当稳定后马上断开并记录读数。

七、数据记录与处理

1.计算室温下 1,2,3 号电池的电动势及缓冲溶液 pH 值。

原电池电动势测量记录表

室温＿＿＿＿℃，$E_t =$＿＿＿＿V

编号 ＼ 测定值	1/V	2/V	平均值/V	理论值/V	误差
1					
2					
3					
4					

2.利用电池 2 的测定结果计算氯化银的溶度积。

3.根据测得 3 号、4 号电池电动势的值，计算 HAc－NaAc 缓冲溶液和未知溶液 pH 值。

4.计算测定值与理论值之间的误差，讨论其误差来源。

八、分析与思考

1.对消法测电动势的原理是什么？能否用伏特表测量原电池的电动势？

2.在测量电池电动势过程中，若调不到平衡，分析可能会是什么原因？

3.盐桥的作用是什么？如何制备盐桥？

● 本实验技术操作示范，参见浙江省精品课程——浙江科技学院"物理化学"课程网站。

网址：http://zlq.zust.edu.cn/wlhx/

实验指导栏——实验 8　原电池电动的测定

九、实验仪器原理与使用方法

原电池电动势是指当外电流为 0 时两极间的电势差。当有外电流时，两极间的电势差称为电池电压，$U＝E－IR$。因此，测量电池电动势必须在可逆条件下进行。能使化学能转变成电能的装置，称之为电池或原电池。可逆电池的条件是：(1)电池电极反应可逆，就是两个电极反应的正逆速率相等。(2)电池中不允许存在任何不可逆的液接界。(3)允许通过电池的电流无限小。

在制备可逆电池、测量可逆电池电动势时要符合上述条件。若测量精确度要求不高，常用正负离子迁移数比较接近的盐类所构成"盐桥"来消除液接电势。测量装置中安排了一个方向相反而数值与待测电动势几乎相等的外加电动势来对消电动势，这种测定电动势的方法称为对消法。

一、电位差计工作原理

电位差计是根据对消法（或补偿法）测量原理设计的一种平衡式电压测量仪，其基本工作原理见图 3-8-2。E_n 为已经准确测定其电动势的标准电池。E_x 为被测电池的电动势。G 为灵敏检流计，用来检测线路电流是否为零。R_n 为标准电池的补偿电阻，其电阻值大小是根据工作电流来选择。R 是被测电池的补偿电阻，由已知电阻值的各电位调节器组成，通过它可以调节不同电阻值使其电位降与 E_x 相对消。r 是调节工作电流的变阻器，E_w 为工作电源，K 为功能选择开关。

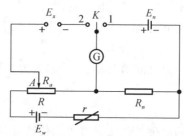

图 3-8-2　电位差计原理

电阻 R_n、R、转换开关及相应接线端装在仪器内部，标准电池 E_n、调节电阻 r、工作电源 E_w 和检流计 G 是辅助部分。

由工作电源 E_w、调节电阻 r、电阻 R_n、R 组成的电路称为工作电路。在补偿时，流过 R_n 和 R 的电流，称为电位差计的工作电流。

测量时，首先将开关 K 合在 1 的位置上，然后调节 r，使检流计 G 读数为零，表示标准电池 E_n 的电势和固定电阻 R_n 上的电压降相互补偿，即 $E_n = IR_n$。由于 E_n 和 R_n 都是已知的，其工作电流为：

$$I = E_n/R_n$$

然后将开关 K 合至"2"的位置，检流计 G 被接到被测电池一边，调节电位调节器 A，再次使 G 指示为零。由于 A 点位置的变化不影响工作电路中的电阻大小，工作电流 I 是保持不变的，这样使被测电动势 E_x 与已知标准电阻 R_a 上电压 U_C 相补偿，故

$$E_x = IR_a = R_a E_n/R_n$$

因 E_n 的电动势是稳定的，选用一定大小的 R_n 就使工作电流有一定的额定值。此时，电阻 R 上的分度可用电压来标明，可直接读出被测电动势 E_x 的大小。

二、EM-3C 型的数字式电子电位差计

EM-3C 型的数字式电子电位差计及前面板示意图如图 3-8-3、图 3-8-4 所示。

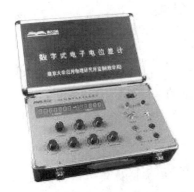

图 3-8-3　EM-3C 数字电位差计

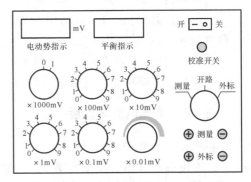

图 3-8-4　EM-3C 数字电位差计面板

左上方为"电动势指示"6 位数的 LED 显示窗口,右上方为"平衡指示"5 位数的 LED 显示窗口。左下方为五个拨位开关(也称其为电位调节器),用于选定内部标准电动势的大小,分别对应×1000mV、×100mV、×10mV、×1mV、×0.1mV、×0.01mV 挡。最后右上方为电源开关,右边校准按钮,右边中间的两位拨位开关是功能选择开关,用于选择测量或外标,右下方的两组插孔分别用于接被测电池和外接标准电池。EM-3C 型的数字式电子电位差计的操作方法如下:

(1)插上电源插头,打开电源开关,两组 LED 显示即亮。预热 5min,将右侧功能选择开关置于测量挡。

(2)接线。仪器提供 2 根通用测量线,一般黑线接负极,红线接正极。将测量线与被测电动势按正负极性接好。

(3)外标法校准。用外部标准电池进行校准。将标准电池按正负极性与外标线路相连接,调节左边电位调节器设定内部标准电池值为标准电池的实际数值,以设定内部标准电动势值为 1.01862 为例,将×1000mV 档拨位开关拨到 1,将×100mV 档拨位开关拨到 0,将×10mV 档拨位开关拨到 1,将×1mV 档拨位开关拨到 8,将×0.1mV 档拨位开关拨到 6,旋转×0.01mV 档电位器,使电动势指示 LED 的最后一位显示为 2。右 LED 显示为设定的内部标准电动势值和被测电动势的差值。将功能选择开关拨向"外标"位置,观察右边平衡指示 LED 显示值,如果在零值附近而不为零,按校准按钮,放开按钮后平衡指示 LED 显示值为零,校准完毕。

(4)测量。将面板右侧的拨位开关拨至"测量"位置,观察右边 LED 显示值,调节左边电位调节器设定内部标准电动势值直到右边 LED 显示值为

"00000",等待电动势指示数码显示稳定下来,记下读数即为被测电动势值。

（5）仪器使用过程中注意事项

①仪器不要放置在有强电磁场的区域内。

②仪器精度高,测量时要单独放置。不可叠放仪器。

③由于仪器的精度较高,每次调节后,"电动势指示"处的数码显示须经过一段时间才可稳定。

④测试完毕后,需及时取下被测电动势。

⑤仪器正常通电后若无显示,请检查后面板上的保险丝(0.5A)。

三、液体接界电势与盐桥

1.液体接界电势

当原电池含有两种电解质界面时,便产生一种称为液体接界电势的电动势,它干扰电动势的测定。通常采用盐桥来减小液体接界电势。盐桥是在玻璃管中灌注盐桥溶液,将其插入两个互相不接触的电解质溶液,使其导通。

2.盐桥溶液

盐桥溶液中含有饱和盐溶液,当饱和的盐溶液与另一种较稀溶液相接界时,盐桥溶液向稀溶液扩散,减小了液接电势。应选择正、负离子的迁移速率都接近于 0.5 的高浓度盐溶液为盐桥溶液,常采用氯化钾。但还要考虑盐桥溶液不能和两端电池溶液发生反应,实验中若使用硝酸银溶液,则盐桥液就不能用氯化钾,而选择硝酸钾溶液较合适。盐桥溶液中常加入 3‰琼脂作为胶凝剂。由于琼胶含有高蛋白,盐桥溶液需新鲜配制。

3.盐桥的制备

在 100mL 的饱和 KNO_3 溶液中加入 3g 琼脂,煮沸,用滴管将它灌入干净的 U 形管中,U 形管及管两端不能留有气泡,冷却后待用。

四、电极与电极制备

1.第一类电极 只有一个相界面的电极,如气体电极、金属电极

（1）氢电极是氢气与其离子组成的电极,将连接铂黑的铂片浸入 $a_{H^+} = 1$、$p_{H_2} = 101325Pa$ 的干燥氢气不断冲击到铂电极上,就构成了标准氢电极。其构造见图 3-8-5。标准氢电极是国际上一致规定电极电势为零的电势标准。任何电极都可以与标准氢电极组成电池,但是氢电极对氢气纯度要求高,操作比较复杂,氢离子活度必须十分精确,氢电极又十分敏感,受外界干扰大,用起来非常不便。

（2）金属电极。金属电极结构简单,将金属浸入含有该金属离子的溶液中

就构成了半电池。如银电极就属于该类电极。

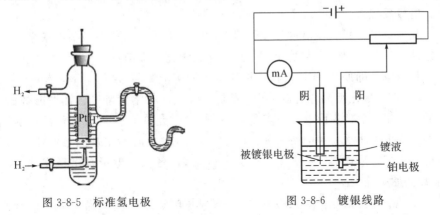

图 3-8-5　标准氢电极　　　　　　图 3-8-6　镀银线路

银电极的制备可以购买商品银电极。先将电极表面用丙酮溶液洗去油污，或用细砂纸打磨光亮后，用蒸馏水冲洗干净，按图 3-8-6 连接好线路，在电流密度为 $3\sim5mA/cm^2$ 时得到银白色紧密银层的镀银电极，用蒸馏水冲洗干净，即可作为银电极使用。

2.第二类电极

(1)饱和甘汞电极。甘汞电极是实验室常用的参比电极。其构造形状很多，有单液接、双液接两种，其构造见图 3-8-7；两种电极在玻璃容器的底部都装入少量的汞，然后装汞和甘汞的糊状物，再注入氯化钾溶液，将作为电极的铂丝插入，即构成甘汞电极。其表示形式：

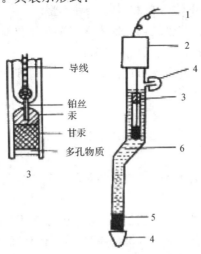

1.导线；2.绝缘体；3.内部电极；4.橡皮帽；5.多孔物质；6.饱和 KCl 溶液

图 3-8-7　甘汞饱和电极

$$Hg(l), Hg_2Cl_2(s) | KCl(\alpha)$$

电极反应式　$Hg_2Cl_2(l) + 2e^- \longrightarrow 2Hg(s) + 2Cl^-$

其电极电势只与温度和氯化钾溶液的浓度有关。甘汞电极具有装置简单、可逆性高、制作方便、电势稳定等优点。作为参比电极应用。

甘汞电极的使用　使用前检查饱和氯化钾溶液是否浸没内部电极小瓷管的下端,是否有氯化钾晶体存在,弯管内是否有气泡将溶液隔断。测量时拔去下端的橡皮帽,电极的下端为一陶瓷芯,在测量时允许有少量氯化钾溶液流出。拔去支管上的小橡皮塞,以保持足够的液压差,测量时断绝被测溶液流入而玷污电极。把橡皮帽、橡皮塞保存好。测量结束,将甘汞电极套上橡皮塞、橡皮帽,以防水分蒸发。

(2)银-氯化银电极。实验室中另一种常用的参比电极,是属于金属-微溶盐-负离子型的银-氯化银电极。可表示为:$Ag/AgCl/Cl^-$ 其电极反应式为:$AgCl(s) + e^- \longrightarrow Ag + Cl^-(\alpha)$

其电极电势也只与温度和溶液中氯离子活度有关。

氯化银电极的制备较简单的方法是将在镀银溶液中镀上一层纯银后,再将渡过银的电极作阳极,铂丝为阴极,在 $1mol/L$ 盐酸中,$2mA/cm^2$ 电流电镀一层氯化银,得到紫褐色电极。用蒸馏水清洗,在 $0.1mol/L$ 的 KCl 溶液中放置 24h 以上,使其达到平衡。避光保存于棕色瓶中。

该电极电势稳定,重现性好,是常用的参比电极之一。它的标准电极电势为 $+0.2224V(25℃)$。其优点是在升温的情况下比甘汞电极稳定。一般有 $0.1mol/L KCl$,$1mol/L\ KCl$ 和饱和 KCl 三种类型。

(3)氧化还原电极。将惰性电极插入含有两种不同价态的离子溶液中也能构成电极,如醌氢醌电极,其电极反应式为:

$$C_6H_4O_2 + 2H^+ + 2e^- \longrightarrow C_6H_4(H)_2$$

电极电势为:

$$\alpha_{氢醌} = \alpha_{醌}$$
$$E = E^{\ominus} + RT/F \ln\alpha_{H^+}$$

3. 标准电池

标准电池是一种化学电池,是电化学实验中基本校验仪器之一,在 20℃时,电池电动势为 1.01862V,其构造如图 3-8-8 所示。电池由一 H 型管构成,负极是镉汞齐(含有 10% 或 12.5% 的镉),正极是硫酸亚汞/汞电极,酸性的饱和硫酸镉水溶液为电解液,溶液中留有适量硫酸镉晶体,以确保溶液饱和,管的顶端加以密封。

电池组成:$Cd - Hg | Cd^{2+}, SO_4^{2-} | Hg$

电池反应

负极：C_d（汞齐）$\longrightarrow Cd^{2+}+2e^-$

$Cd^{2+}+SO_4^{2-}+8/3H_2O \longrightarrow CdSO_4 \cdot 8/3\ H_2O(s)$

正极：$Hg_2SO_4(s)+2e^- \longrightarrow 2Hg(l)+SO_4^{2-}$

 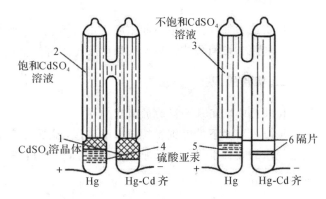

图 3-8-8　标准电池

总反应：

Cd（汞齐）$+Hg_2SO_4+8/3H_2O \longrightarrow 2Hg(l)+Cd\ SO_4 \cdot 8/3\ H_2O(s)$

标准电池的电动势非常稳定,重现性好。标准电池经检定后,给出 20℃下的电动势值,其温度系数很小,当实际测量温度为 t℃时,其电动势按下式进行校正。

$$E_t=E_{20}-4.06\times10^{-5}(t-20)-9.5\times10^{-7}(t-20)^2$$

使用标准电池应注意以下几个方面：

(1)使用温度 4～40℃。

(2)正负极不能接错。

(3)不能振荡,不能倒置,搬迁移动时要平稳。

(4)不能用万用电表直接测量标准电池。

(5)标准电池只是校验器,不能作为电源使用,测量时间必须短暂、间隙按键,以免电流过大而损坏电池。

(6)按规定时间进行计量校准。

第三章　基础实验

实验 9 表面张力的测定

一、实验目的

1. 用最大气泡法测定不同浓度正丁醇溶液的表面张力。
2. 利用吉布斯公式计算不同浓度下正丁醇溶液的吸附量。

二、实验原理

1. 鼓泡法测定表面张力的原理

从浸入液面下的毛细管端鼓出空气泡,需要高于外部大气压的附加压力以克服气泡的表面张力,此附加压力与表面张力成正比,与气泡的曲率半径成反比:

$$\Delta p = \frac{2\gamma}{R}$$

如果毛细管半径很小,则形成的气泡基本上是球形的。当气泡开始形成时,表面几乎是平的,这时曲率半径最大;随着气泡的形成,曲率半径逐渐变小,直到形成半球形,这时曲率半径 $R=$ 毛细管半径 r,曲率半径为最小值,此时根据 Laplace 方程,这时附加压力达最大值。气泡进一步长大,R 增大,附加压力变小,直到气泡逸出。

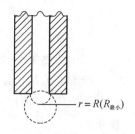

图 3-9-1 最大气泡示意图

$$\Delta p_{\max} = \frac{2\gamma}{r}$$

$$\gamma = \frac{r}{2}\Delta p_{\max}$$

当用密度为 ρ 的液体做 U 形压差计介质时,测得与 $\Delta p_{\max}$ 相应的最大压差为 $\Delta h_{\max}$

$$\Delta p_{\max} = \Delta h_{\max}\rho g$$

令

$$K = \frac{r}{2}\rho g \qquad \gamma = \frac{\gamma}{2}\Delta h_{\max}\rho g$$

则

$$\gamma = K\Delta h_{\max}$$

式中 K 可用已知表面张力的标准物质测定(蒸馏水,25℃,$\gamma = 71.97\,\mathrm{mN \cdot m^{-1}}$)。

本实验用 AF-02 型数字式微压测量仪代替 U 形压差计,则

$$\gamma = \frac{r}{2}\Delta p_{max}$$

$$\gamma = K'\Delta p_{max}$$

2. 根据 Gibbs 吸附等温式求表面吸附量

$$\Gamma = -\frac{c}{RT}\frac{d\gamma}{dc}$$

3. 实验原理图

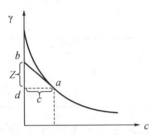

图 3-9-2 表面张力与浓度的关系

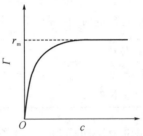

图 3-9-3 溶液吸附等温线

三、仪器与试剂

仪器:AF-02 型数字式微压测量仪,数控恒温槽,5mL,10mL,20mL 移液管各 1 支,50mL 容量瓶 9 个,样品管 1 个,毛细管 1 个,抽气瓶 1 个,锥形瓶 1 个,玻璃漏斗 1 个。

试剂:正丁醇(分析纯)

四、实验装置

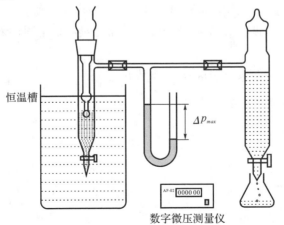

图 3-9-4 表面张力测定实验装置

五、实验步骤

1. 调节恒温槽的温度在 25℃，打开 AF-02 型数字式微压测量仪的电源，预热 20min。

2. 0.5mol·L⁻¹ 正丁醇实验室已配制。

3. 利用上述溶液，用容量瓶配制成下列浓度的正丁醇溶液 0.025、0.050、0.075、0.10、0.15、0.20mol/L 各 50mL。

用 250mL 烧杯取约 150mL 左右 0.5mol/L 正丁醇，通过移液管量取所需的正丁醇至容量瓶，稀释至 50mL。

样品号	1	2	3	4	5	6
浓度/mol·L⁻¹	0.025	0.050	0.075	0.10	0.15	0.20
所需正丁醇体积/mL	2.5	5.0	7.5	10	15	20

4. 用洗液洗净样品管与毛细管，再用自来水和蒸馏水洗净，在样品管中注入适量蒸馏水，使毛细管端刚和液面垂直相切。

5. 将样品管安装在恒温水溶液内，用小漏斗给抽气瓶装满自来水。

6. 连接好装置，无漏气。

7. 在体系通大气压的条件下按校零按钮，使显示器值为 0.000。

8. 测定水的 Δp_{max}。打开抽气瓶的活塞，使瓶内水缓慢滴出，导致样品管逐步减压，待气泡形成速度稳定（约 8~10s 出一个气泡）后，此时，AF-02 型数字式微压测量仪的读数有变动，读出气泡脱出瞬间时的 Δp_{max}。连续读 3 次，取平均值，则可算出仪器常数 K 值。

9. 按照上述方法测定不同浓度正丁醇溶液的 Δp_{max} 值，不同溶液测定时必须从低浓度到高浓度依次测定，测定每一样品时只需要用同样浓度的溶液涮洗 3 次即可。

10. 实验完毕，清洗玻璃仪器，整理实验台。

六、数据记录与处理

1. 数据记录

实验温度：_____。

被测液体		纯水	正丁醇溶液浓度/mol·L⁻¹					
			0.025	0.050	0.075	0.10	0.15	0.20
Δp_{max}/Pa	第 1 次							
	第 2 次							
	第 3 次							
	平均值							
表面张力 γ/(N·m⁻¹)								

2.数据处理

(1)求出各浓度正丁醇水溶液的 γ,并列成表。

(2)用 origin 软件做出 γ-C 图,求出 $\gamma = f(c)$,用公式 $\Gamma = -\dfrac{c}{RT} \times \dfrac{\mathrm{d}\gamma}{\mathrm{d}c}$ 计算同浓度的 Γ 值,作出 Γ-C 图。

七、注意事项

1.实验前必须用自来水与蒸馏水洗净容量瓶,才能开始配制溶液。

2.配制溶液时必须用 0.5mol/L 的正丁醇溶液将移液管和滴定管淌洗 3 次。

3.每次测定时,必须用被测定溶液将样品管淌洗(少量 3 次)。

4.每次测定时,必须将溶液与毛细管调至相切。

5.打开抽气瓶的活塞,使瓶内水缓慢滴出,使气泡速度稳定(约 8～10s 出一个气泡)。

6.使最大值稳定后,再读数,连续 3 次,取平均值。

7.必须从低浓度到高浓度依次测定。

八、分析与思考

1.为什么保持仪器和药品的清洁是本实验的关键?

2.为什么毛细管尖端应平整光滑,安装时要垂直并刚好接触液面?

3.不用抽气鼓泡,用压气鼓泡可以吗?

4.从整个实验的精度来看,本实验配制溶液的方法是否合理?

● 本实验技术操作示范,参见浙江省精品课程——浙江科技学院"物理化学"课程网站。

网址:http://zlq.zust.edu.cn/wlhx/

实验指导栏——实验9 表面张力的测定

实验 10　乙酸乙酯皂化反应速率常数的测定

一、实验目的

1. 用电导法测定乙酸乙酯皂化反应速率常数及活化能。
2. 了解二级反应的特点。
3. 了解电导率仪的构造,掌握其使用方法。

二、实验原理

乙酸乙酯皂化反应是一个二级反应

$$CH_3COOCH_2CH_3 + OH^- \longrightarrow CH_3COO^- + CH_3CH_2OH$$

在其反应过程中,反应物 NaOH 和生成物 CH_3COONa 都为强电解质,能够通过测量电导率的方法测量其反应前后的浓度变化,为使实验简化处理,加入的两反应物浓度相同,反应的速率方程为

$$\frac{1}{c_A} - \frac{1}{c_{A,0}} = kt \qquad (10\text{-}1)$$

设乙酸乙酯和氢氧化钠的转化率为 x,初始浓度 $a = c_{A,0}$,则

$$k = \frac{1}{t \cdot a} \times \frac{x}{a-x} \qquad (10\text{-}2)$$

当转化率 $x = 0$ 时,所测电导率为氢氧化钠溶液的贡献,则

$$\kappa_0 = A_1 a \qquad (10\text{-}3)$$

当转化率 $x = 1$ 时,所测电导率为乙酸钠溶液的贡献,则

$$\kappa_\infty = A_2 a \qquad (10\text{-}4)$$

当转化率 x 在 $0 \sim 1$ 之间时,所测电导率为氢氧化钠和乙酸钠溶液的贡献,则

$$\kappa_t = A_1(a-x) + A_2 x \qquad (10\text{-}5)$$

A_1, A_2 为比例常数;κ_0, κ_∞ 分别为反应开始和终了时溶液的总电导率;κ_t 为时间 t 时溶液的总电导率。

结合式(10-3)、式(10-4)和式(10-5)并代入(10-2)可得

$$\kappa_1 = \frac{1}{kta} \times (\kappa_0 - \kappa_1) + \kappa_\infty \qquad (10\text{-}6)$$

以 κ_t 对 $(\kappa_0 - \kappa_t)/t$ 作图可得一直线,其斜率等于 $1/(k \cdot a)$。由此可求得反应速率常数 k。

三、仪器与试剂

1. 试剂

氢氧化钠（分析纯），乙酸乙酯（分析纯）

2. 仪器

恒温槽；电导率仪 DDS-307 或电导率仪 DDS-11A，大口瓶 5000mL，容量瓶 2000mL，针筒 50mL，25mL 单标线移液管，双管反应池，烧杯 100mL，洗耳球 50mL，十字夹，电导电极，分析天平，大张滤纸，电子计时器（精确度 1s）

双管反应池结构见图 3-10-1。

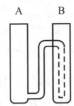

图 3-10-1 双管反应池结构示意图

四、实验步骤

1. 利用恒温槽控制反应温度（复习恒温槽的操作方法）

2. 配制反应液

采用称重法配制 0.1mol/L 的 NaOH 和乙酸乙酯溶液。

3. 调节电导率仪并测反应初始电导率值

DDS-307 型校准方法：先将量程调至检查档，常数调至 1，温度调至 25℃ 档，旋转校准旋钮使显示数值为 100.0，然后调节常数使显示的数值与电导池上标的数值一致。最后将量程调至第四挡。DDS-11A 型校准方法：按下校准键，温度调至 25℃，量程 20mS·cm^{-1}，然后调节常数使显示的数值与电导池上标的数值一致。再按校准键进行测量。

从烘箱内取出干燥后的烧杯，用蒸馏水等体积稀释配制 0.05mol/L 的 NaOH，测量值作为反应初始的电导率值（即 κ_0）。

4. 反应步骤

从烘箱内取出干燥后的反应池，用移液管取 25mL 0.1mol/L 的 NaOH 标准溶液置于双管反应池的 A 管中，再取 25mL 0.1mol/L 的乙酸乙酯溶液置于 B 管中，将电导电极插入 A 管，B 管上塞好橡皮塞。然后将反应池置于已调节好温度的恒温槽中，恒温 10min。

恒温后,迅速用针筒压缩 B 池的乙酸乙酯溶液至 A 池,同时开始计时。继续混合两池中的溶液,约来回抽二三次,每隔 30s 记录一次电导率数据(不同时间的 κ_t)。反应约 20min,即可停止实验。

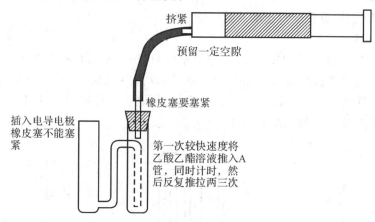

挤紧

预留一定空隙

橡皮塞要塞紧

插入电导电极橡皮塞不能塞紧

第一次较快速度将乙酸乙酯溶液推入A管,同时计时,然后反复推拉两三次

图 3-10-2 乙酸乙酯皂化反应速率常数测定实验操作步骤示意图

5.实验完毕,清洗玻璃仪器,关闭电源,整理实验台,将洗净后的烧杯和反应池放至红外干燥箱中进行干燥备用。

五、数据记录与处理

1. 实验记录

以后每隔 30s 记录一次不同反应时间的电导率值,作出如下的数据表:

在不同反应时间的电导率值的例表

时间/min	0.5	1	1.5	2	2.5	3	3.5	4	4.5	5	5.5	6	6.5	7
κ_t/mS·cm^{-1}														
$(\kappa_0-\kappa_t)/t$														
时间/min	7.5	8	8.5	9	9.5	10	10.5	11	11.5	12	12.5	13	13.5	14
κ_t/mS·cm^{-1}														
$(\kappa_0-\kappa_t)/t$														

2.对 $(\kappa_0 - \kappa_t)/t$ 作图

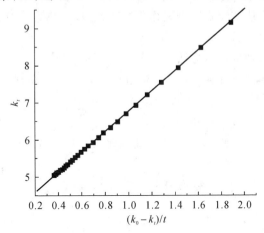

$$Y = A + B \times X$$

Parameter	Value	Error
A	4.05773	0.0033
B	2.73154	0.00388

图 3-10-3 乙酸乙酯皂化反应速率常数测定实验结果处理示意图

3.由所得直线斜率(图 3-10-3 中的 B 值)可计算反应速率常数 k。

4.改变反应温度重复实验,测出不同温度下的反应速率常数 k,利用阿仑尼乌斯方程求出反应的活化能。

六、注意事项

1.所用玻璃仪器均需洗净干燥。

2.当将反应液加入电导池中时,不要用手扶,否则手的振动很容易引起液体的流动而提前混合。

3.初次混合时,应控制用力的力度,在速度快的同时,注意不要将反应液吸入针筒或喷出 A 管。

4.装入乙酸乙酯的反应管应用带乳胶管的塞子塞紧,但另一支装入 NaOH 的反应管应用带电导电极的橡皮塞轻轻盖住,不能塞得很紧。

七、分析与思考

1.查阅相关文献,说明 κ_0 推导的其他方法。

2.分析 κ_0 和 $\kappa_{0.5}$ 的大小关系,判断自己实验数据的正确性。

3.反应速率常数的单位是什么,二级反应的单位是什么?

4.说明二级反应的特点。查阅相关文献,可以采用什么其他的方法测定二级反应的反应速率常数。

5.说明反应级数的确定方法。

● 本实验技术操作示范,参见浙江省精品课程——浙江科技学院"物理化学"课程网站。

网址:http://zlq.zust.edu.cn/wlhx/

实验指导栏——实验10 乙酸乙酯皂化反应速率常数的测定

实验 11 蔗糖水解

一、实验目的

1.用旋光法测定蔗糖在酸存在下的水解速率常数。

2.掌握旋光仪的原理与使用方法。

二、实验原理

蔗糖水溶液在有氢离子存在时将发生水解反应:

$$C_{12}H_{22}O_{11}(蔗糖)+H_2O \longrightarrow C_6H_{12}O_6(葡萄糖)+C_6H_{12}O_6(果糖)$$

蔗糖、葡萄糖、果糖都是旋光性物质,它们的比旋光度为:

$$[\alpha_蔗]_D^{20}=66.65°,[\alpha_葡]_D^{20}=52.5°,[\alpha_果]_D^{20}=-91.9°$$

式中:α 表示在20℃用钠黄光作光源测得的比旋光度。正值表示右旋,负值表示左旋。由于蔗糖的水解是能进行到底的,并且果糖的左旋性远大于葡萄糖的右旋性,因此在反应进程中,将逐渐从右旋变为左旋。

当氢离子浓度一定,蔗糖溶液较稀时,蔗糖水解为假一级反应,其速率方程式可写成:

$$\ln\frac{c_{A0}}{c_A}=kt \tag{11-1}$$

式中:c_{A0}——蔗糖初浓度;c_A——反应 t 时刻蔗糖浓度。

当某物理量与反应物和产物浓度成正比,则可导出用物理量代替浓度的速率方程。

对本实验而言,以旋光度代入(11-1)式,得一级反应速度方程式:

$$\ln\frac{\alpha_0-\alpha_\infty}{\alpha_t-\alpha_\infty}=kt \tag{11-2}$$

以 $\ln(\alpha_t - \alpha_\infty)$ 对 t 作图,直线斜率即为 $-k$。

通常有两种方法测定 α_∞。一是将反应液放置 48h 以上,让其反应完全后测 α_∞;二是将反应液在 $50\sim60^\circ\mathrm{C}$ 水浴中加热 30min 以上再冷到实验温度测 α_∞。前一种方法时间太长,而后一种方法容易产生副反应,使溶液颜色变黄。本实验采用 Guggenheim 法处理数据,可以不必测 α_∞。

把在 t 和 $t+\Delta$(Δ 代表一定的时间间隔)测得的 α 分别用 α_t 和 $\alpha_{t+\Delta}$ 表示,则有

$$\alpha_t - \alpha_\infty = (\alpha_0 - \alpha_\infty)e^{-kt} \tag{11-3}$$

$$\alpha_{t+\Delta} - \alpha_\infty = (\alpha_0 - \alpha_\infty)e^{-k(t+\Delta)} \tag{11-4}$$

式(11-3)－式(11-4)　　$\alpha_t - \alpha_{t+\Delta} = (\alpha_0 - \alpha_\infty)e^{-kt}(1 - e^{-k\Delta})$

取对数　　$\ln(\alpha_t - \alpha_{t+\Delta}) = \ln(\alpha_0 - \alpha_\infty)(1 - e^{-k\Delta}) - kt \tag{11-5}$

从(11-5)式可看出,只要 Δ 保持不变,右端第一项为常数,从 $\ln(\alpha_t - \alpha_{t+\Delta})$ 对 t 作图所得直线的斜率即可求得 k。本实验可取 $\Delta = 30\mathrm{min}$,每隔 5min 取一次读数。

三、仪器与试剂

仪器:旋光仪全套;25mL 容量瓶 1 个;25mL 移液管 1 支;100mL 锥形瓶 1 个;50mL 烧杯 1 个。

试剂:$4\mathrm{mol}\cdot\mathrm{L}^{-1}$ HCl;蔗糖。

四、实验步骤

1. 先作仪器零点校正。将空的或装满水的旋光管置于旋光仪暗匣内,开亮光源,眼对目镜,旋转检偏镜,同时调整焦距,直至视野亮度均匀,观察此时读到的旋光度是否为零(见零度视场)。如不是零,需调整到零。

2. 在小烧杯中称取蔗糖约 5g,用少量蒸馏水溶解,倾入 25mL 容量瓶中,稀释至刻度,再倾入 100mL 锥形瓶中,又用 25mL 移液管吸取 $4\mathrm{mol}\cdot\mathrm{L}^{-1}$ 盐酸溶液放入锥形瓶中。及时记录反应开始时间,混合均匀,尽快用此溶液淌洗旋光管后立即装满旋光管,盖上玻璃片,注意勿使管内存在气泡,旋紧管帽后即放置在旋光仪中测出旋光度。每隔 5min 测一次,经 1h 后停止实验。

五、数据记录与处理

1. 取 Δ 为 30min,每 5min 取一次数据,列出记录表格。

t/min	α_t	$(t+\Delta)/\mathrm{min}$	$\alpha_{t+\Delta}$	$\alpha_t - \alpha_{t+\Delta}$	$\ln(\alpha_t - \alpha_{t+\Delta})$
5		35			
10		40			
15		45			
20		50			
25		55			
30		60			

2.以 $\ln(\alpha_t - \alpha_{t+\Delta})$ 对 t 作图,从所得直线斜率求 k,并求 $t_{1/2}$。

六、圆盘旋光仪的结构与使用

1.仪器结构

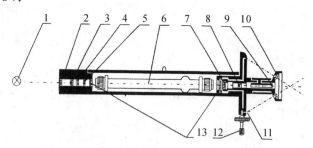

1.光源(钠光);2.聚光镜;3.滤色镜;4.起偏镜;5.半波片;6.试管;
7.检偏镜;8.物镜;9.目镜;10.放大镜;11.度盘游标;12.度盘转动手轮;13.保护片

图 3-11-1 仪器系统图

2.仪器使用

①接通电源,约点燃 10min,待完全发出钠黄光后,才可观察使用。

②检验度盘零度位置是否正确。(见零度视场)

③把待测溶液盛入试管时,应注意试管两端螺旋不能旋得太紧(一般以随手旋紧不漏水为止),以免护玻片产生应力而引起视场亮度发生变化,影响测定准确度,并将两端残液揩拭干净。

④打开镜盖,把试管放入镜筒中测定,并应把镜盖盖上和试管有圆泡一端朝上,以便把气泡存入,不致影响观察和测定。

⑤调节视度螺旋至视场中三分视界清晰时止,见图 3-11-2(a)或(b)。

⑥转动度盘手轮,至视场照度相一致(暗视场)时止,见图 3-11-2 右下图。

⑦从放大镜中读出度盘所旋转的角度。

⑧试管使用后,应及时用水或蒸馏水冲洗干净,揩干藏好。

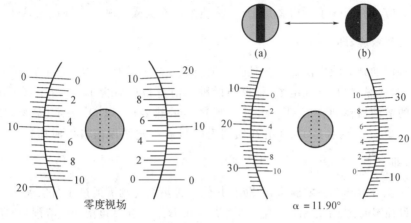

图 3-11-2

六、分析与思考

1. 你对旋光仪的原理和构造是否清楚?

2. 本实验是否一定要校正旋光仪的零点?

3. 如果实验所用蔗糖不纯,对实验有什么影响?

● 本实验技术操作示范,参见浙江省精品课程——浙江科技学院"物理化学"课程网站。

网址:http://zlq.zust.edu.cn/wlhx/

实验指导栏——实验 11　蔗糖水解

实验 12　溶解热的测定

一、实验目的

1. 了解电热补偿法测定热效应的基本原理及仪器使用。

2. 测定 KNO_3 在水中的积分溶解热,并用作图法求得其微分稀释热、积分稀释热和微分溶解热。

3. 初步了解计算机采集处理实验数据、控制化学实验的方法和途径。

二、实验原理

1. 物质溶解于溶剂过程的热效应称为溶解热。它有积分(或变浓)溶解热和微分(或定浓)溶解热两种。前者是 1mol 溶质溶解在 n_0 mol 溶剂中时所产生的热效应,以 Q_s 表示。后者是 1mol 溶质溶解在无限量某一定浓度溶液中时所产生的热效应,即 $\left(\dfrac{\partial Q_s}{\partial n}\right)_{T,p,n_0}$。

溶剂加到溶液中使之稀释时所产生的热效应称为稀释热。它也有积分(或变浓)稀释热和微分(或定浓)稀释热两种。前者是把原含 1mol 溶质和 n_{01} mol 溶剂的溶液稀释到含溶剂 n_{02} mol 时所产生的热效应,以 Q_d 表示,显然,$Q_d = Q_{s,n_{02}} - Q_{s,n_{01}}$。后者是 1mol 溶剂加到无限量某一定浓度溶液中时所产生的热效应,即 $\left(\dfrac{\partial Q_s}{\partial n_0}\right)_{T,p,n}$。

2.积分溶解热由实验直接测定,其他 3 种热效应则需通过作图来求:

设纯溶剂、纯溶质的摩尔焓分别为 $H_{m,A}^{\ominus}$ 和 $H_{m,B}^{\ominus}$,一定浓度溶液中溶剂和溶质的偏摩尔焓分别为 $H_{m,A}$ 和 $H_{m,B}$,若由 n_A mol 溶剂和 n_B mol 溶质混合形成溶液,则

混合前的总焓为 $\qquad H = n_A H_{m,A}^{\ominus} + n_B H_{m,B}^{\ominus}$

混合后的总焓为 $\qquad H' = n_A H_{m,A} + n_B H_{m,B}$

此混合(即溶解)过程的焓变为

$$\Delta H = H' - H = n_A(H_{m,A} - H_{m,A}^{\ominus}) + n_B(H_{m,B} - H_{m,B}^{\ominus})$$
$$= n_A \Delta H_{m,A} + n_B \Delta H_{m,B}$$

根据定义,$\Delta H_{m,A}$ 即为该浓度溶液的微分稀释热,$\Delta H_{m,B}$ 即为该浓度溶液的微分溶解热,积分溶解热则为

$$Q_s = \frac{\Delta H}{n_B} = \frac{n_A}{n_B}\Delta H_{m,A} + \Delta H_{m,B} = n_0 \Delta H_{m,A} + \Delta H_{m,B}$$

故在 $Q_s \sim n_0$ 图上,某点切线的斜率即为该浓度溶液的微分稀释热,截距即为该浓度溶液的微分溶解热。如图 3-12-1 所示。

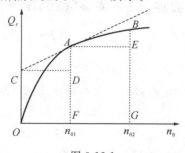

图 3-12-1

对 A 点处的溶液,其积分溶解热 $Q_s = AF$,微分稀释热 $= AD/CD$,微分溶解热 $= OC$。从 $n_{01} \sim n_{02}$ 的积分稀释热 $Q_d = BG - AF = BE$。

3.本实验系统可视为绝热,硝酸钾在水中溶解是吸热过程,故系统温度下降,通过电加热法使系统恢复至起始温度,根据所耗电能求得其溶解热:$Q = IVt = I^2Rt$。本实验数据的采集和处理均由计算机自动完成。

三、仪器与试剂

量热计(包括杜瓦瓶、电加热器、磁力搅拌器)1套,反应热数据采集接口装置1台,精密稳流电源1台,计算机1台,打印机1台,电子天平1台,台天平1台;硝酸钾(A.R.)约25.5g,蒸馏水216.2g。

四、实验步骤

1.按照仪器说明书正确安装连接实验装置,如图3-12-2所示。

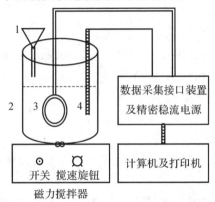

1.加样口;2.杜瓦瓶;3.电加热器;4.温度传感器

图3-12-2　溶解热测定实验装置

2.在电子天平上依次称取8份质量分别约为2.5,1.5,2.5,3.0,3.5,4.0,4.0,4.5 g的硝酸钾(应预先研磨并烘干),记下准确数据并编号。

3.在台天平上称取216.2 g蒸馏水于杜瓦及精密稳流电源瓶内。

4.打开数据采集接口装置电源,温度探头置于空气中预热3min,电加热器置于盛有自来水的小烧杯中。

5.打开计算机,运行"SV溶解热"程序,点击"开始实验",并根据提示一步步完成实验(先是测当前室温,此时可打开恒流源及搅拌器电源,调节搅拌速度,调节恒流源电流,使加热器功率在2.25～2.30W之间,然后将加热器及温度探头移至已装好蒸馏水的杜瓦瓶中,按回车,开始测水温,等水温升至比室温高0.5℃时按提示及时加入第一份样品,并根据提示依次加完8份样品。实验完成后,退出,进入"数据处理",输入水及8份样品的质量,点击"按当前数据处理",打印结果)。

五、数据记录与处理

记录水的质量、8份硝酸钾样品的质量及相应的通电时间。

1.计算 $n(H_2O)$。

2.计算每次加入硝酸钾后的累计质量 $m(KNO_3)$ 和累计通电时间 t。

3.计算每次溶解过程中的热效应 $Q:Q=IVt=I^2Rt$。

4.将算出的 Q 值进行换算,求出当把 1mol 硝酸钾溶于 n_0 mol 水中时的积分溶解热 Q_s:

$$Q_s = \frac{Q}{n_{KNO_3}} = \frac{I^2Rt}{m_{KNO_3}/M_{KNO_3}} = \frac{101.1I^2Rt}{m_{KNO_3}}$$

$$n_0 = \frac{n_{H_2O}}{n_{KNO_3}}$$

6.将以上数据列表并作 $Q_s \sim n_0$ 图,从图中求出 $n_0 = 80,100,200,300,400$ 处的积分溶解热、微分稀释热、微分溶解热,以及 n_0 从 80→100,100→200,200 →300,300→400 的积分稀释热。

六、注意事项

1.仪器要先预热,以保证系统的稳定性。在实验过程中要求 I、V 也即加热功率保持稳定。

2.加样要及时并注意不要碰到杜瓦瓶,加入样品时要控制速度,防止样品进入杜瓦瓶过速,致使磁子不能正常搅拌;也要防止样品加得太慢,可用小勺帮助样品从漏斗加入。搅拌速度要适宜,不要太快,以免磁子碰损电加热器、温度探头或杜瓦瓶,但也不能太慢,以免因水的传热性差而导致 Q_s 值偏低,甚至使 $Q_s \sim n_0$ 图变形。样品要先研细,以确保其充分溶解,实验结束后,杜瓦瓶中不应有未溶解的硝酸钾固体。

3.电加热丝不可从其玻璃套管中往外拉,以免功率不稳甚至短路。

4.配套软件还不够完善,不能在实验过程中随意点击按钮(如不能点击"最小化")。

5.先称好蒸馏水和前两份 KNO₃ 样品,后几份 KNO₃ 样品可边做边称。

七、分析与思考

1.本实验装置是否适用于放热反应的热效应的测定?

2.试讨论蒸馏水与杜瓦瓶温度不平衡对测量有何影响?

3. 实验开始时系统的设定温度比环境温度高 0.5℃是为了系统在实验过程中能更接近绝热条件,减少热损耗。

4. 本实验装置还可用来测定液体的热容、水化热、生成热及液态有机物的混合热等。

附表:不同温度下 KCl 的溶解热

1molKCl 溶于 200mol 水中的积分溶解热 $\Delta H/kJ \cdot mol^{-1}$

$T/℃$	$\Delta H/KJ \cdot mol^{-1}$	$T/℃$	$\Delta H/KJ \cdot mol^{-1}$
0	22.008	18	18.002
1	21.786	19	18.443
2	21.556	20	18.279
3	21.351	21	18.146
4	21.142	22	17.995
5	20.941	23	17.849
6	20.740	24	17.702
7	20.543	25	17.559
8	20.338	26	17.414
9	20.163	27	17.272
10	19.979	28	17.138
11	19.794	29	17.004
12	19.623	30	16.874
13	19.447	31	16.740
14	19.276	32	16.615
15	19.100	33	16.493
16	18.933	34	16372
17	18.765	35	16.259

实验 13 过氧化氢分解速率常数及活化能的测定

一、实验目的

1. 熟悉一级反应的特点,了解反应物浓度、温度、催化剂等因素对反应速率的影响。

2. 测定过氧化氢分解反应速率常数,学会用作图法求一级反应的速率常数。

3. 测出不同温度下的速率常数,利用阿累尼乌斯公式求反应的活化能。

二、实验原理

过氧化氢水溶液在室温下,没有催化剂存在时,分解反应进行得很慢,但在含有催化剂 I^- 的中性溶液中,其分解速率大大加快,反应式为:

$$2H_2O_2 \Longrightarrow 2H_2O + O_2(g)$$

反应机理为:

$$H_2O_2 + I^- \longrightarrow H_2O + IO^- \qquad k_1 \quad (慢) \qquad (12\text{-}1)$$

$$H_2O_2 + IO^- \longrightarrow H_2O + O_2(g) + I^- \quad k_2 \quad (快) \qquad (12\text{-}2)$$

整个分解反应的速率由慢反应(12-1)决定,速率方程为

$$-\frac{dc_{H_2O_2}}{dt} = k_1 c_{H_2O_2} c_{I^-}$$

因反应(12-2)进行得很快且很完全,I^- 的浓度始终保持不变,故上式可写成

$$-\frac{dc_{H_2O_2}}{dt} = k c_{H_2O_2}$$

式中,$k = k_1 c_{I^-}$。将上式积分得

$$\ln \frac{c_0}{c} = kt$$

式中,c_0,c 分别为反应开始($t=0$)及反应进行 t 时刻时 H_2O_2 的浓度。设 H_2O_2 完全分解时放出 O_2 的体积为 V_∞,反应 t 时放出 O_2 的体积为 V,则 $c_0 \propto V_\infty$,$c \propto (V_\infty - V)$,故

$$\ln \frac{V_\infty - V}{V_\infty} = -\kappa t$$

以 $\ln(V_\infty - V)$ 对 t 作图应得一直线,从直线斜率 $(-k)$ 即可求得 H_2O_2 分解反应的速率常数 κ。测出不同温度下的 κ、κ',由阿累尼乌斯公式

$$\ln \frac{\kappa'}{\kappa} = \frac{E_a(T_2 - T_1)}{RT_1 T_2}$$

可求反应的活化能 E_a。

三、仪器与试剂

量气装置 1 套(见图 3-13-1):恒温水浴/恒温电磁搅拌器/叉形反应瓶/量气管(含三通活塞和胶管)/水位瓶,秒表 1 块,移液管(10mL,25mL)各 1 支,容量瓶,锥形瓶,酸式滴定管;约 1mol·dm^{-3} H_2O_2,0.05 和 0.1mol·dm^{-3} KI,3mol·dm^{-3} H_2SO_4,0.1mol·dm^{-3} KMnO$_4$。

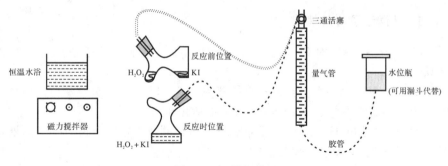

图 3-13-1　量气装置

图中标注：恒温水浴、磁力搅拌器、H_2O_2、KI、反应前位置、H_2O_2+KI、反应时位置、三通活塞、量气管、水位瓶(可用漏斗代替)、胶管

四、实验步骤

1.按图所示安装好仪器装置,检查装置是否漏气(检查漏气时可观察量气管中液面是否随水位瓶下降而下降)。水位瓶中装入红色染料水,其水量要使水位瓶提起时,量气管和水位瓶中的水面能同时达到量气管的最高刻度处。

2.在"反应前位置"反应瓶的两个支管处分别移入 10mL 约 $1mol \cdot dm^{-3}$ H_2O_2 和 25mL $0.05mol \cdot dm^{-3}$ KI,塞好瓶塞。旋转三通活塞,使量气管与大气相通,调节水位瓶的位置至量气管和水位瓶水位都在最高刻度处;将水位固定在此位置作测定起点;旋转三通活塞,使反应瓶与量气管相通(不能与大气通)。

3.开启磁力搅拌器,并同时将反应瓶扶正至"反应时位置",以此时作记录时间的零时间。反应过程中不断调节水位瓶高低,保持水位瓶与量气管中水平面一致。量气管读数与零时刻读数之差即为等压下 H_2O_2 分解所放出 O_2 的体积。量气管内 O_2 体积以等时间间隔读取一次,若温度高,反应速率快,读取时间间隔宜以 0.5min 为准;若温度低,反应慢,宜以 1min 为准。室温在 $10^{\circ}C$ 以下时则可每增 5mL 时记录一次时间 t。最后都要测至量气管中 O_2 的体积增加到 50mL 为止。

4.改变反应温度,重复上述步骤,测定 H_2O_2 分解速率。

5.实验需测定反应不同时刻 O_2 的体积 V 及 H_2O_2 完全分解时 O_2 的体积 V_∞。V_∞ 可用下法求出:在测定若干个 V 数据后,将 H_2O_2 溶液加热至 $50 \sim 60^{\circ}C$ 约 15min,可以认为 H_2O_2 已分解完全,待冷却至室温后,记下量气管的读数,即为 V_∞。

6.改变 KI 或 H_2O_2 的浓度(也可改变反应温度),重复上述步骤,测定 H_2O_2 分解速率。

(a)10mL 约 $1mol \cdot dm^{-3}$ H_2O_2 + 25mL $0.1mol \cdot dm^{-3}$ KI。

(b)(5mL 约 $1mol \cdot dm^{-3}$ H_2O_2 + 5mL H_2O) + 25mL $0.1mol \cdot dm^{-3}$ KI。

五、数据记录与处理

1.记录反应不同时刻 t 放出氧气的体积 V。用加热法或浓度标定法求得 V_∞。

2.以 $\ln(V_\infty - V)$ 对 t 作图,从直线斜率($-k$)求得 H_2O_2 分解反应的速率常数 k(由不同温度下的速率常数求得反应的活化能)。

3.由不同浓度 H_2O_2、KI(或不同温度)所得的速率常数,讨论反应物、催化剂浓度(或温度)对反应速率的影响。

六、注意事项

1.系统不能漏气。

2.秒表读数必须连续,切不可中途停表。

3.水位瓶移动不要太快,以免液面波动剧烈。

4.搅拌速度要适中,每次实验的搅拌速度尽量保持一致。

5.用 $KMnO_4$ 滴定 H_2O_2 时,因终点颜色变化不很明显,故快到终点时滴定速度应放慢。

七、分析与思考

1.反应速率和速率常数分别与哪些因素有关? H_2O_2 和 KI 溶液的初始浓度对速率常数是否有影响?只改变 H_2O_2 初始浓度,其他条件不变,速率常数是否变化?为什么?本实验的速率常数与催化剂用量有无关系?

2.测量 O_2 的体积时,为什么要确保量气管和水位瓶中的水平面一致?

3.反应瓶内原有空气对 O_2 体积的测定是否有影响?对求 V_∞ 时所用 p_{O_2} 数据是否有影响?为什么?

实验 14 溶胶的制备及其电学性质的测定

一、实验目的

1.制备 $Fe(OH)_3$ 溶胶并将其纯化。

2.测量 $Fe(OH)_3$ 溶胶的聚沉值、ξ 电势及粒径的分布。

3.分析影响聚沉值及 ξ 电势的主要因素。

二、实验原理

胶体溶液是分散相线度为 1~100nm 的高分散多相体系。胶核大多是分子或原子的聚集体,由于其本身电离或与介质摩擦或因选择性吸附介质中的某些离子而带电。由于整个胶体体系是电中性的,介质中必然存在与胶核所带电荷相反的离子(称为反离子),反离子中有一部分因静电引力的作用,与吸附离子一起紧密地吸附于胶核表面,形成了紧密层。于是胶核、吸附离子和部分紧靠吸附离子的反离子构成胶粒。反离子的另一部分由于热运动以扩散方式分布于介质中,故称为扩散层。扩散层和胶粒构成胶团。扩散层与紧密层之交界区称为滑动面,滑动面上存在电势差,称为 ξ 电势。此电势只有在电场中才能显示出来。在电场中胶粒会向正极(胶粒带负电)或负极(胶粒带正电)移动,称为电泳。ξ 电势越大,胶体体系越稳定,因此 ξ 电势大小是衡量溶胶稳定性的重要参数。ξ 电势的大小与胶粒的大小、胶粒浓度,介质的性质、成分、pH 值及温度等因素有关。

从能量观点来看,胶体体系是热力学不稳定体系,因高分散度体系界面能特别高,胶核有自发聚集而聚沉的倾向。但由于胶粒带同种电荷,因此在一定条件下又能相对地稳定存在。在实际中有时需要胶体稳定存在,有时需要破坏胶体使之发生聚沉。使胶体聚沉的最有效方法是加入适量的电解质来中和胶粒所带电荷,降低 ξ 电势。一定量某种溶胶在一定时间内发生明显聚沉所需电解质的最低浓度称为该电解质的聚沉值。

聚沉值、ξ 电势的测量常用比较纯净的溶胶,这就要求对溶胶进行纯化。本实验采用渗析法,即通过半透膜除去溶胶中多余的电解质达到纯化目的。

ξ 电势的测量是通过电泳管来测定(见图 3-14-1)。在外加电场的作用下,由于胶粒的定向移动,界面发生移动。根据界面移动的速度,由下式求算 ξ 电势。

$$\xi = \eta u / \varepsilon E \tag{14-1}$$

式中:u 为电泳速度(m/s),$u = h/t$,h 为 t 时间段内负极胶体界面均匀上升的距离;E 为电场强度(V/m),$E = V/L$,V 为所加电压,L 为两电极端点的距离,$L = L_1 + L_2 + L_3$;η 为水的黏度(Pa·S);ε 为水的绝对介电常数,$\varepsilon = \varepsilon_0 \cdot \varepsilon_r$,$\varepsilon_0$ 为

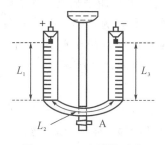

图 3-14-1 电泳管示意

真空中的介电常数,$\varepsilon_0 = 8.854 \times 10^{-12} \text{F} \cdot \text{m}^{-1}$,$\varepsilon_r$ 为相对介电常数;η、ε 均与温度有关。水的黏度与温度的关系可查附录。介电常数与温度的关系可用下面近似公式表示:

$$\varepsilon_{r(t)} = 80.1 - 0.4(t/-20), 80.1 是水在 20℃时的介电常数。$$

三、仪器与试剂

仪器:稳流稳压电泳仪 1 台,0~300V;电泳管 1 支;250mL、1000mL 烧杯各 1 个;10mL、100mL 量筒各 1 个;1mL 移液管 2 支,5mL 移液管 1 支,10mL 移液管 4 支;150mL 棕色试剂瓶 1 个;150mL 大口锥瓶 1 个;25mL 试管 6 支,试管架 1 个;电导率仪 1 台;直径为 2cm 长约 4cm 的空心玻管 1 根;棉线,细铜线、直尺等;800W 电炉 1 台。

试剂:15% $FeCl_3$ 溶液;2.000mol/L NaCl 溶液;0.010mol/L Na_2SO_4 溶液;0.005mol/L $Na_3PO_4 \cdot 12H_2O$;市售 6%火棉胶溶液;KCl 或 KNO_3 稀溶液。

四、实验步骤

1. 水解法制备 $Fe(OH)_3$ 溶胶

在 250mL 烧杯中加入 120mL 蒸馏水,加热煮沸。在沸腾条件下,采用磁力搅拌器不断搅拌,同时慢慢滴加 15%$FeCl$ 溶液 5~10mL,加完后继续煮沸 3min。自然冷却到室温,即可得到深红色的 $Fe(OH)_3$ 溶胶。

2. 制备火棉胶半透膜

内壁光滑的 150mL 大口锥瓶在转动下从瓶口加入约 6~8mL 6%的火棉胶溶液,使火棉胶在锥瓶内壁上形成均匀液膜,在转动下倒出多余的火棉胶溶液于回收瓶中,将锥瓶倒置在铁圈上,使多余的火棉胶溶液流尽,让乙醚与乙醇蒸发,直至闻不出乙醚气味为止,此时用手轻摸不黏手时注满蒸馏水(若发白说明乙醚未干,膜不牢固),以溶去剩余的乙醇。用小刀在瓶口轻轻剥开一部分膜,在膜与瓶壁间注水,使膜脱离瓶壁悬浮在水中,倒出水的同时,轻轻取出膜袋,检查是否有洞(用手托住膜袋底部,慢慢注满水)。若有洞,应重做。

3. 溶胶 $Fe(OH)$ 纯化

将制得的 $Fe(OH)_3$ 溶胶取出,装入制好的半透膜袋内,用细线拴住袋口悬挂在铁架台上吊在 1000mL 烧杯内,烧杯中加入约 500mL 热蒸馏水(60~70℃)进行渗析,每隔 30min 换一次水,直至其电导率小于 $50\mu s/cm$。把纯化好的溶胶置于 150mL 洁净的磨口棕色瓶中。

4. 聚沉值的测定

(1)取 6 支干净试管分别以 0～5 号编号。1 号试管加入 10mL 2.000mol/L 的 NaCl 溶液,0 号及 2～5 号试管各加入 9mL 蒸馏水。然后从 1 号试管中取出 1mL 溶液加入到 2 号试管中,摇匀,又从 2 号试管中取出 1mL 溶液加到 3 号试管中,以下各试管手续相同,但 5 号试管中取出的 1mL 溶液弃去,使各试管具有 9mL 溶液,且依次浓度相差 10 倍。0 号作为对照。在 0～5 号试管内分别加入 1mL 纯化了的 $Fe(OH)_3$ 溶胶(用 1mL 移液管),并充分摇均匀后,放置 2min 左右,确定哪些试管发生聚沉。最后以聚沉和不聚沉的两支试管内的 NaCl 溶液浓度的平均值作为聚沉值的近似值。

(2)电解质分别换以 0.010mol/L Na_2SO_4、0.0050mol/L Na_3PO_4 · $12H_2O$ 溶液,重复(1)进行实验,并比较其聚沉值大小。

(3)按照(1)和(2)相同步骤测定各电解质对未纯化胶体的聚沉值。

上述测量,因为聚沉和不聚沉的两支试管内的电解质浓度相差 10 倍,所以比较粗略。为了取得更精密的结果,可以在这相差 10 倍的浓度范围内再自行确定浓度进行细分,并进行精密聚沉值的测量实验。注意:pH、温度对测定聚沉值影响很大。

5. ξ 电势的测定

(1)如图 14-1,打开 U 形电泳管中部支管中的活塞 A,先从中部支管加入适量已纯化的 $Fe(OH)_3$ 溶胶。注意:将电泳管稍倾斜使加入的胶体刚好至活塞口,关闭活塞(使活塞中无气泡),然后将电泳管固定在铁架台上,继续加胶体共约 8～10mL。

(2)从 U 形管中加入辅助电解质约 6～8mL KNO_3(或 KCl),其电导率应尽量与胶体的电导率接近。在 U 形管两边插上铂丝电极,然后十分小心地慢慢打开(不能全部打开)活塞,使 $Fe(OH)_3$ 溶胶缓缓推辅助液上升至浸没电极约 0.5cm 时关闭活塞。分别记下两边胶体界面的刻度及电极两端点的刻度。

(3)用细铜丝量出 U 形管弯曲处两箭头所指的距离 L_2,同时读取 L_1、L_3。

(4)将电极的插头接入稳压电源,然后接通电源。所加电压根据 L 值及温度而定。若 L 为 0.3m 左右,温度约为 20℃,调至 30～80V。同时开动秒表,每隔 3min,记录胶体两边界面刻度,通电约 20～30min。按(1)～(4)步骤重做一次。

五、数据记录与处理

1. 将实验现象及结果用表格形式表示。

117

时间 t/s	界面高度 /cm	界面移动 距离/cm	界面移动速 度 $u/\mathrm{cm \cdot s^{-1}}$	两电极间 距离 l/cm	速度平均值 $\bar{u}$	距离平均值 $\bar{l}$

2. 按照 14-1 式计算 ξ 电势。

六、注意事项

1. 制备胶体用的大口锥瓶及电泳管内壁一定要光滑洁净。

2. 制备半透膜时,向锥形瓶中加蒸馏水不可过早也不可过晚,过早,乙醚未蒸发完使半透膜呈白色不适用;过晚,膜会干硬易裂开。制好的半透膜不用时要泡在水中保存,否则膜会干硬易破裂。

3. 打开电泳管中间活塞的程度以使胶体界面保持清晰为标准。

七、分析与思考

1. 三种电解质对已纯化和未纯化的 $Fe(OH)_3$ 溶胶的聚沉值的影响规律是否相同?为什么?

2. 聚沉值、ξ 电势与哪些因素有关?

3. 注意观察 U 形管中两极及胶体界面上发生的变化,为什么会有这些变化?

4. 为什么辅助电解质电导率应尽量与胶体的电导率接近?这对计算电动电势起到什么作用?

实验 15 电导法测定弱电解质电离常数

一、实验目的

1. 用电导法测定弱电解质醋酸在水溶液中的解离平衡常数 K_c;

2. 巩固溶液电导的基本概念及其熟悉 DDS-307 型电导率仪的使用。

二、实验原理

醋酸在水溶液中呈下列平衡：

$$HAc \Longrightarrow H^+ + Ac^-$$
$$c(1-\alpha) \quad c\alpha \quad c\alpha$$

式中 c 为醋酸浓度，α 为电离度，则电离平衡常数 K_c 为：

$$K_c = \frac{c\alpha^2}{1-\alpha} \tag{15-1}$$

定温下，K_c 为常数，通过测定不同浓度下的电离度就可求得平衡常数 K_c 值。

醋酸溶液的电离度可用电导法测定。溶液的电导用电导率仪测定。测定溶液的电导，要将被测溶液注入电导池中，如图 3-15-1 所示。

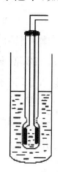

图 3-15-1　浸入式电导池

若两电极间距离为 l，电极的面积为 A，则溶液电导 G 为

$$G = \kappa A / l \tag{15-2}$$

式中：κ 为电导率。电解质溶液的电导率不仅与温度有关，还与溶液的浓度有关。溶液的电导率 κ 按 $\kappa = \dfrac{1}{\rho} = G\left(\dfrac{l}{A}\right)$ 式计算。对电导池而言，$\left(\dfrac{l}{A}\right)$ 称为电导池常数，可将一精确已知电导率值的标准溶液（通常用 KCl 溶液）充入待用电导池中，在指定温度下测定其电导率，然后按照 $\kappa = \dfrac{1}{\rho} = G\left(\dfrac{l}{A}\right)$ 算出电导池常数 $\left(\dfrac{l}{A}\right)$ 值。

对于弱电解质来说，无限稀释时的摩尔电导率 Λ_m^∞ 反映了该电解质全部电离且没有相互作用时的电导能力，而一定浓度下的 Λ_m 反映的是部分电离且离子间存在一定相互作用时的电导能力。如果弱电解质的电离度比较小，电离产生出的离子浓度较低，使离子间作用力可以忽略不计，那么 Λ_m 与 Λ_m^∞ 的差别就

可以近似看成是由部分离子与全部电离产生的离子数目不同所致,所以弱电解质的电离度可表示为

$$a = \Lambda_m / \Lambda_m^\infty \qquad (15\text{-}3)$$

若电解质为 MA 型,电解质的浓度为 c,那么电离平衡常数

$$Kc = \frac{c\alpha^2}{1 - \alpha} \qquad (15\text{-}4)$$

若已知该电解质溶液的物质的量浓度,则依照式 $\Lambda_m = \kappa/c$ 即可求出摩尔电导率 Λ_m 值。再根据奥斯特瓦尔德(Ostwald)稀释定律。

$$Kc = \frac{c\Lambda_m^2}{\Lambda_m^\infty (\Lambda_m^\infty - \Lambda_m)} \qquad (15\text{-}5)$$

实验证明,弱电解质的电离度 a 越小,该式越精确。

Λ_m^∞ 可由下式计算:

$$\Lambda_m^\infty(HAC) = \lambda_m^\infty(H^+) + \lambda_m^\infty(Ac^-)$$

$$\lambda_m^\infty(H^+, T) = \lambda_m^\infty(H^+, 298.15K)[1 + 0.042(t - 25℃)] \qquad (15\text{-}6)$$

$$\lambda_m^\infty(H^+, 25℃) = \lambda_m^\infty(Ac^-, 298.15K)[1 + 0.02(t - 25℃)] \qquad (15\text{-}7)$$

$$\lambda_m^\infty(H^+, 25℃) = 349.82 \times 10^{-4} s \cdot m^2 \cdot mol^{-1} \qquad (15\text{-}8)$$

$$\lambda_m^\infty(Ac^-, 25℃) = 40.90 \times 10^{-4} s \cdot m^2 \cdot mol^{-1} \qquad (15\text{-}9)$$

式中 t 为体系的摄氏温度。根据以上关系式,只要测得不同浓度下的电导,就可计算出摩尔电导,再由(15-5)式计算出 K_c。

三、仪器与试剂

仪器:DDS-12A 型或 DDS-11A 型电导率仪 1 台;恒温水槽 1 套;电导池 1 个;1mL 移液管 1 支;25mL 容量瓶 5 个。

试剂:醋酸(分析纯);0.0100mol/L 的 KCl 的标准溶液;二次蒸馏水。

四、实验步骤

1. 熟悉恒温水槽装置

恒温水槽由继电器、接触温度计、水银温度计、加热器、搅拌器等组成。其操作步骤如下:接通电源,调节接触温度计的触点使其控制温度为 25℃。当继电器的红灯亮时,恒温水槽的加热器正在加热;当继电器的绿灯亮时,恒温水槽的加热器停止加热。恒温水槽的温度应以水银温度计的读数为准,当槽温与25℃有偏离时,小心调节接触温度计的调节螺帽,使恒温水槽的温度逐步趋近 25℃。

2. 配制 HAc 溶液

用移液管分别吸取 0.1,0.2,0.3,0.4,0.5mL HAc 溶液各自放入 25mL 的

容量瓶中,均以蒸馏水稀释至 25.00mL。

3.测定 HAc 溶液的电导率

用蒸馏水充分浸泡洗涤电导池和电极,再用少量待测液荡洗数次。然后注入待测液,使液面超过电极 1～2cm,将电导池放入恒温槽中,恒温 5～8min 后进行测量。严禁用手触及电导池内壁和电极。

按由稀到浓的顺序,依次测定被测液的电导率。每测定完一个浓度的数据,不必用蒸馏水冲洗电导池及电极,而应用下一个被测液荡洗电导池和电极 3 次,再注入被测液测定其电导率。

4.实验结束后,先关闭各仪器的电源,用蒸馏水充分冲洗电导池和电极,并将电极浸入蒸馏水中备用。

五、数据记录与处理

查出实验温度下 HAc 溶液的 Λ_m^∞ 的值,计算 HAc 溶液在所测浓度下的电离度 α 和电离平衡常数 K_c,求出 K_c 的平均值。

六、注意事项

1.溶液的电导率对溶液的浓度很敏感,在测定前,一定要用被测溶液多次荡洗电导池和电极,以保证被测溶液的浓度与容量瓶中溶液的浓度一致。

2.继电器只能用来控温,它不能用作电源开关,当实验结束后,一定要断开电源开关。实验结束后,一定要拔去继电器上的电源插头。若仅仅关掉继电器上的开关,而未拔掉电源插头,恒温水槽的电加热器将一直加热,而继电器不再起控温的作用,会引起事故。

七、分析与思考

1.DDS-11 型电导率仪使用的是直流电源还是交流电源?

2.电导池常数(即电极常数)是怎样确定的? 本实验仍安排 0.0100mol/L 的 KCl 的测定,用意何在?

3.将实验测定的 K_c 值与文献值比较,试述误差的主要来源。

八、实验仪器的使用方法(DDS-12A 型电导仪)

(1)接通电源,仪器预热 10min。在没有接上电极接线的情况下,用调零旋钮将仪器的读数调为 0。

(2)若使用高周档则按下 20ms/cm 按钮;使用低周档则放开此按钮。本实验采用高周档进行测量。

（3）接上电极接线，将电极从电导池中取出，用滤纸将电极擦干，悬空放置，按下 2s/cm 量程按钮，调节电容补偿按钮，使仪器的读数为 0。

（4）将温度补偿按钮置于 25℃ 的位置上，仪器所测出的电导率则为此温度条件下的电导率。

（5）按仪器说明书的方法对电极的电极常数进行标定。

（6）将被测溶液注入电导池内，插入电极，将电导池浸入恒温水槽中恒温数分钟，按下合适的量程按钮，仪器的显示数值为被测液的电导率。若仪器的显示的首位为 1，后 3 位数字熄灭，表示被测液的电导率超过了此量程，可换用高一档量程进行测量。

实验 16　分解电压和极化超电势的测定

一、实验目的

1.掌握分解电压和极化超电势的概念。
2.理解与掌握电解质溶液分解电压的测定原理和技术。

二、实验原理

对于 $\Delta G < 0$ 的自发反应，可设计成原电池，产生电功。对于 $\Delta G > 0$ 的反应，必须对系统做功，例如加入电功，反应才能进行。电流通过电解质溶液而引起化学变化的过程称为电解，相应的装置称电解池。

电解是化工、冶金的重要生产手段之一。在原电池放电与电解池电解时，都有一定量电流通过电极，电极平衡状态被破坏，电极过程为不可逆，这种电极电势偏离平衡电极电势的现象称为电极的极化。

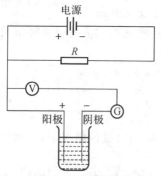

图 3-16-1　测定分解电压的装置

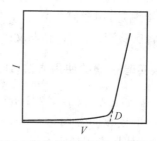

图 3-16-2　测定分解电压的电流-电压曲线

在大气压力下,于 $1\text{mol} \cdot \text{dm}^{-3}$ 的盐酸溶液中放入两个铂电极:

$$阴极(-):2H^+ + 2e^- \longrightarrow H_2(g)$$

$$阳极(+):2Cl^- \longrightarrow Cl_2(g) + 2e^-$$

$$电解反应:2H^+ + 2Cl^- \longrightarrow Cl_2(g) + H_2(g)$$

即电解水制得 $H_2(g)$ 和 $Cl_2(g)$。如果要使电解反应发生,则电解池的外电压必须大于电解产物所形成电池的最大反电动势。使某电解质溶液能连续不断发生电解时所必须外加的最小电压称为分解电压,在数值上等于该电解池作为可逆电池时的可逆电动势。

而实际电解时有电流通过,即是在不可逆条件下进行的,因此所需要的外加电压大于电池的电动势。

分解电压大于原电池电动势。这主要是由于析出电极电势偏离平衡电极电势的原因。通常把电解产物构成的电池的最大反电动势称为理论分解电压,实际分解电压超过理论分解电压的部分称为超电势。

定义 1:将电流通过电极时,电极电势偏离平衡 E_{eq} 的现象称为电极的极化。

定义 2:某一电流密度下的电极电势与其平衡电极电势之差的绝对值称超电势 η

$$\eta = \left| E_{IR} - E_{eq} \right|$$

η 表示极化程度的大小。

超电势可通过测定实际分解电压来确定。分解电压测定装置如图 3-16-1 所示。实验时逐渐加大外加电压,记录相应的电流值,并绘出 I-V 曲线,如图 3-16-2 所示。

开始增加电压时,在电极上几乎观察不到电解发生,但当电压增加到某一数值 D 时,电流突然直线上升,这时电极上有气泡不断逸出,说明此时外加电压大于分解电压,电解反应发生,该外加电压值等于该电解质溶液的实际分解电压。

三、仪器与试剂

仪器:直流稳压电源 1 台,电键 1 个,变阻器 1 个,电压表(0~5V)1 个,电流表(100mA)1 个,烧杯 1 个,Pt 电极 2 个,Ag 电极、Cu 电极各 1 个。

试剂:$0.1\text{mol} \cdot \text{L}^{-1}$ HCl 溶液,$0.5\text{mol} \cdot \text{L}^{-1}$ NaOH 溶液,$0.5\text{mol} \cdot \text{L}^{-1}$ H_2SO_4 溶液。

四、实验步骤

1.将电压表及电流表调整使其指针为零,然后按图 16-1 建立分解电压的测量装置。

2.将 Pt 电极与做电解槽的烧杯洗净,向烧杯中加入 $0.1mol \cdot L^{-1}$ 的 HCl 溶液,浸没电极。

3.将变阻器的滑动点置于输出最低点,按下电键,使电路接通,此时电压表和电流表的指针应指在零位。

4.缓慢移动变阻器的滑动点,使电压值由零开始逐渐增加。每隔 0.1V 停顿 1min,记录相应电压下通过电解槽的电流值(即电流表上的读数),待电流表读数突然上升后再测定 5 组数据,测定结束后断开电路。

5.以 Ag 电极代替 Pt 电极作阴极,重复 1~4 步操作。

6.以 Zn 电极代替 Pt 电极作阴极,重复 1~4 步操作。

7.以 $0.5mol \cdot L^{-1}$ NaOH 溶液代替 HCl 溶液,重复 1~4 步操作。

8.以 $0.5mol \cdot L^{-1}$ H_2SO_4 溶液代替 HCl 溶液,重复 1~4 步操作。

9.实验结束,关闭电源,洗净电极与烧杯,放回原处。

五、数据记录与处理

表 3-16-1 不同电压下的电流密度测定

室温:_____ 气压:_____

电极	电解质溶液	不同电压下的电流 I/mA				
		0.1V	0.2V	0.3V	0.4	...
Pt – Pt	HCl					
Pt – Ag	HCl					
Pt – Zn	HCl					
Pt – Pt	H_2SO_4					
Pt – Pt	NaOH					

2.根据测得的实验数据,以外加电压为横坐标,电流为纵坐标,绘出 I-V 曲线,并确定 $E_{分解}$ 值,列入表 3-16-1。

3.根据能斯特公式计算电解质溶液的理论分解电压,求出超电势,列入表 3-16-2。

表 3-16-2 分解电压及超电势的测定

电极	电解质溶液	不同电压下的电流 I/mA		
		$E_{实际}$/V	$E_{理论}$/V	η/V
Pt-Pt	HCl			
Pt-Ag	HCl			
Pt-Zn	HCl			
Pt-Pt	H_2SO_4			
Pt-Pt	NaOH			

六、注意事项

1. 电源的正负极与电压表和电流表不要接反。
2. 电极不要触及烧杯,同时不能使两个电极接触。
3. 调节滑动电阻时要缓慢与小心,以免读数不准。
4. 每次测定时,一定要等电流值稳定后再读数。

七、分析与思考

1. 为什么电解开始时电流随电压增加缓慢,而当外加电压达到一定值时,电流又随电压增大直线上升?
2. 如果外加电压小于电解产物构成的电池电动势时,电解能否进行?
3. 阳极与阴极极化的结果有什么不同? 阴极与阳极的极化超电势随电流密度的变化情况如何?

实验 17　分光光度法测定甲基红的酸离解平衡常数

一、实验目的

1. 学习用可见分光光度法测定弱电解质电离常数。
2. 掌握酸度计、分光光度计的测试原理和使用方法。

二、实验原理

一定浓度的稀溶液对于单色光的吸收,均遵守朗伯-比尔(Beer-Lamber)定律,即

$$A = -\lg I/I_0 = klc \tag{17-1}$$

式中,A 为吸光度;I/I_0 为透过率(T);k 为摩尔消光系数(单位:$L \cdot mol^{-1} \cdot cm^{-1}$),是溶液的特性常数;$l$ 为被测溶液的光程长度(单位:cm);c 为溶液的摩尔浓度($mol \cdot L^{-1}$)。

在分光光度法分析中,测定通过某一溶液的每一种单色光的吸光度 A,以吸光度 A 为纵坐标,波长 λ 为横坐标作图,可得到该物质的吸收光谱曲线,对应于最大吸收峰处的吸收波长 λ_{max},就是最佳吸收波长,用这一波长的入射光对该溶液进行定量分析,有着最佳的灵敏度。

由公式(17-1)可知,对单组分溶液,吸光度与溶液的浓度成一次线性关系,因为吸收池长度是固定的。

对于两种以上组分的溶液,则

①测定的两种组分的吸收曲线彼此不相重合,即两组分互不干扰,就等同于分别测定两种单组分溶液。

②测定两种组分的吸收曲线相重合,其吸收遵守朗伯-比尔定律,则采用双波长法,分别在两种组分单独存在时的最大吸收波长 λ_1、λ_2 处测定其总吸光度,再换算成被测定物质的浓度。

根据朗伯-比尔定律,假定吸收池的长度为 1cm,则

$$\left.\begin{array}{l} 对于单组分 A:A_\lambda^A = K_\lambda^A C^A \\ 对于单组分 B:A_\lambda^B = K_\lambda^B C^B \end{array}\right\} \tag{17-2}$$

设 $A_{\lambda_1}^{A+B}$,$A_{\lambda_2}^{A+B}$ 分别代表溶液在 λ_1、λ_2 时的总吸光度,则有

$$A_{\lambda_1}^{A+B} = A_{\lambda_1}^A + A_{\lambda_1}^B = K_{\lambda_1}^A C^A + K_{\lambda_1}^B C^B \} \tag{17-3}$$

$$A_{\lambda_2}^{A+B} = A_{\lambda_2}^A + A_{\lambda_2}^B = K_{\lambda_2}^A C^A + K_{\lambda_2}^B C^B \} \tag{17-4}$$

此处 $A_{\lambda_1}^A$、$A_{\lambda_2}^A$、$A_{\lambda_1}^B$、$A_{\lambda_2}^B$ 分别代表组分 A 和 B 在 λ_1 及 λ_2 时的吸光度。由(17-3)、(17-4)式得

$$C^B = \frac{A_{\lambda_1}^{A+B} - K_{\lambda_1}^B C^B}{K_{\lambda_1}^B} \tag{17-5}$$

$$C^A = \frac{K_{\lambda_1}^B A_{\lambda_2}^{A+B} - K_{\lambda_1}^B A_{\lambda_1}^{A+B}}{K_{\lambda_2}^A K_{\lambda_1}^B - K_{\lambda_2}^B K_{\lambda_1}^A} \tag{17-6}$$

公式中 K 值均可由纯物质求得。即在各纯物质的最大吸收峰的波长 λ_1、λ_2 时,测定浓度 c 的吸光度 A,若在该波长处符合朗伯-比尔定律,作一次线性回归可得到直线 $A \sim c$,其斜率为 K 值,$A_{\lambda_1}^{A+B}$、$A_{\lambda_2}^{A+B}$ 是混合溶液在 λ_1、λ_2 时测得的总吸光度,根据(17-5)、(17-6)式即可计算混合溶液中组分 A 和 B 的浓度。甲基红溶液就是这种情况。

本实验采用分光光度法测得弱电解质——甲基红的电离常数。甲基红(对二甲氨基偶氮苯邻羧酸)为有光泽的紫色结晶或红棕色粉末,其分子式为 $C_{15}H_{15}N_3O_2$,相对分子质量:269.31,熔点 180~182℃。易溶于乙醇、冰醋酸,几乎不溶于水。结构式为

它是一种弱酸型的染料指示剂,在有机溶剂中电离度很小,一般的化学分析法很难测定,但分光光度法可不必分离就能同时测定两组分的含量。甲基红在有机溶剂中部分电离,具有酸(HMR)和碱(MR^-)两种形式,在碱性溶液中呈黄色,酸性溶液中呈红色。在酸性溶液中它以两种离子形式存在,其电离平衡

简写成：

$$HMR \rightleftharpoons H^+ + MR^-$$

甲基红的酸形式　　　　甲基红的碱形式

其电离平衡常数：

$$k = \frac{c(H^+)c(MR^-)}{c(HMR)} \tag{17-7}$$

$$pK = pH - \lg \frac{c(MR^-)}{c(HMR)} \tag{17-8}$$

酸式 HMR 甲基红在 520nm 波长处对光有最大吸收，而碱式吸收较小；碱式 MR^- 在波长 430nm 处对光有最大吸收，酸式吸收较小。依据(17-3)、(17-4)式可得

$$A_{520}^{总} = K_{520}^{HMR} c(HMR) + K_{520}^{MR^-} c(MR^-)$$

$$A_{430}^{总} = K_{430}^{HMR} c(HMR) + K_{430}^{MR^-} c(MR^-)$$

简化得

$$c(MR^-)/c(HMR) = (A_{430}^{总} \times K_{520}^{HMR} - A_{520}^{总} \times K_{430}^{HMR}) \times$$

$$(A_{520}^{总} \times K_{430}^{MR^-} - A_{430}^{总} \times K_{520}^{MR^-}) \tag{17-9}$$

在可见光谱范围内，HMR 和 MR^- 两者具有强的吸收峰，溶液离子强度的变化对它的酸离解平衡常数没有显著的影响，甲基红在 $CH_3COOH - CH_3COONa$ 缓冲体系中，pH＝4～6 范围内容易改变其颜色，测定 520、430nm 处的吸光度，即可求得 $c(MR^-)/c(HMR)$ 比值。溶液 pH 值用 pH 计测定，根据(17-8)式即可求出甲基红的电离平衡常数 k。

三、仪器与试剂

722 型分光光度计 1 台；pH211 型 pH 计 1 台；100mL 容量瓶 6 个；50mL 容量瓶 6 个；10mL 移液管，25mL 移液管，5mL 移液管若干；50mL 滴定管 2 个；0～100℃温度计 1 支。

1.甲基红贮备液：准确称取 1.0g 晶体甲基红于小烧杯中，用量筒量取 300mL95％的乙醇，加少量 95％的乙醇于小烧杯中使甲基红完全溶解并完全转入 500mL 的容量瓶中，用剩下的 95％乙醇润洗烧杯，用蒸馏水定容。

2.标准甲基红溶液：用移液管移取 10mL 上述贮备液于 100mL 容量瓶中，加 50mL 95％乙醇，用蒸馏水定容。

3.溶液 A：用移液管移取 10mL 标准甲基红溶液于 100mL 容量瓶中，加 10mL0.1mol·L^{-1}HCl 溶液，用蒸馏水定容。

4.溶液 B：用移液管移取 10mL 标准甲基红溶液于 100mL 容量瓶中，加

$25mL0.04mol \cdot L^{-1}NaAc$,用蒸馏水定容。

5. pH=6.84 的标准缓冲溶液。

6. $0.04mol \cdot L^{-1}CH_3COONa$,$0.01mol \cdot L^{-1}CH_3COONa$,$0.02mol \cdot L^{-1}$ CH_3COOH,$0.1mol \cdot L^{-1}$,$0.01mol \cdot L^{-1}HCl$。

四、实验步骤

1. 测定甲基红酸式(HMR)和碱式(MR^-)的吸收光谱曲线,找出其最大吸收波长。

pH 约为 2 的溶液 A,此时甲基红以酸式(HMR)存在。pH 约为 8 的溶液 B,甲基红以碱式(MR^-)存在。取部分溶液 A、溶液 B 分别放入干净的 1cm 比色皿内,以蒸馏水为参比,在 350～620nm 波长范围内每隔 10nm 测定其吸光度,以吸光度 A 为纵坐标,吸收波长为横坐标,绘制吸收光谱曲线(A～λ 曲线),求出溶液 A、溶液 B 的最大吸收波长 λ_1、λ_2。

2. 考察 HMR 和 MR^- 是否符合朗伯-比耳定律,并测定它们在 λ_1、λ_2 下的摩尔吸光系数。

将 A 液和 B 液,分别用 $0.01mol \cdot L^{-1}$ HCl 和 $0.01mol \cdot L^{-1}CH_3COONa$ 溶液稀释至原溶液的 0.75、0.5、0.25 倍,并在 λ_1、λ_2 波长处,以蒸馏水为参比,测定上述各溶液的吸光度。由吸光度 A 对溶液浓度 c 作图,若符合朗伯-比尔定律,则可得四条 A～c 直线,各条直线的斜率就是两波长下甲基红 HMR 和 MR^- 的 K_1^{HMR}、K_1^{MR}、K_2^{HMR}、K_2^{MR}。

3. 求不同 pH 下 HMR 和 MR^- 的相对量。

取 4 个编号为 1、2、3、4 的 100mL 容量瓶,分别加入 10mL 标准甲基红溶液和 25mL $0.04mol \cdot L^{-1}CH_3COONa$ 溶液,再分别加入 50mL、25mL、10mL、5mL 的 $0.02mol \cdot L^{-1}CH_3COOH$ 溶液,用蒸馏水定容至 100mL,摇匀。以蒸馏水为参比,测定 λ_1、λ_2 两波长下各溶液的吸光度 $A_{\lambda_1}^{总}$、$A_{\lambda_2}^{总}$,用 pH 计测定上述溶液的 pH 值。

由于吸光度是 HMR、MR^- 之和,用(17-9)求得溶液中 MR^-/ HMR 的值。再代入(17-8)式,可计算出甲基红的酸离解平衡常数 pK。

五、数据记录与处理

1. 绘制溶液 A、B 的吸收光谱曲线,求出最大吸收波长 λ_1、λ_2。

2. 以在 λ_1、λ_2 波长处溶液 A、B 的吸光度值为纵坐标,浓度 c 为横坐标作图,并作一次线性回归,得 4 条 A～c 直线和直线回归方程。其直线斜率为 4 个摩尔消光系数 K_1^{HMR}、K_1^{MR}、K_2^{HMR}、K_2^{MR}。

3.由测得混合溶液的总吸光度,求出混合溶液中 A、B 的浓度。

4.求出各混合溶液中甲基红的电离常数。

计算结果记入表中。

甲基红电离平衡常数的计算表

实验室温度:_____

序号	$c(MR^-)/c(HMR)$	$\lg c(MR^-)/c(HMR)$	pH	pK
1				
2				
3				
4				

六、注意事项

1.使用 722 型分光光度计时,应保持电压稳定以保证测定数据稳定。

2.经过校正后的比色皿,不能随意与另一套比色皿个别交换,以免引入误差。

4.pH 计使用时要预热应在接通电源 0～30min。复合电极在使用前需在 3mol·L^{-1}KCl 溶液中浸泡一昼夜。复合电极容易破碎,应避免与任何硬东西相碰。

七、分析与思考

1.温度对本实验有何影响?采取什么措施可以减少这种影响?

2.甲基红酸式吸收曲线与碱式吸收曲线的交点称为"等色点",分析此点吸光度与甲基红浓度的关系。

3.配制溶液所用的 HCl、HAc、NaAc 溶液各起什么作用?

八、参考资料

1.孙尔康,徐维清,邱金恒等著.物理化学实验.南京:南京大学出版社,1998.

实验 18　非电解质溶液的热力学函数的测定

一、实验目的

1.了解气相色谱法在化学热力学方面的应用。

2.了解带热导检测器的气相色谱仪的工作原理,掌握脉冲进样气相色谱操作技术。

3.用气-液色谱法测定二元溶液组分的无限稀释活度系数、偏摩尔溶解焓和偏摩尔超额溶解焓。

二、实验原理

1.色谱法基本原理

色谱填充柱,内填有一些涂有液体物质的固体多孔性填料,该液体物质(如邻苯二甲酸二壬酯)称为固定液,填料之间的缝隙使得流体流过。柱子中流过一种不与固定液起作用的气体称为载气。载气携带着可以溶解于固定液的有机分子,当它流过固定液表面时,在气-液两相之间发生溶解-挥发进而产生气液分配平衡。

通过柱头进样的方式在载气中加入一种溶质,溶质的用量很少,进入色谱仪后,部分留于气相、部分溶解在色谱柱固定液中与固定液组成溶液,在固定液中该溶质的浓度可看成是无限稀。溶质在气液两相中达到平衡时,它在固定液中的浓度和在载气中的浓度的比值称为分配系数:

$$K_D = \frac{\text{固定液上溶质质量 / 固定液质量}}{\text{流动相中溶质质量 / 液动相体积}} = \frac{W_2^5/W_1}{W_2^g/V_d}$$

流动相在流动过程中,携带溶质流经柱子,并且在流动过程中不断实现分配平衡。最后流出柱子,经检测器至出口,被检测器俘获产生一个峰状的信号,表示溶质在柱子中停留一定时间后从柱后流出。从进样开始到峰最高处的时间,称为保留时间,用 t_r 表示。在这一段时间里流过柱子的载气总体积称为保留体积,用 V_r 表示,它代表了溶质在气相和固定相之间的分配平衡过程中流过了多少流动相体积。

另外,由于柱中有一定的空隙,如进样口、检测器、连接管道等,总有一部分流动相在流动过程中并未与固定相交换溶质,这一部分体积要从溶质与固定相分配平衡所占的流动相体积中减去。用空气同样从柱头进样,因其不与固定相作用,它们出峰的时间称为死时间,用 t_d 表示;所流过的流动相体积称为死体积,用 V_d 表示。

校准保留时间和校准保留体积分别为保留时间与死时间的差值、保留体积与死体积的差值。

考虑柱中分配平衡时,还要考虑柱中流动相的流速,可以在柱后用皂沫流量计测定流速。皂沫流量计测量时要考虑水的饱和蒸汽压和柱内的真实流量与柱内压力有关,因此要校正测得的流量来获得柱内气相的实际流量。

流动相中的溶质与固定液相互作用的时间还与固定液的液膜厚度即与固

定液用量有关。以单位质量固定液上溶质的保留体积(又称为比保留体积)作为溶质与溶剂(固定液)之间相互作用的性质更能说明问题。这个体积称为比保留体积 V_g^0。

$$V_g^0 = (t_r - t_d) \cdot j \cdot \frac{(p_0 - p_w)}{p_0} \cdot \frac{273}{T_r} \cdot \frac{F}{W_1}$$

其中:

$$j = \frac{3}{2} \cdot \frac{\left[(p_i/p_0)^2 - 1 \right]}{\left[(p_i/p_0)^3 - 1 \right]}$$

式中的 p_i、p_0 分别为色谱柱前压力和出口压力。

上式中的第一项为校准保留时间,第二项 j 为压力校准因子,第三、四项分别为对皂沫流量计进行饱和水蒸汽压和温度的校正,p_w 为 T_r 时水的饱和蒸汽压;最后一项中 F 为实测柱后流量,W_1 为固定液质量。

色谱峰峰形在理想条件下应是对称的,当溶质出峰到峰顶时候,表明有一半溶质已经流出色谱柱,而另一半留在色谱柱内,结合分配系数的定义,则有下面的关系:

$$V_r^c \frac{W_2^g}{V_d} = V_d^c \frac{W_2^g}{V_d} + V_s \frac{W_2^s}{W_1} \rho_1$$

上式表明,在到达时间 t 时,保留体积中溶质的质量=死体积中溶质的质量+固定液中溶质的质量。式中,ρ_1 是固定液的密度,V_r^c 和 V_d^c 分别表示柱温柱压条件下的保留体积和死体积。

移项并作温度和体积校正,可得

$$(t_r - t_d) \cdot j \cdot \frac{(p_n - p_w)}{p_0} \cdot \frac{273}{T_r} \cdot F \cdot \frac{W_q^g}{V_d} = V_s \rho_1 \frac{W_2^s}{W_1}$$

因 $V_s \rho_1 = W_1$,在分别与 K_D 和 V_g^0 计算公式比较,可得:

$$V_g^0 = \frac{W_2^s/W_1}{W_2^g/V_d} = K_D$$

即溶质在单位质量上的比保留体积,等于溶质在两相中的分配系数。

2.活度系数的测量

气相色谱法的进样方法称为脉冲进样法,进样量非常少,一般为微升级。因此,用理想气体方程和拉乌尔(Raoult)定律作近似处理溶质在气液两相间的行为。

根据理想气体方程:

$$p_2 V_d = nRT_e$$

$$p_2 = \frac{W_2^g RT_e}{V_d M_2}$$

由拉乌尔定律：

$$p_2^* = \frac{p_2}{x_2} = p_2\left(\frac{n_1 + n_2}{n_2}\right) \approx p_2 \cdot \frac{n_1}{n_2} = p_2 \frac{M_2}{M_1} \cdot \frac{W_1}{W_2^s}$$

式中，p_2^* 和 p_2 分别为纯溶质和溶液中溶质的蒸汽压；x_2 为溶质在溶液中摩尔分数；M_1 和 M_2 分别为固定液和溶质的摩尔质量；n_1 和 n_2 分别为它们在溶液中的物质的量。将蒸汽压由柱温校正至 273K，因为 $\frac{W_2^S}{W_1} = \frac{K_D \cdot W_2^g}{V_d}$，且将蒸汽压 p_2 由柱温 T_c 校正到室温，则

$$p_2^* = p_2 \cdot \frac{273}{T_e} \cdot \frac{M_2}{M_1} \cdot \frac{V_d}{K_D \cdot W_2^g} = \frac{273R}{K_D M_1}$$

可得

$$V_g^0 = \frac{273R}{p_2^* M_1}$$

实际上，色谱固定液的沸点都较高，蒸汽压很低，且摩尔质量和摩尔体积都较大；而适于做溶质的样品，由于其与作为溶剂的固定相的饱和蒸汽压相差非常大，因此溶液的性质会偏离拉乌尔定律。但在此稀溶液中，由于溶质分子的实际蒸汽压主要取决于溶质与溶剂分子之间的相互作用力，故可用亨利（Henry）定律来处理，即用饱和蒸汽压与无限稀释时的活度系数的乘积代替饱和蒸汽压：

$$V_g^0 = \frac{273R}{r_2^\infty p_2^* M_1}$$

或

$$\gamma_2^\infty = \frac{273R}{V_g^0 p_2^* M_1}$$

即可求得溶质在无限稀释时的活度系数 γ_2^∞。

3.偏摩尔溶解焓和偏摩尔超额溶解焓

对于溶质在气化/溶解过程中的焓变，可以利用克-克方程：

$$d(\ln p_2^*) = \frac{\Delta_V H_m}{RT^2} dT$$

由于是稀溶液，运用亨利定律，将摩尔气化焓改为偏摩尔气化焓：

$$d\left[\ln(p_2^* \gamma_2^\infty)\right] = \frac{\Delta_V H_{2,m}}{RT^2} dT$$

式中的 $\Delta_V H_{2,m}$ 表示溶质从一溶液中气化的偏摩尔气化焓。对于理想溶液，$\gamma_2^\infty = 1$，溶质的分压可用 $p_2 * x_2$ 表示，它的偏摩尔气化焓与纯溶质的摩尔气化焓 $\Delta_V H_m$ 相等，且理想溶液的偏摩尔溶解焓 $\Delta_s H_{2,m}$ 等于液化焓 $\Delta_s H_m$，即

$$\Delta_V H_{2,m} = \Delta_V H_m = -\Delta_s H_{2,m} = -\Delta_s H_m$$

对于非理想溶液的偏摩尔溶解焓 $\Delta_s H_{2,m}$ 在数值上虽然等于偏摩尔气化焓 $-\Delta_V H_{2,m}$,但它们与活度系数有关。

对 V_g^0 与活度系数关系式取对数后对 $1/T$ 求微分,并代入克劳修斯-克拉贝龙方程,得

$$\frac{d(\ln V_g^0)}{d(1/T)} = \frac{d[\ln(p_2^* \cdot \gamma_2^\infty)]}{d(1/T)} = \frac{\Delta_V H_{2,m}}{R}$$

$\Delta_V H_{2,m}$ 在一定温度条件下可视为常数,积分得

$$\ln V_g^0 = \frac{\Delta_V H_{2,m}}{RT} + C$$

以 $\ln V_g^0$ 对 $1/T$ 作图,根据所得直线的斜率,可求出偏摩尔气化焓 $\Delta_V H_{2,m}$。

对克-克方程进行处理得

$$d(\ln \gamma_2^\infty) = \frac{(\Delta_V H_{2,m} - \Delta_V H_m)}{RT^2} dT = \frac{(\Delta_s H_{2,m} - \Delta_s H_m)}{RT^2} dT$$

同样将一定温度范围内焓变作为常数,积分

$$\ln \gamma_2^\infty = \frac{(\Delta_V H_{2,m} - \Delta_V H_m)}{RT^2} + D = \frac{\Delta_s H^E}{RT} + D$$

式中,$\Delta_s H^E$ 为非理想溶液与理想溶液中溶质的溶解焓之差,称为偏摩尔超额溶解焓,以 $\ln \gamma_2^\infty$ 对 $1/T$ 作图,根据所得直线的斜率可求得偏摩尔超额溶解焓。

$$\Delta_V H^E = \Delta_s H_{2,m} - \Delta_s H_m = \Delta_s H_{2,m} + \Delta_V H_m$$

当 $\gamma_2^\infty > 1$ 时,溶液对拉乌尔定律产生正偏差,溶质与溶剂分子之间的作用力小于溶质分子之间的作用力,$\Delta_s H^E$ 为正;反之为负。

三、仪器与试剂

气相色谱仪、氮气钢瓶,真空泵、缓冲瓶及真空活塞系统,邻苯二甲酸二壬酯(色谱试剂),白色 201 硅烷化担体(80~100 目),微量进样器($10\mu L$、$1\mu L$),正己烷(AR)、丙酮(AR)、环己烷(AR)。

实验用邻苯二甲酸二壬酯色谱柱参数:柱长:2 m,内径:1.8 mm,柱容量约 5mL。采用固定相:邻苯二甲酸二壬酯,担体:白色 201 硅烷化担体,粒度 80~100 目。装柱时,取担体体积 30mL,质量 15g,取固定液 1.7g,固定液含量 10%(液担比),液担总质量 16.5g。

四、实验步骤

1.固定相的制备

根据色谱柱容积大小,于蒸发皿中准确称取 15g 的单体,再称取固定液邻苯二甲酸二壬酯 1.7g,固定液含量 10%(液担比),液担总质量 16.5g。最后加

133

入一定量的丙酮稀释邻苯二甲酸二壬酯。搅拌均匀后,用红外灯缓慢加热使丙酮完全挥发,再次称量,确定丙酮是否蒸干。

2.装填色谱柱

将长 2 m、内径 1.8 mm、柱容量约 5mL 的不锈钢色谱柱管洗净、干燥。在某一端塞以少量玻璃棉并接于真空系统。用小漏斗从另一端加入固定相,同时不断震动色谱柱管,使载体装填紧密、均匀,再用少许玻璃棉塞住,用箭头标出柱子装填方向。称取蒸发皿中剩余样品质量。柱子单体和固定液用量如下:

担体用量:1♯柱 2.5g;2♯柱 3.1g;3♯柱 3.4g;4♯柱 3.0g;各柱固定液用量＝装柱质量×10%。固定液用量:1♯柱 0.25g 2♯柱 0.31g 3♯柱 0.34g 4♯柱 0.30g。

3.安装、检查及老化

将色谱柱装于色谱仪上,将原来连接真空系统的一端接在载气的出口方向。按操作规程检查,确保色谱仪气路及电路连接情况正常。打开氮气钢瓶阀门,调节载气流量至 $50mL \cdot min^{-1}$ 左右(用皂膜流量计测定)。堵死载气出口,观察柱前压的指示是否下降至零。若等于零表示气密性良好。如柱前压力大于零,则表示系统漏气。常用肥皂水顺次检查各接头处,必要时再旋紧接头,直至气路不漏气。

保持氮气流量,调节层析室温度到 130℃,恒温约 4h,老化固定相。

4.测定保留时间

设置气相色谱仪的参数和启动接通载气气源,使柱前压力表上有一定的压力(为了准确测定柱前压力,在柱前接一 U 形汞压计)。打开计算机,接通色谱工作站电源。打开色谱工作站程序,打开两个通道的测定窗口,设定参数。

打开色谱仪电源开关。根据表设置层析室、热导、气化室、检测器的升温参数。

色谱仪参数表

	柱箱	热导	进样器	检测器
Temp	60	120	120	120
Maxim	105	140	200	200

打开加热电源开关。启动升温程序。

设置热导电流:按"热导"→"参数"→120→"输入"。按热导控制器上的"复位"按钮,打开热导电源开关。调节热导控制器上的调零旋钮,使测定窗口下方的信号电位值在±5mV 范围内。待各处的温度升到设定值,记录仪基线稳定,便可进样测定。

进样测定:用 $10\mu L$ 进样器吸取 $0.5\mu L$ 正己烷、环己烷混合样,再吸入 $2\mu L$ 空气,从 1 号柱进样口进样,同时按开始按钮,在色谱图上读出死时间和正己烷、环己烷的保留时间,3 个峰出完后按停止按钮。重复测定 $3\sim5$ 次,得保留时间的平均值。用皂沫流量计和秒表测定流过 $10mL$ 载气所需时间,即载气柱后流速 F,读取 1 号柱的柱前压和大气压力。

5.保留时间与柱温的关系

将层析室温度分别调节到 65、70、80、90℃,当温度升到设置温度并保持 5min,读取流量和柱前压,再进样测定死时间和保留时间。

6.实验结束整理

关闭热导控制器上的电源开关,设置热导电流为零;关闭各加热开关;待层析室温度降到35℃以下时,打开柱箱门,关闭电源开关;待热导池温度降到室温后,关闭气源;关闭计算机,关闭色谱工作站电源。

五、数据记录与处理

1.原始数据记录见下表

实验数据记录表

固定液用量(W_1):_____克,室温_____℃,大气压_____Pa

柱温/℃	柱前压/MPa	流量(s/10mL)	t_r 正己烷	t_r 环己烷	t_d 空气

2.纯物质的饱和蒸气压

正己烷、环己烷、水的饱和蒸汽压可以查阅相关文献获得。

3.根据数据求各点的比保留体积和无限稀释活度系数

固定液质量 W_1 按固定相实际制备数据和用量求得。根据公式即可计算比保留体积和无限稀释活度系数。

4.偏摩尔溶解焓和偏摩尔超额溶解焓的计算

以正己烷和环己烷在不同柱温时测得的 $\ln V_g^0$ 和 $\ln \gamma_2^\infty$ 对 $1/T_c$ 作图,作一次线性回归,其直线斜率即可求出该组分的偏摩尔溶解焓 $\Delta_s H_{2,m}$ 和偏摩尔超额溶解焓 $\Delta_s H^E$。

5.摩尔气化焓的计算

计算纯正己烷和环己烷的 $\Delta_V H_m$,并与实验 4 结果相比较。

六、注意事项

1.进样测量时,要注意观察,根据出峰时间、峰形大小和形状,调节最合适的载气流量和进样体积。一般说来,进样量可尽量减少。

2.使用热导检测器时,必须先通气,后通电,等气化室温度降到近室温后,才能关闭载气。

3.p_w 是指皂膜流量计所处温度下水的饱和蒸汽压。为了保证 p_w 数值的正确、可靠,可在载气出口处串联一个水蒸汽预饱和管。

七、分析与思考

1.如采用氮气作载气,实验中应注意什么?

2.分析探讨气相色谱实验条件——柱温、热导检测器桥路电流、检测器温度、气化温度、载气流量、进样量等应如何确定?

3.从测得的无限稀释活度数值讨论正己烷和环己烷在邻苯二甲酸二壬酯的溶液对拉乌尔定律的偏差。

4.试分析本实验的主要误差来源,如何降低实验误差?

5.什么样的溶液体系才能用气液色谱法测定其热力学函数?

八、参考文献

蔡显鄂,项一非,刘衍光.物理化学实验.北京:高等教育出版社,1993:67-68.

实验 19 希托夫法测定离子迁移数

一、实验目的

1.掌握希托夫法测定电解质溶液中离子迁移数的基本原理和操作方法。

2.了解迁移数的意义,测定 $CuSO_4$ 溶液中 Cu^{2+} 和 SO_4^{2-} 的迁移数。

二、实验原理

希托夫法是根据电解前后,两电极区电解质数量的变化来求算离子的迁移数。

电解质溶液依靠离子的定向迁移而导电。将两个导体作为电极浸入溶液,使电极与溶液直接接触,此时,电流通过电解质溶液,在两电极上发生氧化和还原反应。反应物质的变化多少与通入电量成正比,服从法拉第定律。同时,在溶液中的正、负离子分别向阴、阳两极迁移,由于各种离子的迁移速率不同,各自所带的电荷也必然不同,他们迁移电量时,分担的百分数也不同。每种离子所运载的电流与通过溶液的总电流之比,称为该离子在此溶液中的迁移数。用符号 t_B 表示 B 离子的迁移数,其定义式:$t_B = I_B/I$,t_B 是无量纲的量。则正负离子迁移数分别为

$$t_+ = I^+/I = \gamma_+/(\gamma_+ + \gamma_-), t_- = I^-/I = \gamma_-/(\gamma_+ + \gamma_-)$$

式中 γ_+、γ_- 为正负离子的运动速率。由于正负离子出于同一电位梯度中,则:

$$t_+ = v_+/(v_+ + v_-), t_- = v_-/(v_+ + v_-)$$

式中 v_+、v_- 为单位电位梯度时离子的运动速度,称为离子淌度。

所以

$$t_+/t_- = \gamma_+/\gamma_- = v_+/v_-, t_+ + t_- = I$$

而整个导电任务是由正、负离子共同承担,当通过电量为 Q 法拉第时,有下列关系式:

$$Q = Q^+ + Q^-$$

其中 Q^+ 是正离子所迁移的电量,Q^- 是负离子所迁移的电量。本实验中,Q 值可由电量计阴极上沉积出物质的量求出,若用分析法求出电极附近电解质溶液浓度的变化,就可以从物料平衡来计算离子迁移数。本实验是以铜为电极,电解稀硫酸铜溶液,电解后,引起阳极附近 Cu^{2+} 浓度变化的原因有两种:①Cu^{2+} 的迁出,②Cu 在阳极发生氧化反应。

$$1/2Cu(s) \longrightarrow 1/2\ Cu^{2+} + e^-$$

根据迁移数定义某离子的迁移数就是该离子搬运的电量与通过的总电量之比,可得:

正离子迁移数 $t_+ = Q^+/Q =$ 阳极区减少的量/(2×铜电量计阴极上沉积铜的量)

负离子迁移数 $t_- = Q^-/Q =$ 阴极区减少的量/(2×铜电量计阴极上沉积铜的量)

在溶液中间区浓度不变的条件下,分析通电前原溶液及通电后阳极区(或阴极区)溶液的浓度,比较等重量溶剂所含电解质的量,可计算通电前后迁移出阳极区(或阴极区)的电解质的量。

在迁移管中,两电极均为 Cu 电极。其中 $CuSO_4$ 溶液通电时,溶液中的 Cu^{2+} 在阴极上发生还原,而在阳极上金属铜溶解生成 Cu^{2+}。因此,通电时一方面阳极区有 Cu^{2+} 迁移出,另一方面电极上 Cu 溶解生成 Cu^{2+},Cu^{2+} 的物质量的变化为

$$n_后 = n_前 + n_电 - n_迁$$

式中 $n_迁$ 表示迁移出阳极区的 Cu^{2+} 的量,$n_前$ 表示通电前阳极区所含 Cu^{2+} 的量,$n_后$ 表示通电后阳极区所含 Cu^{2+} 的量,$n_电$ 表示通电时阳极上 Cu 溶解(转变为 Cu^{2+})的量,也等于铜电量计阴极上 Cu^{2+} 析出 Cu 的量。

$$n_迁 = n_前 + n_电 - n_后$$

$$t_{Cu^{2+}} = (n_迁 / n_电) \qquad t_{SO_4^{2-}} = 1 - t_{Cu^{2+}}$$

三、仪器与试剂

迁移数管 1 支,铜电量计 1 套,移液管 2 支,酸式滴定管 1 支,锥形瓶 6 个, $0.05\,mol \cdot L^{-1}$ 硫酸铜溶液,$6\,mol \cdot L^{-1}$ HNO_3,$1\,mol \cdot L^{-1}$ 乙酸溶液,10% KI 溶液,0.5% 淀粉指示剂,$0.0500\,mol \cdot L^{-1}$ $Na_2S_2O_3$ 标准溶液。

四、实验步骤

1.清洗迁移数管,活塞检漏。用少量 $0.05\,mol \cdot L^{-1}$ 硫酸铜溶液润洗两次,将该溶液充满迁移数管。

2.用铜电量计测定通过溶液的电量。阴极和阳极皆为铜片,插入溶液前必须用 $0.05\,mol \cdot L^{-1}$ 硫酸铜溶液润洗。用砂纸将阴极铜片磨光,除去表面氧化层,用水冲洗,再用 $1\,mol \cdot L^{-1}$ HNO_3 溶液浸洗,然后用蒸馏水洗净,干燥。在分析天平上称其重量(W_1),装入电量计中,各部分按图 3-19-1 安装连接。

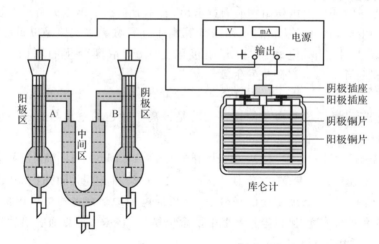

图 3-19-1 迁移数测定装置图

3.接通电源,使阴极铜片上的电流密度为 $10 \sim 15\,mA/cm^2$,通电 60min 后切断电源。取出阴极铜片用蒸馏水洗净、干燥。称其质量(W_2),并记下室温。

4.将迁移管中的溶液按"阳极区"、"中间区"和"阴极区"三分,分别缓慢放入已称量的干净锥形瓶中,再称各瓶的重量,然后计算各溶液的净重。

5.取各瓶放出的溶液 10mL,加入 10mL 10% KI 溶液、10mL $1\,mol \cdot L^{-1}$ 乙酸溶液,摇匀,用 $0.05\,mol \cdot L^{-1}$ 标准硫代硫酸钠溶液滴定,滴至淡黄色,加入

1mL0.5％淀粉指示剂,溶液变成蓝紫色,滴至蓝紫色刚好消失,记下消耗标准硫代硫酸钠溶液的体积。

五、数据记录与处理

1.将原始数据记录在表 3-19-1～3-19-3 中,并进行相应的计算。

表 3-19-1　铜电极质量

W_1/g	W_2/g	$\Delta W/g$ 阴极铜片

表 3-19-2　阴极、阳极、中间区域溶液的质量

极区数据	阴极区	阳极区	中间区
空瓶 m_1/g			
瓶+溶液 m_2/g			
溶液质量$(m_2-m_1)/g$			

表 3-19-3　硫代硫酸钠标准溶液对反应后阳极、阴极、中间区域的滴定

序号	1(阴极区)	2(阳极区)	3(中间区)
取出溶液质量/g			
消耗硫代硫酸钠的体积/mL			
溶液中硫酸铜的质量/g			
每 10g 溶液中 $CuSO_4$ 的克数：$(cV)_{Na_2S_2O_3} \times 159.6/1000$			

2.通过阳极区溶液的滴定结果及通电后阳极区溶液中所含的硫酸铜的克数;计算出阳极区溶液中所含的水量,从而求出通电前后阳极区溶液中所含的硫酸铜的克数。最后得 $n_后$、$n_前$。

3.由中间区分析结果求出每克水中的 $CuSO_4$ 克数：

溶液克数－硫酸铜克数＝水克数

硫酸铜克数/水克数＝$CuSO_4(g)/H_2O(g)$

4.由电量计阴极铜片的增量,计算通入的总电量：

铜片的增量÷铜的相对原子质量＝$n_电$,即 $n_电=2(W_2-W_1)/63.546$

该量是阳极溶入阳极区溶液中的 Cu 的量。

把数据代入公式：$n_迁=n_前+n_电-n_后$,求出 $n_迁$。

5.计算阳极区的 $t_{Cu^{2+}}$ 和 $t_{SO_4^{2-}}$。

第三章　基础实验

6. 计算阴极区的 $t_{Cu^{2+}}$ 和 $t_{SO_4^{2-}}$ ，与阳极区的计算结果进行比较、分析。

六、注意事项

1. 实验中的铜电极必须是纯度为 99.999％ 的电解铜，插入电解质溶液前必须用电解质溶液润洗。

2. 实验过程中要避免能引起溶液扩散、搅动、对流等因素。电极阴、阳极的位置不能对调，迁移数管及电极不能有气泡，两极上的电流密度不能太大。

3. 本实验由铜库仑计的增重计算电量，称量及前处理都非常重要，操作应仔细。

七、分析与思考

1. 试分析引起本实验误差的因素有哪些？ 如何降低实验误差？

2. 0.1mol·L^{-1}KCl 和 mol·L^{-1}NaCl 中的 Cl$^-$ 离子迁移数是否相同？ 为什么？

3. 若以阴极区电解质溶液的浓度变化计算 $t_{Cu^{2+}}$ ，写出其计算公式。

八、参考文献

孙尔康,徐伟清,邱金恒. 物理化学实验(第1版). 南京:南京大学出版社,1998:72-75.

实验 20 丙酮碘化反应的速率方程

一、实验目的

1. 掌握用孤立法确定反应级数的原理和方法；

2. 加深对复杂反应的反应机理和特征的理解，熟悉复杂反应的反应级数和表观速率常数的计算方法。

3. 测定酸催化时丙酮碘化反应速率方程中各反应物的级数和速率常数，写出反应的速率方程。

二、实验原理

不同的化学反应其反应机理是不同的。按反应机理的复杂程度不同可以分为基元反应(简单反应)和复杂反应两种类型。基元反应是由反应物粒子经碰撞一步就直接生成产物的反应。复杂反应是要通过生成中间产物、由许多步骤来完成的，其中每一步都是基元反应。而大多数化学反应都是复杂反应。如

丙酮碘化反应是一个复杂反应,反应方程式为

$$CH_3\!\!-\!\!\underset{\underset{A}{\|}}{\overset{O}{C}}\!\!-\!\!CH_3 +I_2 \xrightarrow{\ H^+\ } CH_3\!\!-\!\!\underset{\underset{E}{\|}}{\overset{O}{C}}\!\!-\!\!CH_2I +I^- +H^+$$

该反应由 H^+ 催化,设其速率方程为

$$v = \frac{dc_A}{dt} = -\frac{dc_{I_2}}{dt} = \frac{dc_E}{dt} = kc_A^{\alpha}c_{I_2}^{\beta}c_{H^+}^{\gamma} \tag{20-1}$$

指数 α、β、γ 分别为丙酮、碘和氢离子的反应级数,k 为反应速率常数。对(20-1)式取对数得

$$\lg(-dc_{I_2}/dt) = \lg k + \alpha \lg c_A + \beta \lg c_{I_2} + \gamma \lg c_{H^+}$$

在丙酮、酸、碘三种物质的反应体系中,首先固定其中两种物质的起始浓度,配制出第三种物质浓度不同的一系列溶液。在这种情况下,反应速率只是第三种物质浓度的函数。以 $\lg(-dc_{I_2}/dt)$ 对该组分浓度的对数值 $\lg c$ 作图,应为一直线,直线的斜率即为对该物质的反应级数。更换改变起始浓度的物质,就可以测定对应物质的反应级数,这种方法称为孤立法。

实验测定表明:在高酸度下反应速率与卤素的浓度无关,且不因为卤素(氯、溴、碘)的不同而异,故 $\beta = 0$。实验还表明,反应速率在酸性溶液中随着 H^+ 浓度增大而增大,且实验测得 $\alpha = 1$,$\gamma = 1$,故实验测得丙酮碘化反应动力学方程为

$$\frac{dc_E}{dt} = k_{总}c_A c_{H^+} \tag{20-2}$$

式中 c_E 为 CH_3COCH_2I 的瞬时浓度;c_A 为 CH_3COCH_3 初始浓度;c_{H^+} 为 H^+ 初始浓度。

由(20-1)和(20-2)式可得

$$\left(\frac{dc_{I_2}}{dt}\right) = -k_{总}c_A c_{H^+} \tag{20-3}$$

对(20-3)积分:

$$\int_{c_{I_2}(t_1)}^{c_{I_2}(t_2)} dc_{I_2} = \int_{t_1}^{t_2}(-k_{总}c_A c_{H^+})dt \tag{20-4}$$

若在反应过程中,$c_{A,0} \gg c_{I_2}$,$c_{H^+} \gg c_{I_2,0}$,则可认为在某一短时间内,丙酮和盐酸初始浓度不随时间 t 改变,则(20-4)式变为

$$c_{I_2}(t_2) - c_{I_2}(t_1) = k_{总}c_{A,0}c_{H^+,0}(t_2 - t_1) \tag{20-5}$$

因为碘在可见光区有一吸收带,而在这个吸收带中盐酸和丙酮没有吸收,故可用分光光度法,在 $550nm$ 处测定反应过程中碘浓度随时间的变化率,来测定反

第三章 基础实验

应速率常数 $k_总$。根据朗伯-比尔定律,某指定波长的光线通过碘溶液后有下列关系:

$$A = \log \frac{I_0}{I} = Kcb \tag{20-6}$$

式中 A 表示吸光度,K 是摩尔消光系数,b 是被测碘溶液的厚度,c 是碘溶液的浓度。由(20-6)式可得

$$c = \frac{A}{Kb}$$

代入(20-5)式得

$$\frac{A_1(t_1)}{Kb} - \frac{A_2(t_2)}{Kb} = k_总 c_{A,0} c_{H_0^+}(t_2 - t_1)$$

即

$$k_总 = \frac{A_1(t_1) - A_2(t_2)}{t_2 - t_1} \times \frac{1}{Kb} \times \frac{1}{c_{A,0} c_{H^+}} \tag{20-7}$$

式中 $c_{A,0}$、c_{H^+} 分别是丙酮和盐酸的初始浓度,K_b 可由测定已知系列浓度的碘标准溶液的吸光度 A 根据(20-6)式即可求得,代入(20-7)式,即可计算出 $K_总$。

为了验证反应机理,进行反应级数测定。测定时,固定某两种物质的起始浓度不变,改变另一种物质的起始浓度。对每一个溶液都能得到一系列随时间变化的吸光度值。以吸光度 A 对 t 作图,其斜率为 dA/dt,再取对数,对不同的起始浓度,以该对数值分别对 $\lg c$ 作图,所得直线的斜率即为反应级数。

三、仪器与试剂

仪器:722 型分光光度计,超级恒温槽,恒温摇床,秒表,5mL 移液管,2mL 移液管,100mL、25mL 容量瓶,洗瓶,洗耳球。

试剂:2.00mol·L^{-1} 盐酸溶液,2.00mol·L^{-1} 丙酮溶液,0.0200mol·L^{-1} 碘溶液:准确称取 KIO_3 0.1427g,在 50mL 烧杯中加少量水微热,溶解后加入 KI 1.1g 溶解,再加入 0.41mol·L^{-1} 的盐酸溶液 10mL 混合,转入 100mL 容量瓶中,稀释至刻度,摇匀。

四、实验步骤

1. 准备工作

将蒸馏水、丙酮溶液置于超级恒温槽恒温。所用的容量瓶洗涤干净。

2. 调整分光光计计零点

打开分光光度计电源开关,预热 15min。调节分光光度计的波长旋钮至 550nm。取 1cm 比色皿,加入蒸馏水,用滤纸吸干,用擦镜纸擦净镜面,放入样

品室中,调零($A=0$),放蒸馏水的比色皿置于光路,合上样品室盖,调100%($T=100\%$)。

3.碘浓度对反应速率的影响

分别移取 0.0200mol·L⁻¹ 碘溶液 1.30mL、1.00mL、0.70mL 于编号为 1、2、3 的 3 个 25mL 容量瓶,各移入 2.50mL 2.00mol·L⁻¹盐酸溶液,加入适量蒸馏水至总体积约为 20mL,置于超级恒温槽中恒温 10min 以上。

取其中一个溶液,移入已恒温的 2.50mL 2.00mol·L⁻¹丙酮溶液,加入已恒温的蒸馏水稀释至刻度,迅速摇匀,并开始计时,迅速用该溶液清洗比色皿,并将该溶液加入比色皿中,在分光光度计上测定吸光度,同时记下时间,然后每隔 60s 同时记下吸光度和时间,如此反复,一直到透光率值为 80% 左右。每个溶液应至少记录到 6 组数据。

取其余两份溶液,做同样的试验。

4.盐酸浓度对反应速率的影响

分别移取 5.00mL、4.00mL、3.00mL、2.00mL 2.00mol·L⁻¹盐酸溶液于编号为 4、5、6、7 的 4 只 25mL 容量瓶中,移入 1.00mL 0.0200mol·L⁻¹碘溶液,加适量蒸馏水至总体积约为 20mL,置于超级恒温槽中恒温 10min 以上。取其中一个溶液,移入 2.50mL 2.00mol·L⁻¹丙酮溶液,同步骤 3 进行定容、计时、清洗比色皿、测吸光度,并每隔 30s 同时读取透光度和时间值,至透光率值为80% 左右。

同样测定另 3 份溶液。

5.丙酮浓度对反应速率的影响

分别移取 2.50mL 2.0mol·L⁻¹盐酸溶液和 1.00mL 0.0200mol·L⁻¹碘溶液于编号为 8、9、10、11 的 4 只 25mL 容量瓶中,加入约 15mL 蒸馏水。将容量瓶置于超级恒温槽中恒温 10min 后,取出 1 只容量瓶,立即移入 5.00mL 2.00mol·L⁻¹丙酮溶液,同样进行定容,计时,测定吸光度随时间的变化关系。

取另外 3 只容量瓶,分别加入 4、3、2mL 丙酮后定容,并测定吸光度-时间关系。

6.lg(K_b)值的测定

另取 4 只 25mL 容量瓶加入 0.5、1.00、1.5、2.0mL 0.0200mol·L⁻¹碘溶液和 5.00mL 2.0mol·L⁻¹盐酸溶液,加适量蒸馏水,恒温后用蒸馏水定容至刻度,测定溶液的吸光度。

实验结束后,将比色皿、容量瓶洗涤干净,关闭分光光度计电源,整理仪器。

五、注意事项

1.温度对反应速率有一定的影响。有条件的话,选择带有恒温夹套的分光

第三章 基础实验

光度计,并与超级恒温槽相连。

2.当碘浓度较高时,丙酮可能会发生多元取代反应。为了减小实验误差应记录反应开始一段时间的反应速率。

3.当溶液中加入丙酮,反应就立即开始。若从加入丙酮到开始读数之间的时间有较长延迟,可能无法读到足够的数据,甚至会发生第一个读数值透光率就已超过 80% 的情况,当酸浓度或丙酮浓度较大时更容易出现这种情况。为了避免实验失败,在加入丙酮前应将分光光度计调零和调 100%,加入丙酮后快速操作,两分钟之内读出第一组数据。

六、数据记录与处理

1.将测得的实验数据记录在表 3-20-1～3-20-4。

表 3-20-1　碘浓度对反应速度的影响

时间/min
1(A)
2(A)
3(A)

表 3-20-2　盐酸浓度对反应速度的影响

时间/min
4(A)
5(A)
6(A)
7(A)

表 3-20-3　丙酮浓度对反应速度的影响

时间/min
8(A)
9(A)
10(A)
11(A)

表 3-20-4　碘标准溶液的测定

$c(I_2)/mol \cdot L^{-1}$	1	2	3	4
A				

2.将实验所测各组反应液的 A 并对 t 作图,得直线,求斜率。再以同一系列各溶液所测得斜率的对数值对该组分浓度的对数值作图,求斜率。由斜率可得各物质的反应级数 α、β、γ。

3.根据步骤 6 所测得的透光率和碘溶液的浓度计算 $\lg(K_b)$,代入(20-7)式求反应速率常数。最后写出反应速率方程。

七、分析与思考

1.保证本实验成功的关键是什么?

2.722 型分光光度计测量时,哪些操作会带来实验误差? 如何避免?

3.测定和计算时如果采用透光率而不是吸光度,则计算公式应如何改变?

八、参考文献

复旦大学等编.物理化学实验(第 1 版).南京:南京大学出版社,1993:132－136.

实验 21 黏度法测定水溶性高聚物相对分子质量

一、实验目的

1.掌握用乌氏黏度计测定液体黏度的原理和方法;

2.测定聚乙二醇-6000 的平均相对分子质量。

二、实验原理

液体对流动所表现的阻力称其为黏度,这种阻力反抗液体中相邻部分的相对移动,可看作由液体内部分子间的内摩擦而产生。

相距为 $\mathrm{d}s$ 的两液层以 v 和 $v+\mathrm{d}v$ 的不同速度移动时,产生的流速梯度为 $\mathrm{d}v/\mathrm{d}s$。当建立平稳流动时,维持一定流速所需要的力 f' 与液层接触面积 A 以及流速梯度 $\mathrm{d}v/\mathrm{d}s$ 成正比:

$$f' = \eta \cdot A \cdot \mathrm{d}v/\mathrm{d}s$$

用 f 表示单位面积液体的黏滞阻力,$f = f'/A$,则

$$f = \eta \cdot \mathrm{d}v/\mathrm{d}s$$

此式称为牛顿黏度定律表示式,η 称为黏度系数,简称黏度,单位为 $\mathrm{Pa \cdot s}$。

如果液体是高聚物的稀溶液,则溶液的黏度反映了溶剂分子之间的内摩擦力、高聚物分子之间的内摩擦力,以及高聚物分子和溶剂分子之间的内摩擦力三部分。三者之和表现为溶液总的黏度 η。其中溶剂分子之间的内摩擦力所表

现的黏度叫纯溶剂黏度，用 η_0 表示，在同一温度下，$\eta > \eta_0$，把两者之差的相对值称为增比黏度，记作 η_{sp}：

$$\eta_{sp} = (\eta - \eta_0)/\eta_0$$

溶液黏度与纯溶剂黏度之比称为相对黏度 η_r，即

$$\eta_r = \eta / \eta_0$$

η_r 表示整个溶液的黏度行为，η_{sp} 表示了已扣除溶剂分子之间的内摩擦效应后的黏度，它们之间的关系为

$$\eta_{sp} = \eta / \eta_0 - 1 = \eta_r - 1$$

高分子溶液的增比黏度 η_{sp} 一般随浓度 c 的增加而增加。为了便于比较，将单位浓度下所显示出的增比黏度称为比浓黏度，用 η_{sp}/c 表示。而将 $\ln\eta_r/c$ 称为比浓对数黏度。η_r 与 η_{sp} 均为无因次量。

为消除高聚物分子之间的内摩擦效应，必须将溶液无限稀释，使得每个高聚物分子彼此间隔极远，忽略其相互干扰。此时溶液所呈现的黏度行为基本上反映了高聚物分子与溶剂分子之间的内摩擦，这一黏度的极限值称为特性黏度，其值与浓度无关。用 $[\eta]$ 表示，即

$$\lim_{g \to 0} \frac{\eta_{sp}}{c} = [\eta]$$

实验证明，在聚合物、溶剂及温度三者确定后，$[\eta]$ 的数值只与高聚物平均相对分子质量有关，用 Mark Houwink 方程式表示它们之间的半经验关系。

$$[\eta] = K \overline{M^\alpha}$$

式中的 K 为比例系数，α 是与分子形状有关的经验常数。这两个参数都与温度、聚合物和溶剂性质有关，在一定范围内与相对分子质量无关。

增比黏度与特性黏度之间的经验关系为

$$\eta_{sp}/c = [\eta] + K^1 \cdot [\eta]^2 \cdot c$$

而比浓对数黏度与特性黏度之间的关系也有类似的表述：

$$\ln\eta_r/c = [\eta] + \beta \cdot [\eta]^2 \cdot c$$

因此将增比黏度与溶液浓度之间的关系及比浓对数黏度与浓度之间的关系描绘于坐标系中时，两个关系均为直线，而且截距均为特性黏度。

求出特性黏度后，就可以用前述半经验关系式求出高聚物的平均相对分子质量。

黏度测定的方法有用毛细管黏度计测量液体在毛细管中的流出时间、落球式黏度计测定圆球在液体中的下落速度、旋转黏度计测定液体与同心轴圆柱体相对转动阻力等三种。测定高分子的 $[\eta]$ 时，采用第一种方法最为方便。

高分子溶液在毛细管黏度计中因重力作用而流出时，遵守 Poiseuille 定律：

$$\frac{\eta}{\rho} = \frac{\pi h g r^4 t}{8lV} - m\frac{V}{8\pi lt}$$

式中，ρ 为液体密度；r 为毛细管半径；l 为毛细管长度；t 为流出时间；h 为流经毛细管液体的平均液柱高度；g 为重力加速度；V 为流经毛细管的液体体积；m 为与仪器几何形状有关的参数，当 $r/l \leqslant 1$ 时，取 $m = 1$。

对某一指定的黏度计，令 $\alpha = \pi h g r^4 / 8Lv$，$\beta = mV/8\pi lt$，上式改写为

$$\eta/\rho = \alpha t - \beta/t$$

当 $\beta < 1$，$t > 100\mathrm{s}$ 时，第二项可忽略。对稀溶液，密度与溶剂密度近似相等，可以分别测定溶液和溶剂的流出时间 t 和 t_0，就可求算相对黏度 η_r：

$$\eta_r = \eta / \eta_0 = t/t_0$$

根据测定值可以进一步计算增比黏度（$\eta_r - 1$），比浓黏度（η_{sp}/c），比浓对数黏度（$\ln\eta_r/c$）。对一系列不同浓度的溶液进行测定，在坐标系里绘出比浓黏度 η_{sp}/c 和比浓对数黏度 $\ln\eta_r/c$ 与浓度之间的关系的两条直线，分别外推到 $c = 0$ 的点，此处的截距即为特性黏度 $[\eta]$，见图 3-21-1。在 K、α 已知时，可求得平均相对分子质量。

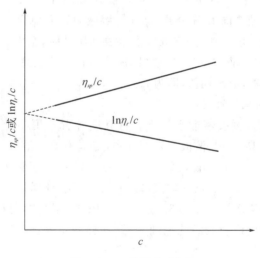

图 3-21-1　外推法求 $[\eta]$

三、仪器与试剂

乌氏黏度计，超级恒温槽，恒温瓶，天平，容量瓶，移液管，洗耳球，砂芯漏斗，秒表，聚乙二醇等。

四、实验步骤

1. 配制溶液

在天平上准确称取 1.0g 聚乙二醇于 50mL 烧杯中,加 30mL 蒸馏水,溶解后定容至 50mL 容量瓶中。用三号砂芯漏斗过滤至干燥的恒温瓶中。另取蒸馏水 50mL,过滤到另一恒温瓶中。将两恒温瓶接通恒温水浴,开启恒温水浴恒温于 25℃。

2. 溶液的流出时间 t_0 的测定

开启恒温水浴。并将预先干燥好的黏度计(乌氏黏度计构造如图 3-21-2 所示)垂直安装在恒温水浴中(G 球及以下部位均浸在水中),用移液管吸取 10mL 蒸馏水,从 A 管注入黏度计 F 球内,在 C 管和 B 管的上端均套上干燥洁净橡皮管,并用架子夹住 C 管上的橡皮管下端,使其不漏气。在 B 管的橡皮管用针筒缓慢将溶液从 F 球经 D 球、毛细管、E 球抽至 G 球中部,取下针筒的同时松开 C 管上的夹子,并使毛细管内液体同 D 球分开。此时,溶液顺着毛细管流下,当液面下至刻度 a 线时,立刻按下秒表开始计时,至 b 处时停止计时。记下液体流过 a、b 之间所需时间。重复测定 3 次,偏差<0.2s,取平均值,即为 t_0。

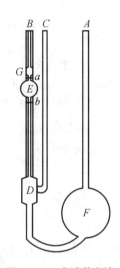

图 3-21-2　乌氏黏度计

3. 溶液流出时间 t 的测定

将黏度计取出,倒去蒸馏水烘干。将黏度计置于恒温槽后,用移液管移取 10mL 溶液至黏度计中,尽量不要让溶液粘在管壁上,在恒温过程中,用溶液润洗毛细管,再测定小球中溶液在毛细管中流出的时间。平行测定 3 次,偏差<0.2s。求平均值,即为溶液的流出时间 t。

在该溶液中,依次加入 2.0,3.0,5.0,10.0mL 蒸馏水,每次稀释后,都用吹气的方法混匀,并用该溶液润洗毛细管后,同样测定流出时间。每个浓度平行测定 3 次,取平均值。

4. 结束整理

将用过的黏度计洗净后置于烘箱中烘干,备用。拆除恒温装置,关掉恒温槽,清洗其他玻璃仪器。

五、数据记录与处理

1.将实验数据记录在表

黏度测定数据记录表

	时间1	时间2	时间3	平均时间	浓度	相对黏度	比浓黏度	比浓对数黏度
原始溶液								
加 2mL 水								
加 3mL 水								
加 5mL 水								
加 10mL 水								
蒸馏水								

2.根据实验对不同浓度溶液测得的相应流出时间,计算 η_{sp},η_r,η_{sp}/c 和 $\ln\eta_r/c$。

3.以比浓黏度 η_{sp}/c 和比浓对数黏度 $\ln\eta_r/c$ 为纵坐标,浓度 c 为横坐标作图,得两条直线,分别延长至 $c=0$ 的点,得截距即为特性黏度$[\eta]$。

4.由特性黏度求平均相对分子质量。

六、注意事项

1.溶液浓度单位为 $kg \cdot dm^{-3}$,即 $g \cdot mL^{-1}$。

2.25℃时,聚乙二醇的参数 $K=1.56\times10^{-2}(kg^{-1} \cdot dm^{-3})$,$\alpha=0.5$。

七、分析与思考

1.乌氏黏度计中的支管 C 有何作用?除去它是否还可以测黏度?

2.分析黏度法测定高聚物相对分子质量的优缺点,指出引起其测定误差的因素。

八、参考文献

1.复旦大学等编.物理化学实验(第1版).南京:南京大学出版社,1993:132—136.

2.孙尔康,徐伟清,邱金恒.物理化学实验(第1版).南京:南京大学出版社,1998:72—75.

第三章 基础实验

149

实验 22　电泳法测定胶体的电动势

一、实验目的

1. 掌握凝聚法制备 $Fe(OH)_3$ 溶胶和纯化溶胶的方法。

2. 观察溶胶的电泳现象，并了解其电学性质，掌握电泳法测定胶粒电泳速度和溶胶 ζ 电位的方法。

二、实验原理

在胶体溶液中，分散在介质中的微粒由于自身的电离或表面吸附其他粒子而形成带一定电荷的胶粒，同时在胶粒附近的介质中必然分布着与胶粒表面电性相反而电荷数量相同的反离子。胶粒周围的反离子由于静电吸引和热扩散运动的结果形成了双电层结构。当胶体相对静止时，整个溶液呈电中性。如果在溶液的两端加上电场，由于胶粒和分散介质各带有相反的电荷，因此在外电场作用下它们将向相反的方向移动，使得溶液中产生电位差，这个电位差称为 ζ 电势。

ζ 电势是表征胶体特性的重要指标之一，对研究胶体性质及其应用有着重要意义。ζ 电势与胶体的稳定性有密切关系，随吸附层内离子浓度、电荷性质的变化而变化。ζ 绝对值越大，表明胶粒电荷越多，胶粒间斥力越大，胶体越稳定。反之则表明胶体越不稳定。当 $\zeta = 0$ 时，胶体的稳定性最差，此时可见到胶体的聚沉。

本实验用拉比诺维奇-付其曼 U 形电泳仪，测定在一定外加电场强度下胶粒的电泳速度，计算 ζ 电势。

电泳仪的结构如图 3-22-1 所示，活塞 2、3 以下盛待测的溶胶，上部盛辅助液。在电泳仪两极间接上电位差 $E(V)$ 后，在 $t(s)$ 时间内溶胶界面移动的距离为 $D(m)$，即可测得胶粒的电泳速度 $U(m \cdot s^{-1})$ 为：$U = D/t$，相距为 $l(m)$ 的两极间的电位梯度平均值 $H(V \cdot m^{-1})$：$H = E/l$。

若辅助液的导电率 L_0 与溶胶的导电率 L 相差较大，则整个电泳管内的电位降是不均匀的，用 l_k 表示溶胶两界面间的距离，此时需用下式求 H：

$$H = E/[L/L_0(l - l_k) + l_k]$$

实验测得胶粒的电泳速度后，其 $\zeta(V)$ 电势可按下式求出：

$$\zeta = K\pi\eta U/\varepsilon$$

式中 K 为与胶粒形状有关的常数（对于本实验棒形胶粒 $K = 3.6 \times 10^{10} \, V^2 \cdot s^2 \cdot kg^{-1} \cdot m^{-1}$），$\varepsilon$ 为介质的介电常数。

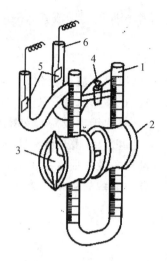

1.U形管;2、3、4.活塞;5.电极;6.弯管

图 3-22-1　拉比诺维奇-付其曼 U 形电泳仪

三、仪器与试剂

仪器:电导率仪 1 台;电泳仪 1 个;直流稳压电源 1 台;铂电极 2 个。

试剂:三氯化铁(CP);棉胶液(CP),0.1mol·L^{-1}KCl 溶液

四、实验步骤

1.Fe(OH)₃ 溶胶的制备

称取 0.5g 无水 $FeCl_3$ 溶于 20mL 蒸馏水中,将上述溶液在搅动下滴入到 200mL 沸水中,在 4～5min 内滴完,再煮沸 1～2min,制得 Fe(OH)₃ 溶胶。

2.渗析半透膜的制备

向洗净烘干的 250mL 锥形瓶中加入 20mL 棉胶液,轻轻转动锥形瓶,使棉胶液在瓶内壁形成一层均匀的薄膜,倾出多余的液体。将锥形瓶倒置,使得溶剂挥发完。当用手指触及胶膜时,应没有黏着感。用蒸馏水注入胶膜与瓶壁之间,使胶膜与瓶壁分离,小心地取出胶膜。注入蒸馏水检查胶膜是否有漏洞后,在蒸馏水中浸泡待用。

3.溶胶的纯化

取已经冷至约 50℃的 Fe(OH)₃ 溶胶约 50mL,注入半透膜中形成一个小袋子,用皮筋扎口,用约 50℃的蒸馏水渗析,约 10min 换水一次,渗析 5 次。

4.电导率的测定和辅助液的配制

待渗析好的 Fe(OH)₃ 溶胶冷却至室温后,测其电导率,用蒸馏水和 0.1mol·

L^{-1} KCl 溶液配制与溶胶电导率相同的辅助液。

5. 电泳

将电泳仪清洗干净,3 个活塞涂油试漏后,用少量 Fe(OH)₃ 溶胶润洗电泳仪 2～3 次后,注入 Fe(OH)₃ 溶胶直至胶液液面高出活塞 2、3 少许,关闭活塞。用蒸馏水把电泳仪活塞 2、3 以上部分荡洗干净后,在两管内注入辅助液至管口,并固定电泳仪在铁架台上。将两铂电极插入支管内并连接电源,开启活塞 4 使管内两辅助液面等高,关闭活塞 4,缓慢开启活塞 2、3,打开稳压电源,调节电压至 150V,观察溶胶液面移动现象及表面现象。记录 30min 内界面移动距离,关闭电源。测量两电极间沿管中心线的距离。洗净 U 形管,将电极浸泡在蒸馏水中。

6. ζ 电势的计算

五、数据记录与处理

1. 将实验数据 D、t、E 和 l 分别代入相应公式计算电泳速度 U 和电位梯度 H。

2. 根据 $\zeta = K\pi\eta U/\varepsilon$ 求出 ζ 电势。

3. 根据胶粒电泳时的移动方向确定其所带电荷符号。

六、注意事项

1. 电泳测定管须洗净,以免其他离子干扰。

2. 在制备渗透膜时,加水的时间要适中,如加水过早,因胶膜中的溶剂还未完全挥发,胶膜呈乳白色,强度差不能用。加水过迟,则胶膜变干且脆,不易取出且容易破。

3. 制胶过程应控制好浓度、温度、搅拌和滴加速度。渗析时应控制水温,常搅动、勤换洗渗析液。使制得的溶胶胶粒大小均匀,而胶粒周围的反离子分布趋于合理,基本上形成热力学稳定态,使实验结果准确、重复性好。

4. 渗析后的溶胶应冷却至与辅助液温度大致相同,确保两者测得的电导率一致,避免打开活塞时产生热对流而破坏溶胶界面。

5. 注意胶体所带的电荷,不要将电极插错。

6. 在选取辅助液时一定要保证其电导与胶体电导相同。

7. 观察界面时应由同一个人观察,从而减小误差。

8. 量取两电极的距离时,要沿电泳管的中心线量取。

七、分析与思考

1. 如何选择和配制辅助液？

2. 请问电泳速度与哪些因素有关？

3. 请写出 $FeCl_3$ 水解反应方程式，并解释 $Fe(OH)_3$ 胶粒带何种电荷？

八、参考文献

孙尔康,徐伟清,邱金恒.物理化学实验(第 1 版).南京:南京大学出版社,1998:72－75.

实验 23 差热-热重联用分析水合草酸钙脱水过程

一、实验目的

1. 了解差热分析法、热重分析法的基本原理。

2. 了解差热分析仪的基本构造并掌握其使用方法。

3. 测定水合草酸钙的差热和热重曲线,并根据所得到的差热和热重曲线分析试样在加热过程中所发生的化学变化。

二、实验原理

1. 差热分析

差热分析(Differential Thermal Analysis,简称 DTA)是一种热分析法,可用于鉴别物质并考察物质组成结构以及物质在一定的温度条件下的转化温度、热效应等物理化学性质,它广泛地应用于许多科研领域及生产部门。

许多物质在被加热或冷却的过程中,会发生物理或化学等的变化,如相变、脱水、分解或化合等过程。与此同时,必然伴随有吸热或放热现象。当我们把这种能够发生物理或化学变化并伴随有热效应的物质,与一个对热稳定的、在整个变温过程中无热效应产生的基准物(或叫参比物)在相同的条件下加热(或冷却)时,在样品和基准物之间就会产生温度差,通过测定这种温度差可了解物质变化规律,从而确定物质的一些重要物理化学性质。差热分析是在程序控制温度下,试样物质 S 和参比物 R 的温度差与温度关系的一种技术。差热分析原理如图 3-23-1 所示。

试样 S 与参比物 R 分别装在两个坩埚内。在坩埚下面各有一个片状热电偶,这两个热电偶相互反接。对 S 和 R 同时进行程序升温,当加热到某一温度试样发生放热或吸热时,试样的温度 T_S 会高于或低于参比物温度 T_R 产生温度

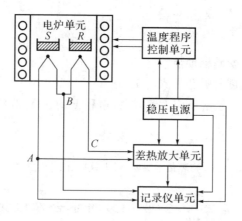

图 3-23-1　差热分析原理示意图

差 ΔT,该温度差就由上述两个反接的热电偶以差热电势形式输给差热放大器,经放大后输入记录仪,得到差热曲线,即 DTA 曲线。另外,从差热电偶参比物一侧取出与参比物温度 T_R 对应的信号,经热电偶冷端补偿后送记录仪,得到温度曲线,即 T 曲线。图 3-23-2 为完整的差热分析曲线,即 DTA 曲线及 T 曲线。纵坐标为 ΔT,吸热向下(右峰),放热向上(左峰),横坐标为温度 T(或时间)。

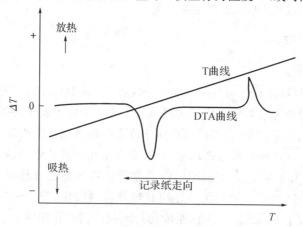

图 3-23-2　差热分析曲线

2.热重分析

热重分析(Thermogravimetric Analysis,简称 TG 或 TGA),是指在程序控制温度下测量物质的质量与温度关系的一种技术。图 3-23-3 为热重分析的测量结构原理,当坩埚中试样因热产生质量变化时,热天平通过改变线圈与磁铁间作用力的大小和方向,在热天平系统中消除因试样质量变化引起的位移,使天平恢复初始调节的平衡位置。因此,只要测量通过热天平系统中的热重平衡

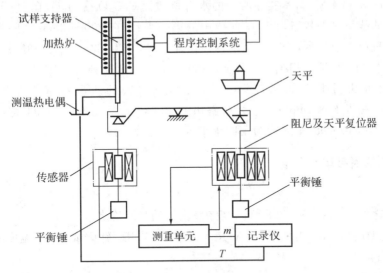

试样支持器
加热炉
程序控制系统
测温热电偶
天平
阻尼及天平复位器
传感器
平衡锤
平衡锤
测重单元 m 记录仪
T

图 3-23-3   热重分析的测量结构原理

线圈的电流的大小变化,就能准确知道试样质量的变化情况。通过线圈的电流与试样质量的关系是

$$I = k \cdot m$$

式中 I 为线圈中的电流,m 为试样质量,k 为热天平常数。由此可见,若将 I 输送给记录仪记录下来,就可获得试样质量随温度(或时间)变化的曲线,即热重 TG 曲线。TG 曲线以质量(或相对质量)作纵坐标,从上向下表示质量减少;以温度(或时间)为横坐标,自左至右表示温度(或时间)增加。图 3-23-4 为 $CaC_2O_4 \cdot H_2O$ 的热重 TG 曲线。热重法的主要特点是定量性强,能准确地测量物质的变化及变化的速率。热重法的实验结果与实验条件有关。但在相同的实验条件下,同种样品的热重数据是重现的。

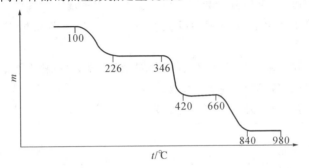

图 3-23-4   水合草酸钙的热重曲线

如图 3-23-4 所示,本实验所测的水合草酸钙 $CaC_2O_4 \cdot H_2O$,在 100℃以前的热重曲线呈水平状态,为 TG 曲线中的第一平台;在 100～226℃之间失重并开始出现第二个平台,这第二个平台一直维持到 346℃,这一步失去的质量占试样总质量的 12.5%,相当于每 1mol $CaC_2O_4 \cdot H_2O$ 失掉 1molH_2O;在 346～420℃之间失重并开始出现第三个平台,其失去的质量占试样总质量的 19.35%,相当于每 1mol CaC_2O_4 分解出 1mol CO;最后在 660～840℃之间再失重 30.3%;840～980℃之间为第四个平台。

三、仪器与试剂

1. 试剂

参比物:$\alpha - Al_2O_3$(A.R.),一般在 900℃的高温灼烧过。

被测样品:$CaC_2O_4 \cdot H_2O$(A.R.),实验前应用研钵碾成粉末(粒度为 100～300 目)。

2. 仪器

HCT-2 型综合热分析仪(北京恒久科学仪器厂);大、小镊子各一个;铝坩埚 2 只;研钵 1 只。

四、实验步骤

1. 取清洁的空坩埚 2 只,将待测样品 $CaC_2O_4 \cdot H_2O$ 放入一只坩埚中精确称重约 10mg,在另一只坩埚中放入重量基本相等的参比物 $\alpha - Al_2O_3$。抬起炉体,将作参比的坩埚和装试样的坩埚置于热偶板上,左参比右试样,放下炉体。

2. 打开水龙头,通冷却水。

3. 打开综合热分析仪电控箱后板上的电源开关。

4. 启动微机,开启热分析数据工作站。

5. 估计热重变化范围,选择 TG 量程,并进行 TG 调零;估计热差变化范围,选择 DTA 量程。

6. 用鼠标单击新采集按钮,在弹出的对话框中填写试样名称、试样序号、试样重量、操作员姓名,进行热分析参数设定,其中 TG、DTG、DTA 的量程应与电控机箱面板设置一致,升温参数具体设定如下:

起始温度:50℃

终止温度:950℃

升温速率:10℃ · min^{-1}

单击"确定"按钮开始数据采集(旋转电控机箱面板上偏差调零手钮,使表头指标摆至"O"点左侧一格,按"加热"键加热)。系统将自动完成整个测量和记录工作,得到热重 TG、微分热重 DTG、差热 DTA 曲线。

7. 实验升温至终止温度后,单击"停止"按钮终止数据采集(并按电控机箱面板上"加热"键使指示灯熄灭,以防止烧坏炉膛)。

8. 继续通冷却水,待综合热分析仪的炉膛温度降至室温时,关闭水龙头停止冷却。

9. 整理实验台面,登记使用情况。

10. 根据采集到的数据绘出草酸钙分解的差热-热重曲线,并分析各峰的起始温度和峰温,并推断各峰对应的可能变化。

备注:使用流动气氛测试时,应在第5步前作流动气氛的 TG 漂移试验,通过改变各路进气流量的方法,使 TG 基线稳定。

五、数据记录与处理

分别作差热数据处理和热重数据处理。选定每个峰或台阶的起止位置,可求算出各个反应阶段的 TG 失重百分比、失重始温、失重终温、失重速率最大点温度、DTA 峰面积热焓、峰起始点、外推始点、峰顶温度和终点温度等。

1. 根据得到的 TG 曲线,结合理论知识,分析 $CaC_2O_4 \cdot H_2O$ 在各温度下的失重情况。

$$失重(\%) = \frac{样品质量的变化值}{样品原来的质量} \times 100\%$$

2. 根据得到的 DTA 曲线,得到各反应的起始温度 T_e、峰顶温度 T_m、反应热焓 Q 值。

3. 结合 TG 和 DTA 曲线,分析 $CaC_2O_4 \cdot H_2O$ 在加热时的变化情况。

六、分析与思考

1. 要使一个多步分解反应过程在热重曲线上明晰可辨,应选择怎样的实验条件?

2. 升温过程与降温过程所做的差热分析结果相同吗?

3. 测温点在样品内或在其他参考点上所绘得的升温线相同,为什么?

4. 根据草酸钙的化学性质,讨论各峰所代表的可能反应,写出反应方程式,找出其对应的温度。

七、实验仪器的使用方法(HCT-2 型综合热分析仪)

1. 预热:开启电源和冷却水,整机预热 30min。

第三章 基础实验

157

2.装样:抬起炉体,分别装参比样和准确称取的待测样品(一般≤10mg)小心放置于热电偶板的左侧和右侧,放下炉体。拧紧炉体下侧两个固定螺母。

3.氮气流量设定:打开氮气瓶分压阀到 0.1MPa 左右。调节仪器右侧气氛控制箱,使流量计指示到 35mm 左右。

4.热分析软件:在电脑上打开热分析软件。按下"新采集"键,进入"参数设定"界面,输入所需要参数:

在参数设定界面左侧输入"基本实验参数",对试样名称、实验序号、操作者姓名、试样重量等参数正确输入;

在右侧输入"升温参数",对起始温度(输入数据应小于当前炉温约 10℃)、采样间隔、升温速率、终止温度(低于 1400℃)等内容输入完全。

5.测试:电脑软件上按"确定"键开始采集数据,随时监控仪器运行状态,如遇异常情况,及时采取相应措施。

6.停止测试:点击电脑分析软件的"停止"键,结束采集数据。

7.保存结果:及时在电脑分析软件上保存测试结果。

8.炉体冷却:将炉体抬起转到后侧,对炉体进行降温冷却。将样品坩埚取下清洗干净。

9.关机:炉体冷却至室温后,炉体套回热电偶上,关闭差热天平电源和冷却水电源,盖上仪器外罩。

八、参考文献

1.刘振海,徐国华,张洪林.热分析仪器[M].北京:化学工业出版社,2006:6-8.

2.邹华红,胡坤,桂柳成,程蕾,陆海燕.一水草酸钙热重-差热综合热分析的最优化表征方法[J].桂林:广西科学院学报,2011,27(1):17-21.

3.张洪林,杜敏,魏西莲主编.物理化学实验[M].青岛:中国海洋大学出版社,2009:234-238.

4.王映华.草酸钙的热分析动力学研究[D].济南:山东大学硕士学位论文,2007.

实验 24　电导法测定水溶性表面活性剂的临界胶束浓度

一、实验目的

1. 了解表面活性剂的性质与应用。
2. 学习并掌握表面活性剂临界胶束浓度的电导测定方法。
3. 通过电导法测定十二烷基硫酸钠的临界胶束浓度，了解表面活性剂的特性及胶束形成原理。

二、实验原理

表面活性剂分子是由具有亲水性的极性基团和具有憎水性的非极性基团所组成的有机化合物，当它们以低浓度存在于某一体系中时，可被吸附在该体系的表面上，采取极性基团向着水，非极性基团脱离水的表面定向，从而使表面自由能明显降低。在表面活性剂溶液中，当溶液浓度增大到一定值时，表面活性剂离子或分子不但在表面聚集而形成单分子层，而且在溶液本体内部也三三两两地以憎水基相互靠拢，聚在一起形成胶束。形成胶束的最低浓度称为临界胶束浓度（Critical Micelle Concentration，CMC）。表面活性剂溶液的许多物理化学性质随着胶团的出现而发生突变，而只有溶液浓度稍高于 CMC 时，才能充分发挥表面活性剂的作用，所以 CMC 是表面活性剂的一种重要量度。表面活性剂为了使自己成为溶液中的稳定分子，有可能采取的两种途径：一是把亲水基团流在水中，亲油基伸向油相或空气；二是让表面活性剂吸附在界面上，其结果是降低界面张力，形成定向排列的单分子膜，后者就形成了胶束。由于胶束的亲水基方向朝外，与水分子相互吸引，使表面活性剂能稳定地溶于水中。随着表面活性剂在溶液中浓度的增长，球形胶束还可能转变成棒形胶束，以至层状胶束，后者可用来制作液晶，它具有各向异性的性质。原则上，表面活性剂随浓度变化的物理化学性质都可以用于测定 CMC，常用的方法有表面张力法、电导法、染料法等。

本实验选用电导法测定表面活性剂的电导率来确定 CMC 值。该方法是利用离子型表面活性剂水溶液的电导率随浓度的变化关系，作 $\kappa - c$ 曲线或 $\Lambda_m - c^{1/2}$ 曲线，由曲线的转折点求出 CMC 值。对电解质溶液，其导电能力由电导 G 衡量：$G = \kappa \times \dfrac{A}{L}$，其中 κ 是电导率（$s \cdot m^{-1}$），$\dfrac{A}{L}$ 是电导池常数（m^{-1}）。在恒温下，稀的强电解质溶液的电导率 κ 与其摩尔电导率 Λ_m 的关系为：$\Lambda_m = \dfrac{\kappa}{c}$，其

中 Λ_m 的单位为 $S \cdot m^2 \cdot mol^{-1}$，$c$ 的单位为 $mol \cdot m^{-3}$。若温度恒定，在极稀的浓度范围内，强电解质溶液的摩尔电导率 Λ_m 与其溶液浓度的 $c^{1/2}$ 呈线性关系，$\Lambda_m = \Lambda_m^{\infty}(1 - \beta\sqrt{c})$。对于胶体电解质，在稀溶液时的电导率、摩尔电导率的变化规律与强电解质一样，但是随着溶液中胶团的生成，电导率和摩尔电导率发生明显变化，这就是确定 CMC 的依据。

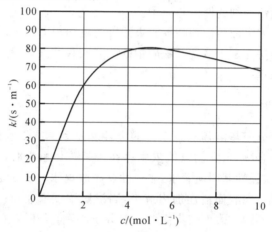

图 3-24-1　电解质浓度与电导率的关系曲线

三、仪器与试剂

试剂:氯化钾(A. R.);十二烷基硫酸钠(A. R.);电导水。

仪器:DDS-307 型电导率仪 1 台,DJS-1C 型铂黑电极 1 支,容量瓶(2000mL)1 只,容量瓶(50mL)12 只,锥形瓶(50mL)1 只,移液管(5mL)1 支,移液管(10mL)1 支,恒温槽 1 台。

四、实验步骤

1. 了解和熟悉 DDS-307 型电导率仪的构造和使用注意事项。

2. 用电导水或重蒸馏水准确配制 $0.01mol \cdot L^{-1}$ 的 KCl 标准溶液。

3. 十二烷基硫酸钠在 80℃烘干 3h 后,用电导水或重蒸馏水准确配成 $0.020mol \cdot L^{-1}$ 的溶液。

4. 将 $0.020mol \cdot L^{-1}$ 的十二烷基硫酸钠溶液准确稀释成浓度为 0.002, 0.004, 0.006, 0.008, 0.010, 0.012, 0.014, 0.016, 0.018 和 $0.020mol \cdot L^{-1}$ 的溶液。

5. 用 $0.01mol \cdot L^{-1}$ 的 KCl 标准溶液标定电导池常数。

6.用电导率仪从稀到浓分别测定上述各溶液的电导率。用后一个溶液荡洗存放过前一个溶液的电导电极和容器 3 次以上,各溶液测定前必须恒温 10min,每个溶液的电导率读数 3 次,取平均值,并换算成摩尔电导率。

7.实验结束后用蒸馏水洗净试管和电极,并且测量所用水的电导率。

五、数据记录与处理

1.实验数据记录表

实验温度:_____

实验序号	$c/$ mol $\cdot$ L^{-1}	$\sqrt{c}/$ mol$^{1/2}$ $\cdot$ L$^{-1/2}$	$\kappa_1/$ s $\cdot$ m^{-1}	$\kappa_2/$ s $\cdot$ m^{-1}	$\kappa_3/$ s $\cdot$ m^{-1}	$\kappa_{平均}/$ s $\cdot$ m^{-1}	$\Lambda_{\mathrm{m}}/$ s $\cdot$ m^2 $\cdot$ mol^{-1}

2.以 $\kappa - c$ 作图,求 CMC。

3.以 $\Lambda_{\mathrm{m}} - \sqrt{c}$ 作图,求 CMC。

4.查文献值,计算出实验误差。

六、分析与思考

1.若要知道所测得的临界胶束浓度是否准确,可用什么实验方法验证之?

2.非离子型表面活性剂能否用电导方法测定临界胶束浓度? 若不能,则可用何种方法测之?

3.实验中影响临界胶束浓度的因素有哪些?

4.改变恒温槽温度可以得到不同温度下表面活性剂的 CMC,通过不同温度下表面活性剂的 CMC 可以得到哪些热力学函数,怎样得到?

七、实验仪器的使用方法(DDS-307型电导率仪)

1.仪器的校准

(1)开机。

1)将电源线插入仪器电源插座,仪器必须有良好接地;

2)按电源开关,接通电源,预热30min后,进行校准。

(2)校准。

1)量程选择开关指向"检查";

2)常数补偿旋钮指向"1"刻度线;

3)温度补偿旋钮指向"25℃"线;

4)调节校准旋钮,使仪器显示100.0μS/cm,校准完毕。

(3)测量。

1)根据测量范围正确选择具有合适电极常数的电导电极。

测量范围(μS/cm)	推荐使用电导常数的电极
0~2	0.01,0.1
0~200	0.1,1.0
200~2000	1.0
2000~20000	1.0,10
20000~100000	10

注:常数为1.0、10类型的电极有"光亮"和"铂黑"两种形式,镀铂电极习惯称作铂黑电极,对光亮电极其测量范围0~300μS/cm为宜。

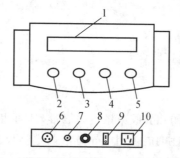

1.显示屏;2.量程选择开关旋钮;3.常数补偿调节旋钮;
4.校准调节旋钮;5.温度补偿调节旋钮;6.电极插座;
7.输出插口;8.保险丝;9.电源开关;10.电源插座

图3-24-2　DDS-307型电导率仪控制面板示意

2)电极常数的设置。

A.量程选择开关指向"检查";

B.温度补偿旋钮指向"25℃"线;

C.调节校准旋钮,使仪器显示 $100.0\mu S/cm$;

D.调节常数补偿旋钮,使仪器显示值与电极所标数值一致。

3)温度补偿的设置。

A.如欲得到待测溶液在实际测量温度下的电导率值,则将温度补偿旋钮指向"25℃"线;

B.如欲得到待测溶液在 25℃ 时的电导率值,则将温度补偿旋钮指向待测溶液的实际温度值。

4)将量程选择开关指向合适位置进行测定。若测量过程中显示值熄灭,说明测量超出量程范围,应将量程选择开关切换至更高一挡量程。

序号	量程选择开关位置	量程范围($\mu S \cdot cm^{-1}$)	测得电导率($\mu S \cdot cm^{-1}$)
1	Ⅰ	0～20.0	显示读数×C
2	Ⅱ	20.0～200.0	显示读数×C
3	Ⅲ	200.0～2000	显示读数×C
4	Ⅳ	2000～20000	显示读数×C

注:C 为电极常数。

2.溶液电导率的测定

(1)开通电导率仪和恒温水浴的电源预热 30min。调节恒温水浴的温度至 25℃ 或其他合适的温度。

(2)电极的电导池常数(电极常数)的标定。

1)用蒸馏水洗净烧杯和电极,在烧杯中装入适量的 $0.01mol \cdot L^{-1}$ 的 KCl 标准溶液;

2)由教材后附录中查出测定温度下 $0.01mol \cdot L^{-1}$ 的 KCl 标准溶液的电导率值;

3)校准仪器:温度采用不补偿方式,量程选择开关指向"Ⅲ",待仪器读数稳定后,调节常数补偿旋钮,使仪器显示值与标准溶液的电导率值一致;

4)量程选择开关指向"检查",仪器的显示值即为该电极的电极常数。如:显示值为 $92.6\mu S \cdot cm^{-1}$,则该电极的电极常数为 0.926;显示值为 $102.2\mu S \cdot cm^{-1}$,则该电极的电极常数为 1.022。

(3)用电导率仪从稀到浓分别测定各待测溶液的电导率。用后一个溶液荡洗存放过前一个溶液的电导电极和容器 3 次以上,各溶液测定前必须恒温 10min,每个溶液的电导率读数 3 次,取平均值。

第三章 基础实验

八、参考文献

1.天津大学物理化学教研室编.物理化学 下册(第五版)[M].北京:高等教育出版社,2011.

2.王岩,王晶,卢方正,李三鸣.十二烷基硫酸钠临界胶束浓度测定实验的探讨[J].实验室科学,2012,15(3):70-72.

3.李敏娇,司玉军.简明物理化学实验[M].重庆:重庆大学出版社,2009.

实验 25 BET 法测量固体的比表面积

一、实验目的

1.了解比表面积的概念。

2.掌握 BET 法测量固体比表面积的原理。

3.掌握 BET 法测量固体比表面积的操作技术。

二、实验原理

本实验采用动态流动色谱法测定样品表面吸附的氮气量,其原理是采用一个氮气浓度传感器,把一定比例的氦-氮混气通入浓度传感器的参考臂,然后流经样品管,再进入传感器的测量臂,当样品不发生氮气吸附或脱附现象时,流经传感器的参考臂和测量臂的氮气浓度相同,这时传感器的输出信号为 0,当样品发生氮气吸附或脱附时,测量臂中的氮气浓度发生变化,这时传感器将输出一个电压信号,在电压-时间坐标图上得到一个吸附或脱附峰,该峰面积(A)正比于样品吸附的氮气量,由此便可测定样品表面吸附的氮气量。

三、仪器与试剂

1.仪器：JW-004 型全自动氮吸附比表面仪,N_2 钢瓶,He 钢瓶,数显鼓风干燥箱,电子天平,研钵,干燥器。

2.试剂：N_2,He

四、实验步骤

1.使用比表面测量仪一定要确定先通气再打开总电源。

2.将所需测量样品在 105℃ 下烘干 3～4h,然后在干燥器中冷却,称重后用专用漏斗加入到样品管中,用螺丝和 O 型圈固定在测量仪中。最多可以同时做 4 个样品。如果样品没有 4 个,把空样品管按上述方法固定在测量仪中。

3.将大桶中的液氮倒至保温杯中,液氮高度为离杯口1～2cm,将液氮杯放在测量仪的杯架上。

4.打开钢瓶阀门,调分压阀压力为 0.2 MPa,打开气体流量剂电源开关,通气。将氦气气体流量调至 20mL/min,氮气气体流量调至 20mL/min,通气 10～15min 左右,打开总电源。千万要注意通气前不要先开总电源。将氦气流量调至 63mL/min,氮气流量调至 7.0mL/min,待气流稳定,观察面板数字,待其稳定后,若没归零,将比表面仪面板数字调至 0.00,观察该数字至少能稳定 0.5min。

5.打开比表面测量仪测量(在线)软件,设置样品相关信息,如操作者,单位,样品名称,样品重量,气体流量。

6.点击吸附开始,逐一上升液氮杯(如果没有样品,不需要上升),观察吸附曲线,待比表面仪面板数字重新稳定在 0.00 后(或稳定在某一数值,调整一下至 0.00),点击吸附停止,点击脱附开始,逆时针旋转六通旋阀至测量位置,观察脱附曲线。当脱附曲线平缓后,标准试样的峰面积数字不动,将六通旋阀转回至预备,降下第一号液氮保温杯,待脱附曲线平缓后,一号样品峰面积数字稳定,再降下第二号、第三号、第四号保温杯。点击脱附停止。

7.将文件保存在自己所需要的文件夹内。

8.改变样品信息中的气体流量数值,并调节比表面吸附仪中的气体流量:氮气流量调节。

9.按照下表比例改变气体流量,并在测量软件中进行修改。

10.打开分析计算软件(离线),点击新建,将所需文件加入到软件中,点击 BET 测量,选择样品号,得出数值。

BET 选点(参考)

p/p_0	N_2 流量	He 流量	总流量
0.34	23.8	46.2	70
0.30	20.4	49.6	70
0.25	17.5	52.5	70
0.20	13.6	56.4	70
0.15	10.5	59.5	70
0.10	7	63	70
0.06	4.1	65.9	70

五、分析与思考

1.简述朗格缪尔等温式和 BET 方程。朗格缪尔等温式的假设是什么?

2.在本实验中,N_2 的分压通过什么来调节?

第四章　综合设计与拓展性实验

实验 26　复合 Mo 基金属氧化物制备及其选择性氧化丙烷性能评价

一、实验目的

1. 了解复合金属氧化物催化剂的概念及特点。
2. 了解选择性氧化反应的概念及特点。
3. 掌握复合金属氧化物的制备方法。
4. 掌握复合金属氧化物选择性氧化丙烷反应的催化活性评价方法。

二、实验原理

现在,一般认为多相催化选择氧化的反应机理通常都是 Mars-van Krevelen 机理。该机理认为有机化合物的部分氧化是一个氧化还原循环:底物分子在金属离子上进行活化;把催化剂中晶格氧插入底物分子;催化剂内部通过氧化还原反应,使催化剂重新氧化;多个电子的转移过程。

为了使催化剂在氧化反应过程中能满足以上机理,催化剂应同时含有反应所必需的酸碱性和氧化还原性质。催化剂的酸中心应该是 L 酸中心(阳离子),而碱应该是表面存在亲电或亲核性能的 O^{2-},OH^- 等物种。

三、仪器与试剂

1. 试剂

去离子水,钼酸铵,偏钒酸铵,磷酸,碲酸,丙烷,氧气

2. 仪器

JW-004 型全自动氮吸附比表面仪,程控箱式电炉中,数显鼓风干燥箱,电子天平,量筒,研钵,D/max-RA 型 X-射线衍射仪,CKW 1000 型温控仪,WJK-6 型净化空气源,GPI 型气体净化器,D08-3D/ZM 型流量显示仪,数显恒温磁力搅拌器,GC1690 气相色谱 AMI 催化剂表征系统。

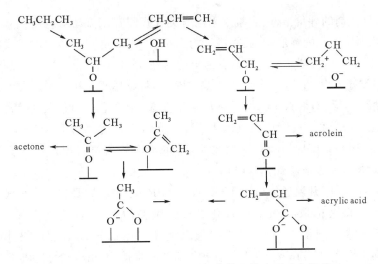

图 4-26-1　丙烷和丙烯在金属氧化物上的表面反应机理

四、实验步骤

1.复合 Mo 基金属氧化物催化剂的制备与评价

(1)复合 Mo 基金属氧化物催化剂的制备:按催化剂中各元素比例称取一定量的钼酸铵($(NH_4)_6Mo_7O_{24}\cdot4H_2O$)、偏钒酸铵($NH_4VO_3$)或碲酸($H_2TeO_4\cdot2H_2O$)置于 20mL 的蒸馏水中,加热使其完全溶解。待各组分溶解后,加入一定量的磷酸溶液,将其混合并在恒温 353 K 下蒸干。将所得固体在氮气保护下 423 K 干燥 2h,接着在 873K 下焙烧 2h,所制得的固体即为所使用的催化剂,为黑色样品。将焙烧后的催化剂取出,将制得的催化剂装入塑料瓶密封待用。

(2)催化剂评价的实验装置:图 4-26-2 为催化剂评价的实验装置示意图。

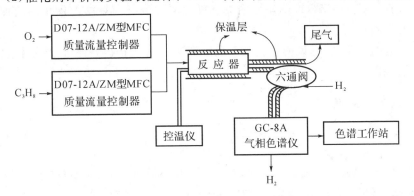

图 4-26-2　催化剂评价的实验装置

(3)催化剂的评价条件:实验中采用石英管式固定床流动反应器在常压下选择性氧化丙烷生成丙烯醛,石英管内径为 6 mm。反应物和产物通过并联的气相色谱仪进行分析,气相色谱仪配备有两个色谱柱:(i)Porapak Q(2.0m×1/8 in.);(ii)碳 13Å 分子筛(2m× 1/8 in.)。其中 Porapak Q 用来分析乙烯、丙烷、二氧化碳、丙烯醛、丙烯酸;而碳 13Å 分子筛用来分析氮气、氧气、一氧化碳、丙烯。

催化反应条件为:催化剂重量为 100.0 mg,气体比例为 $O_2/C_3H_8=1:1$,反应气流量为 GHSV$=6000$ h^{-1},在反应前催化剂没有进行预先还原或稀释。

2.复合 Mo 基金属氧化物催化剂的表征

(1)H_2 -程序升温还原(H_2-TPR):H_2-TPR 实验在 AMI-200 催化剂表征系统中进行。每次称取 5.0mg 的催化剂放入微型的 U 形石英反应管中(ID$=$4mm),先在程序升温下(323~573K)通入氩气(25mL/min)对催化剂进行预处理,升温速率为 20K/min。在氩气保护下 573K 维持 30min,然后冷却至 373K。待基线稳定后,以 25mL/min 的速率通入 5% H_2/Ar 气进行程序升温还原,升温范围统一为 373~1023K,氢气的消耗量通过一台与电脑工作站连接的热导池来检测。

(2)催化剂晶体结构的表征:催化剂晶体结构采用 D/max-RA 型 X-射线衍射仪进行表征。

(3)TG 和 DTG:TG 分析在 PE 公司生产的 DTA-TG/7A 差热-热重分析仪上进行。约 10mg 样品重量置于氧化铝坩埚中从 373K 程序升温至 873K,升温速率统一为 20K/min(DTG 为 TG 的微分结果)。

五、分析与思考

1.查阅相关文献,举例说明选择性氧化反应在工业中的应用。

2.查阅相关文献,说明用于丙烷选择性氧化制备丙烯酸的催化剂的种类,各自的优缺点。

3.查阅相关文献,说明本实验中程序升温还原(TPR)表征可以说明催化剂的什么特性。

六、参考文献

1.景志刚,刘肖飞,葛汉青,王学丽,南洋.丙烯醛合成催化剂及工艺技术[J].现代化工,2009,9(29):30—32.

2.何益明,伊晓东,黄传敬,翁维正,万惠霖.MoBiTeO/SiO$_2$ 对丙烷选择氧化制丙烯醛反应的催化性能[J].催化学报,2008,4(29):409—414.

3.吴俊明,杨汉培,范以宁,许波连,陈懿.BiMo 基复合氧化物催化剂晶格氧性质与丙烷选择氧化性能[J].燃料化学学报,2007,6(35):684－690.

4.李晗,陆维敏,宋振,朱艺涵,Fisher Achim. Mo 基多组分催化剂催化丙烷选择氧化制丙烯醛[J].浙江大学学报(理学版),2009,4(36):423-429.

5.李荣春,华玉山,伊晓东,万惠霖.Te 在丙烷选择氧化制丙烯醛反应中的作用[J].南开大学学报(自然科学版),2008,5(41):91－95.

6.韩智三,伊晓东,林洪,何益明,黄传敬,翁维正,万惠霖.Mo-V-Co-O 催化剂的丙烷氧化脱氢性能研究[J].厦门大学学报(自然科学版),2005,(44):67－70.

7.张昕,李华明,万惠霖,翁维正,伊晓东.丙烷选择氧化 VPO/SiO$_2$ 催化剂的研究[J].催化学报,2003,2(24):87－92.

8.L. Late, E. A. Blekkan. Kinetics of the oxidative dehydrogenationof propane over a vmgo catalyst [J]. *Journal of Natural GasChemistry*,11(2002):33－42.

9.王建莉.国内外丙烯醛检测技术研究进展[J].河北化工,2011,2(34):37－39.

10.陶子斌.丙烯酸及其酯的生产和市场[J].精细与专用化学品,2011,(5):6－12.

11. Angeliki A. Lemonidou, Maria Machli. Oxidative dehydrogenation of propane over V$_2$O$_5$ － MgO/TiO$_2$ catalyst effect of reactants contact mode[J]. *Catalysis Today*,127(2007):132－138.

实验 27 纳米二氧化钛光催化剂的制备及其性能评价

一、实验目的

1.了解纳米催化剂的概念及特点。

2.掌握纳米二氧化钛催化剂的制备方法。

3.掌握纳米二氧化钛催化剂光降解有机亚甲基蓝的催化活性评价方法。

二、实验原理

纳米催化剂是指微粒尺寸为纳米量级(1～100nm)的超细粒子材料,是当前材料学中研究的前沿和热点。当微粒粒径由 10nm 减小到 1nm 时,表面原子数将从 20%增加到 90%。这不仅使得表面原子的配位数严重不足、出现不饱和键以及表面缺陷增加,同时还会引起表面张力增大,使表面原子稳定性降低,极易结合其他原子来降低表面张力。

纳米 TiO$_2$ 催化剂可用于在紫外光或太阳光源下光催化降解有机染料从而使污水净化。

光催化反应机理可用以下各式表示:

第四章 综合设计与拓展性实验

$$TiO_2 + h\nu(UV) \rightarrow TiO_2(e^- + h^+)$$

$$TiO_2(h^+) + H_2O \rightarrow TiO_2 + H_2O + \cdot OH$$

$$TiO_2(h^+) + OH^- \rightarrow TiO_2 + \cdot OH$$

$$有机染料 + \cdot OH \rightarrow 降解产物$$

$$有机染料 + h^+ \rightarrow 氧化产物$$

$$有机染料 + e^- \rightarrow 还原产物$$

式中 $h\nu$ 是将 TiO_2 的电子从价带激发到导带的光子能量。

本实验采用亚甲基蓝作为探针有机物评价纳米二氧化钛催化剂的光催化性能。催化剂可通过测定催化剂的比表面、晶体结构以及紫外吸收最大波长对催化剂进行表征。

三、仪器与试剂

1. 试剂

去离子水,氯化铵,氨水,亚甲基蓝,四氯化钛,氯化银

2. 仪器

JW-004 型全自动氮吸附比表面仪,程控箱式电炉,数显鼓风干燥箱,电子天平,量筒,研钵,移液管,循环水真空泵,721 可见分光光度计,800 台式低速离心机,D/max-RA 型 X-射线衍射仪,CKW 1000 型温控仪,WJK-6 型净化空气源,GPI 型气体净化器,D08-3D/ZM 型流量显示仪,数显恒温磁力搅拌器。

四、实验步骤

1. 纳米二氧化钛催化剂的制备与评价

(1)纳米二氧化钛催化剂的制备:将 10 g 氯化铵溶于 100mL 蒸馏水中,然后用滴管量取 8mL 四氯化钛,在剧烈搅拌中逐滴加到氯化铵溶液中,待完全加入后,用滴管逐滴加入氨水,直到 pH 值大约 7~8 时停止滴加。继续搅拌 4h,然后将溶液静置 12h 后抽滤洗涤,洗至用 $AgNO_3$ 检测无 Cl^-。放于烘箱 80℃ 下烘干,得到的催化剂前驱体用研钵磨细待焙烧。

将前驱体在氮气流量为 3mL/min 的流量下先在 150℃ 下焙烧 2h,后在 550℃ 下焙烧 2h。将焙烧后的催化剂取出,制得的催化剂装入塑料瓶密封待用。

(2)亚甲基蓝标准曲线的绘制:分别配制 0.64mg/L、1.28mg/L、1.60mg/L、2.56mg/L、3.20mg/L、4.80mg/L、6.40mg/L 的亚甲基蓝标准溶液,用 721 可见分光光度计在最大吸收波长为 668nm 处测其各自的吸光度。以浓度作为横坐标,吸光度作为纵坐标作图,得到亚甲基蓝标准曲线。

(3)亚甲基蓝光催化反应效果的实验测试:将 50mg 纳米二氧化钛催化剂加

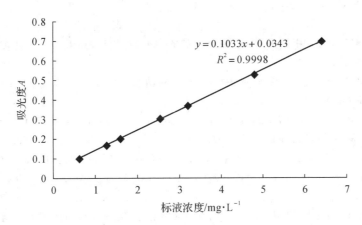

图 4-27-1　亚甲基蓝标准曲线示意图

入到 50mL 的亚甲基蓝模拟废水中,在黑暗处静置 30min,取样品 5mL 左右置于离心管内,在离心机内以 3000r/min 的转速离心分离 10min。然后取上清液至比色皿内,用 721 可见分光光度计在最大吸收波长 668nm 处测定吸光度,通过标准曲线计算初始降解浓度 c_0。将剩余液体置于紫外光照射下磁力搅拌,反应3h。每隔 30min,用移液管取烧杯内溶液约 5mL 按上述方法测定吸光度,再根据亚甲基蓝标准溶液曲线可以得到各个吸光度所对应的浓度,即可通过下式:

$$X\% = (c_0 - c)/c_0 \times 100\%$$

计算出降解率 X,c 为处理后模拟废水的浓度。

2. 纳米二氧化钛催化剂的表征

(1)比表面的测定:用 JW-004 型全自动氮吸附比表面仪分别测定上述两种固体超强酸的比表面。

(2)催化剂晶体结构的表征:催化剂晶体结构采用 D/max-RA 型 X-射线衍射仪进行表征。

(3)催化剂最大紫外吸收波长的测定:催化剂最大紫外吸收波长采用紫外粉末漫反射法进行测定。

五、分析与思考

1. 二氧化钛光催化的原理是什么?

2. 如果测量亚甲基蓝的吸光度超过标准曲线的最高点,应该如何处理?

3. 查阅相关文献,说明测量比表面积的方法以及各自的优缺点。

六、参考文献

1. 李慧泉,张颖,崔玉民,等. TiO₂ 纳米光催化剂的低温制备及其性能[J]. 石油化工,

2011,40(4)：439－443.

2.朱鹏飞,刘梅,宋诚,等.TiO₂/膨润土光催化剂的性能与表征[J].西南民族大学学报（自然科学版）,2011,37(4)：641－646.

3.党鸿辛,毛立群,李庆霖,等.热处理温度对纳晶 TiO₂ 微结构及光催化性能的影响[J].化学研究,2004,15(2)：267－272.

4.Wu P X,Tang J W,Dang Z. Preparation and photocatalysis of TiO₂ nanoparticles doped with nitrogen and cadmium[J]. *Mater Chem Phys*,2007,103(2)：264-269.

5.Jiang Y,Zhang P,Liu Z W. The preparation of porous nano-TiO₂ with high activity and the discussion of the cooperation photocatalysis mechanism[J]. *Mater Chem Phys*,2006,99(3)：498－504.

6.杨华滨,段月琴,别利剑,等.Fe³⁺,Zn²⁺ 共掺杂高效纳米 TiO₂ 光催化剂的制备表征及光催化性能[J].天津理工大学学报,2008,24(6)：22－25.

7.陈晓慧,柳丽芬,杨凤林,等.CdS/TiO₂ 光催化去除水中氨氮的研究[J].感光科学与光化学,2007,25(2)：89－101.

8.张含平,林原,周晓文,等.CdSe 敏化 TiO₂ 纳米晶多孔膜电极的制备及其光电性能研究[J].现代化工,2006,26(11)：39－41.

9.Dvoranová D,Brezová V,Mazúr M,et al. Investigations of metal-doped titanium dioxide photocatalysts[J]. *Appl Catal B：Environ*,2002,37(2)：91－105.

10.Asahi R,Morikawa T,Ohwaki T,et al. Visible-light photocatalysis in nitrogen-doped titanium oxides[J]. Science,2001,293(5528)：269－271.

11.董守安,周强,唐春,等.Ag/TiO₂ 光催化剂研究：Ⅱ.可见光的催化作用及其应用[J].贵金属,2010,31(4)：1－6.

实验 28　物性参数的计算机模拟推算——以氨气溶解度为例

一、实验目的

1.了解物质溶解度等常见物性参数的基本概念、特点及其适宜估算经验定律。

2.掌握 ChemCAD 物性模拟软件的使用方法和操作步骤。

3.以氨气在不同温度、压强下的溶解度的模拟计算为例,掌握 ChemCAD 用于物性参数估算的实验方法。

二、实验原理

气体的溶解度,是指该气体在压强为 101kPa、一定温度时,溶解在单位体积水里达到饱和状态时的气体体积。例如在 0℃、1 个标准大气压时单位体积水可以溶解 0.049 体积的氧气,此时氧气的溶解度为 0.049。气体的溶解度除了与气体自身的性质有关外,还与温度和压强有关:其溶解度一般随着温度的升高而减小;而气体在溶解时体积变化很大,故其溶解度随压强增大而显著增大。

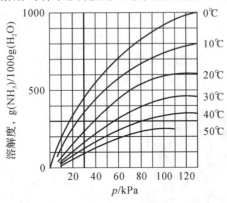

图 4-28-1　氨在水中溶解度曲线

　　在化工行业中,经常需要用到物质的各种物性数据,比如溶解度数据。为了方便,一些物质在常用的溶剂中的溶解度在各种化工手册中都以图表的形式给出了。但是,由于化工行业的不断发展,尤其是新的精细化学品和新的化工工艺的不断出现,手册上的数据已经越来越难以满足要求,很多物质在溶剂中的溶解度数据在手册上都难以查到,这促使人们开发出各种计算方法来计算溶解度,目前主要的计算方法大致可以分成三类:根据实验数据拟合的经验公式、基于动力学理论计算和基于热力学理论计算。部分实验数据拟合的经验公式方法较为准确,但往往只适于特定种类的物质,而且需要大量的经验参数;而动力学和热力学理论计算法的适用范围较广,但涉及的计算较为复杂,一般的工艺人员通常难以掌握。倘若采用计算机软件辅助进行计算,则可以很好地解决计算困难的问题,使之方便地运用于工程领域。

　　近年来,化工过程计算机模拟软件的准确度日益提高,在化学工程中得到越来越广泛的应用,ChemCAD 是一款由美国的 Chemstation 开发的化工流程模拟软件,具有界面友好、计算速度快、易于收敛等特点,在国际上应用广泛,该软件能够采用热力学模型对包括溶解在内的各种化工过程进行计算,本实验将介绍 ChemCAD 模拟计算溶解度的方法。

三、仪器与试剂

　　计算机,ChemCAD 化工流程模拟平台软件。

四、实验步骤

1.绘制模拟计算流程图

首先,在打开 ChemCAD 的工作主窗口后,在视图区的右边会显示出绘制流程图的制图面板,如图 4-28-2 所示。选用 Stream、Flash ＃ 1、Heat exchanger ＃ 1、feed、product 这 5 个控件,然后将这 5 个控件按照所需的顺序依次连接起来,绘制完毕的氨溶解度模拟计算的流程如图 4-28-3 所示。

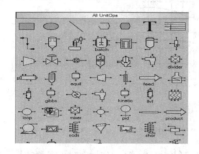

图 4-28-2　ChemCAD 制图控件面板

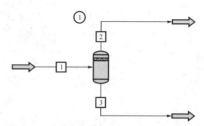

图 4-28-3　氨溶解度的模拟计算流程图

2.选择工程单位

作为一个化工模拟软件,工程单位的选择是必不可少的,ChemCAD 提供了非常方便的选择方法。点击 Format→Engineering Units 命令,会出现如图所示的选项框(图 4-28-4)。选择 SI,并将时间单位选择为 h,质量单位选择为 kg,压强单位为 kPa,温度单位为℃。

图 4-28-4　工程单位选择框

3.选择组分

打开菜单选项 Thermophysical→Select Componnents，选择组分氨气和水添加至组分列表中，如图 4-28-5 所示。

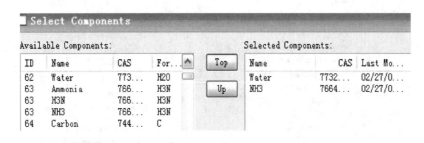

图 4-28-5　添加组分选项框

在选择完组分之后，系统将会自动弹出在模拟过程中的组分温度及压力的变化范围的选项框，如图 4-28-6 所示，我们把温度的变化范围规定为 20～60℃，把压力的变化范围规定为 101～600kPa。

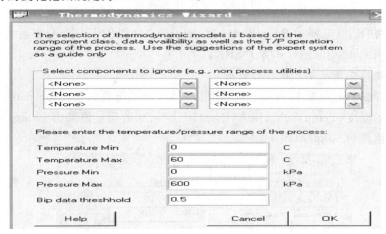

图 4-28-6　温度和压力变化范围选择框

4.选择热力学模型及焓值

在选择组分之后，ChemCAD 提供了一个专家系统帮助用户选择相应的"K"值和焓值的计算方法。在此，根据氨气和水的物理化学性质的需要，将"K"值选择为 Sour Water（图 4-28-7）。

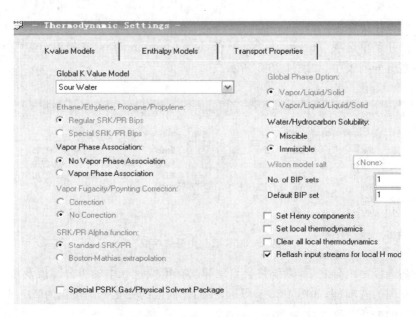

图 4-28-7 "K 值"选项框

在将"K"值选择为 Sour Water 时，ChemCAD 提供了一个专家系统帮助，选择焓值 Enthalpy 的计算方法 SRK。

5.编辑流股及单元操作的数据

选择编辑的流股 1，当提示对话框出现后，定义流股名（Stream name）及设置流股的温度（Temp）20℃、压力（Pres）101kPa、水的质量流量为 100kg/h 和氨的质量流量为 50kg/h（图 4-28-8）。

Edit Streams		
Flash	Cancel	OK
Stream No.	1	
Stream Name		
Temp C	20	
Pres kPa	101	
Vapor Fraction	0.04715768	
Enthalpy MMBtu/h	-1.686786	
Total flow	150	
Total flow unit	kg/h	
Comp unit	kg/h	
Water	100	
NH3	50	

图 4-28-8 规定流股选项框

规定单元设备通过菜单选项 Specifications 下的 Select unitops,或是双击流程图中的闪蒸器,闪蒸器的设备对话框如图 4-28-9 所示。本实验研究要求在进料温度和压力条件下进行闪蒸,即第一种闪蒸模式,即使用进料流股的 T 和 p,计算 V/F 汽相分率 Heat 热负荷。

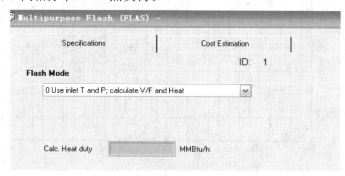

图 4-28-9　闪蒸器设备选择框

6. 运行模拟

所有规定完成之后,选择菜单 Run→Run all 选项,运行该模式。查看运行结果,打开菜单 Report→Stream properties→All Streams,流股的各组分流率如下表所示。

流股各组分的流率表

物　料	流股流率		
Stream No.	1	2	3
Water	5.5509	0.0093	5.5416
NH$_3$	2.9358	0.3909	2.5449

7. 模拟计算不同温度下的氨溶解度

点击菜单栏上的 Run→Sensitivity Study→New Analysis,按照系统的提示为新的分析命名后,点击右下角的 OK,编辑完成。再点击 Run All,运行整个分析过程,运行结束后得到不同温度下氨在水中达到平衡时的溶解度数据,如图 4-28-10 所示。

8. 实验模拟计算数据与文献值进行比较分析

将从化工手册中查到的数据与模拟计算而得到的氨气溶解度数据进行比较,并分析产生误差的原因。

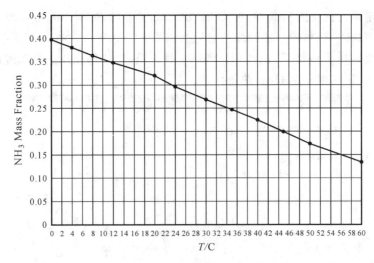

图 4-28-10　不同温度下氨在水中达到平衡时的溶解度数据

五、分析与思考

1.不同温度下,氨在水中的溶解度的变化趋势? 在低浓度下,可否用亨利定律表示?

2.氨在水中溶解度的模拟计算结果,同文献值相比,产生误差的原因是什么?

3.化工流程模拟实验软件 ChemCAD,还可用来模拟计算哪些物性参数?

六、参考文献

1.傅承碧,徐铁军,沈国良等编著.流程模拟软件 ChemCAD 在化工中的应用[M].北京:中国石化出版社,2011.

2.崔波,曲良,董远达.将 ChemCAD 用于氨的溶解度计算[J].沈阳:辽宁化工,2010,39(8):849－850.

实验 29　催化剂的制备及其活性和选择性的测定

一、实验目的

1.制备钯催化剂和镍催化剂用于炔烃选择加氧制乙烯。

2.测量乙炔加氢的活性和选择性,对催化剂进行评选。

二、实验原理

催化加氢是有机催化反应中最基本而似乎又较为简单的一类反应。在石油的加工、精制中许多反应都和加氢、脱氢及一些相关的反应有关。在石油烃高温裂解生成乙烯和丙烯的过程中,裂解气中含有约 $2000\sim5000\mu g/mL$ 的炔烃气体,这些炔烃严重影响烯烃的质量及其用途。近年来,聚合级乙烯中乙炔的含量逐年降低,目前要求乙炔含量低于 $5\mu g/mL$,对于某些特定过程甚至要求含量低于 $2\mu g/mL$,这就需要采用适当的方法除去裂解气中的炔烃。

现代工业上多采用催化选择加氢法除去乙炔。对于这种加氢催化剂,除要求具有高的活性外,还要求有高的选择性,即只能促使乙炔加氢而不使乙烯加氢,也不产生其他副反应。

镍催化剂具有高的加氢活性,但选择性很差。钯催化剂的加氢活性更高,且选择性也好,尤其是在其中添加适量的铅,使之部分中毒后,可降低其对乙烯加氢的活性,但仍保留其对乙炔加氢的活性。

浸渍法是制备催化剂常用的一种方法。这是在多孔载体上浸渍含有活性金属的盐溶液,再经干燥、焙烧、还原等手续而成。活性物质被载附于载体的微孔中,催化反应就在这些孔中进行。载体对催化剂性能的影响很大,加氢反应性能与载体的性能也有很大关系。应根据需要对载体的比表面、孔结构、耐热性和几何外形等加以选择。可用作催化剂载体的种类很多,例如氧化铝、氧化硅、活性炭、硅酸铝、分子筛、硅藻土等。

为了对不同的制备条件所得催化剂进行筛选,从中选出最好的产品,这就要求能快速地对催化剂活性和选择性进行测定。近年来微型反应器技术的发展,可以较好地解决这个问题。微型反应器的特点是所用催化剂很少,催化层也很短,相应所用反应物的量也很少,因而反应的热效应将很小,可使反应床温度基本保持不变。由于这种反应器通常都与色谱联合使用,便能及时进行产品的分析,因而操作简单、快速,对大量催化剂的评选特别适用。

微型反应器有两种操作方式,即流动反应器和脉冲反应器。在流动反应器中,反应物连续通过反应器(通常是填有催化剂的小管),借助于色谱进样阀间歇地从反应后的尾气中取样进行色谱分析,故这种操作方式又称为"尾气"技术,其流程如图 4-29-1(a)所示。原则上讲,这与其他稳态流动反应器并无区别。相反,脉冲反应器则是非稳态操作。反应物脉冲进样由连续流动的载气带进催化床中,然后进入紧接的色谱柱对产物进行色谱分析,其流程如图 4-29-1(b)所示。

脉冲反应所需反应物很少,实验操作简单,很快就能得到结果,适合于大量筛选催化剂之用。但需注意的是,除一级反应外,脉冲法与流动法的结果不完全一致。但即便如此,对于评选催化剂来说,仍可达到对活性和选择性半定量比较的目的。

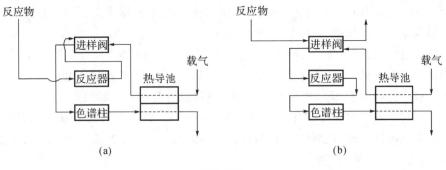

图 4-29-1

三、仪器与试剂

仪器:气相色谱仪 1 台,微型反应器 1 台,管式电炉 1 个,烧瓶、广口瓶、导气管、水槽、滴液漏斗各 1 个,集气瓶 4 个。

试剂:色谱硅胶(60~80 目);硅藻土载体(红色 40~60 目);氯化钯;醋酸铅;电石(碳化钙);无水乙醇;浓硫酸(分析纯);氢氧化钾(分析纯)。

四、实验步骤

1. 色谱条件:分析乙烷、乙烯和乙炔色谱柱可采用硅胶柱。取 60~80 目色谱硅胶装入直径 4mm,长 3m 的不锈钢柱中,在 200℃,通载气活化 2h 即可使用。色谱条件:柱温 70℃;载气 H_2 量 70mL·min^{-1};电桥电流 180mA;检测室温度 70℃。

2. 乙炔的制备:用电石发生乙炔,经氢氧化钾溶液洗涤后,用排水法收集在集气瓶中。

3. 乙烯的制备:将无水乙醇和浓硫酸(体积比 1:3)的混合液置于烧瓶中,烧瓶口接导气管,加热温度 170℃,生成的乙烯气体用排水取气法收集在集气瓶中。

4. 催化剂的制备:取 40~60 目红色硅藻上载体各 1g 分别置于 3 个瓷坩埚中。一个用硝酸镍溶液浸渍,另两个用氯化钯溶液浸渍。计算好溶液的用量,使镍催化剂中含镍 5%,钯催化剂中含钯 0.1%。经烘干后,在电炉中 500℃ 焙烧2h;然后在微型反应器中塞一团玻璃毛,取 0.5g 催化剂装入反应管中,通氢气,在250℃ 还原 15min 到 1h 即可使用。在还原过程中,将反应管下部螺帽打开,避免还原产物进入色谱柱。取一份已还原的钯催化剂醋酸铅溶液浸渍,使催化剂含铅量达 0.1%～1%。经烘干,500℃焙烧,氢气还原,即得部分中毒钯催化剂。

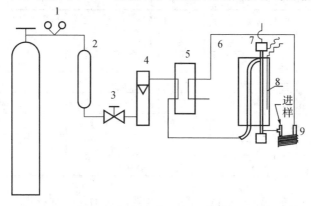

1.减压阀;2.干燥釜;3.稳压阀;4.流量计;5.热导池;6.铝锭恒温块;
7.微型反应器;8.热电偶;9.色谱柱

图 4-29-2　微型反应器-色谱联用流程

5.催化剂的评选:微型反应器用内径 6mm 的不锈钢管制作。两端有螺帽压紧硅胶片,可用注射器注入反应物,也由此装卸催化剂:反应管和进气预热管均铸干铝锭中,以利于温度的恒定。铝锭有两排共 12 个直径 10mm,深 60mm 的圆孔,其中装入 12 支 25W 的电烙铁芯子。靠近反应管有热电偶插入孔。铝锭温度用调压器控制。

催化剂还原后,把反应管下端螺帽上好,调整色谱仪使正常工作。同时使铝锭停止加热,让其缓慢自然冷却,在此过程中每隔 10～20℃从反应管上端注入 0.2～0.4mL 乙炔,记录乙烷、乙烯和乙炔的色谱峰高(出峰顺序是:乙烷→乙烯→乙炔)。然后从色谱仪进样器或反应管下端进入乙炔和乙烯的标准样,记录它们的保留时间和峰高,从而计算乙炔的转化率和乙烯的收率。做完一个催化剂样后,关电桥电流,打开反应管上下端螺帽,捅出催化剂,更换另一种催化剂,重新升温、还原,同法进行另一组实验。

五、数据记录和处理

催化剂制备:

载体	活性物质%	焙烧温度/℃	焙烧时间/h	还原温度/℃	还原时间/h

181

催化剂活性及选择性

温度 /℃	催化剂 及用量	反应物 及用量	乙烷 峰高	乙烯峰高		乙炔峰高		乙炔 转化率	乙烯 收率
				反应后	标准样	反应后	标准样		

用实验测得值比较三种催化剂的活性及乙炔加氢的选择性。

六、注意事项

1.反应温度应控制在 50~160℃。因为乙炔加氢是放热反应,反应温度对催化剂的活性和选择性影响较大。一般来讲,催化活性随温度升高而增加,主副反应速率均加快,但温度过高,催化剂的选择性下降,因此乙炔加氢存在最佳温度范围,在此范围内乙炔能全部加氢而副反应又少。

2.控制氢分压。乙炔加氢的主、副反应是由于催化剂表面吸附氢和烃类而进行,因此催化剂加氢活性和选择性与表面吸附 H_2 量有关。氢分压高,催化剂活性高,乙烯也随加氢而损失;氢分压低,产生聚合物多;一般采用的氢炔比为1.5~5 较好。

3.采用空速范围为 2000~7000h^{-1}。

4.氧气的存在能促进乙炔聚合,因此须控制氧气在 1μg/mL 以下。

七、分析与思考

1.微型反应器与色谱联用作催化剂活性和选择性筛选有什么优点?

2.本实验可否用氮气作载体?可否用氢火焰作鉴定器?

3.本实验用色谱峰高量是否准确?如何验证?

八、参考文献

1.东北师范大学等.物理化学实验[M].北京:高等教育出版社,1998:255.

2.孙尔康,徐维清,邱金恒.物理化学实验[M].南京:南京大学出版社,2001:105.

3.曾翎.物理化学实验[M].北京:教育科学出版社,1999:145.

实验 30　汽油饱和蒸汽压和燃烧焓的测定

一、实验目的

1. 使用低真空系统测定汽油液体饱和蒸汽压。
2. 使用氧弹式量热计测定汽油的燃烧焓。
3. 了解量热计的原理和构造,掌握其使用方法。
4. 掌握贝克曼温度计的使用方法。
5. 了解低真空系统的组成及测压原理。
6. 了解汽油的基本物性及其对产品质量的影响。

二、实验背景及原理

1. 汽油饱和蒸汽压的测定原理

在一定的温度下与纯液体处于平衡状态时的蒸汽压力,称为该温度下的饱和蒸汽压,这里的平衡状态是指动态平衡。在某一温度下被测液体处于密封容器中液体分子从表面逃逸成蒸汽,同时蒸汽分子因碰撞而凝结成液体,当两者的速度相同时,就达到动态平衡,此时气相中的蒸汽密度不再改变,因而具有一定的饱和蒸汽压。

液体的饱和蒸汽压与温度的关系可用克拉贝龙方程式表示:

$$\mathrm{d}p/\mathrm{d}T = \Delta_{\mathrm{vap}} H_{\mathrm{m}} / T \Delta V_{\mathrm{m}}$$

设蒸汽为理想气体,在实验温度范围内摩尔汽化焓 $\Delta_{vap} H_{\mathrm{m}}$ 为常数,忽略液体体积,对上式积分可得克-克方程式:

$$\lg p = -\Delta_{\mathrm{vap}} H_{\mathrm{m}} / 2.303 RT + C$$

式中:p 为液体在温度 T 时的饱和蒸汽压;C 为积分常数。

根据克-克方程,以 $\lg p$ 对 $1/T$ 作图,得一直线,其斜率 $m = -\Delta_{\mathrm{vap}} H_{\mathrm{m}} / 2.303R$,由此可求得 $\Delta_{\mathrm{vap}} H_{\mathrm{m}}$。

本实验采用静态法以等压计在不同温度下测定汽油的饱和蒸汽压,其实验装置图见液体饱和蒸汽压实验。等压管右侧小球中盛被测样品试液,U 形管中用样品本身做封闭液。

在一定温度下,若等压计小球液面上方仅有被测物质的蒸汽,那么 U 形管右支管液面上所受压力就是其蒸汽压。当这个压力与 U 形管左支管液面上的空气压力相平衡时(U 形管两臂液面齐平),就可从等压计相接的压差测量仪中测出此温度下的饱和蒸汽压。

2.燃烧焓的测量原理

在适当的条件下,许多有机物都能迅速而完全地进行氧化反应,这是准确测定他们燃烧热的基本条件。

在实验中用压力为 2.5~3MPa 的氧气作为氧化剂。用氧弹量热计进行实验时,在量热计与环境没有热交换的情况下,实验时保持水桶中水量一定,可写出如下的热量平衡式:

$$-Q_v \times a - q \times b + 5.98c = K\Delta t \tag{30-1}$$

式中:Q_v——被测物质的定容热值,$J \cdot g^{-1}$;

a——被测物质的质量 g;

q——引火丝的热值,$J \cdot g^{-1}$(铁丝为$-6694 \ J \cdot g^{-1}$)

b——烧掉了的引火丝质量,g;

5.98——硝酸生成热为$-59831J \cdot mol^{-1}$,当用 $0.100mol \cdot L^{-1}$ NaOH 滴定生成的硝酸时,每毫升相当于$-5.98J$;

c——滴定生成的硝酸时,耗用 $0.100mol \cdot L^{-1}$ NaOH 的毫升数;

K——量热计常数,$J \cdot K^{-1}$,

Δt——与环境无热交换时的真实温差。

标准燃烧热是指在标准状态下,1mol 物质完全燃烧为同一温度的指定产物的焓变化,以 $\Delta_c H_m^{\ominus}$ 表示。在氧弹量热计中可得物质的定容摩尔燃烧热 $\Delta_c U_m$。如果把气体看成是理想的,且忽略压力对燃烧热的影响,则可由下式将定容燃烧热换算为标准摩尔燃烧热。

$$\Delta_c H_m^{\ominus} = \Delta_c U_m + \Delta nRT \tag{30-2}$$

式中,Δn——燃烧前后气体的物质的量的变化,mol。

实际上,氧弹式量热计不是严格的绝热系统,由于传热速度的限制,燃烧后由最低温度达最高温度需一定的时间,在这段时间里系统与环境难免发生热交换,因此从温度计上读得的温度就不是真实的温差 Δt。为此,必须对读得的温差进行校正,常用的经验公式:

$$\Delta t = (V + V_1)m/2 + V_1 \times r \tag{30-3}$$

式中:V_1——点火前,每分钟量热计的平均温度变化;

V_2——样品燃烧使量热计温度达到最高而开始下降后,每分钟的平均温度变化;

m——点火后,温度上升很快(大于每分钟 0.3℃)的半分钟间隔数;

r——点火后,温度上升较慢的半分钟间隔数。

故真实温差 Δt 应该是:

$$\Delta t = t_{高} - t_{低} + \Delta t_{校正}$$

式中:$t_低$——点火前读得量热计的最低温度；

$t_高$——点火后,量热计达到最高温度后,开始下降的第一个读数。

从(30-1)式可知,要测得样品的 Q_V 值,必须知道仪器常数 K。测定的方法是以一定量的已知燃烧热的标准物质(苯甲酸)在相同条件下进行实验,测得 $t_高$、$t_低$,并用(30-3)式算出 $\Delta t_{校正}$ 后,就可按(30-1)式算出 K 值。

三、仪器与试剂

1. 仪器

真空泵,缓冲储气罐,干燥塔,恒温槽,冷阱,等压计,数字测压仪,氧弹量热计,数字贝克曼温度计,电子分析天平,万用表

2. 试剂

汽油样品,苯甲酸标样,内径为 4mm 聚乙烯管,燃烧丝,棉线

四、实验步骤

1. 汽油饱和蒸汽压的测定

(1)恒温调节:首先插上恒温槽总电源插座,打开电源开关,打开搅拌器开关,按下温度设定开关,设定目标温度如 20℃,加热恒温。

(2)检漏:将烘干的等压计与冷凝管连接,打开冷却水,关闭放空阀1,打开真空泵、抽气阀1及系统抽气阀2,使低真空压差测量仪上显示压差为 40Pa～50kPa。关闭真空泵、系统抽气阀2和抽气阀1,注意观察压差测量仪的数字变化。如果系统漏气,则压差测量仪的显示数值逐渐变小。此时应细致分段检查,寻找漏气部位,设法消除。

(3)装样:取下等压计,从等位计加料口注入汽油,使汽油充满试液球体积的 2/3 和 U 形等位计的大部分。

(4)体系抽真空、测定饱和蒸汽压。等压计与冷凝管接好并用橡皮筋固定,置20℃恒温槽中,开动真空泵,开启抽气阀1,缓缓开启系统抽气阀2,使等压计中液体缓缓沸腾,排尽其中的空气,关闭抽气阀2和抽气阀1,缓缓开启放空阀3,调节 U 形管两侧液面等高,从压差测量仪上读出 Δp 及恒温槽中的 T 值;同法再抽气,再调节等压管双臂液面等高,重读压力差,直至两次的压力差读数相差≤0.2kPa。则表示样品球液面上的空间已全部被汽油蒸汽充满,记下压力测量仪上的读数。

(5)同法测定 25℃,30℃,35℃,40℃时汽油的蒸汽压。注意:升温过程中应经常开启放空阀,缓缓放入空气,使 U 形管两臂液面接近相等,如放入空气过多,可缓缓打开系统抽气阀2抽气。

(6)实验完后,缓缓打开放空阀 3 至系统恢复常压。在数字式大气压力计上读取当时的室温和大气压,并记录。

2.汽油燃烧焓的测定

(1)在台秤上称约 0.8g 苯甲酸,在压片机上压片,除去片上黏附的粉末,在分析天平上准确称量。

(2)准确称取 10cm 棉线和 15cm 左右的引火丝,将引火丝缠绕在棉线上,然后用棉线绑住苯甲酸片。

(3)用手拧开氧弹盖,将盖放在专用架上,将引火丝两端在引火电极上缠紧,使药片悬在坩埚上方。

(4)用万用表检查二电极是否通路,拧紧氧弹。

(5)关好出口,拧下进气管上的螺钉,导气管的另一端与氧气钢瓶上的氧气减压阀连接,打开钢瓶阀门及减压阀缓缓进气,达 1.2MPa 左右后,关上阀门及减压阀,拧下氧弹上的导气管螺钉,再次检查电极是否通路。

(6)量热计水夹层中装入自来水。用量筒量取 3L 自来水装入干净的铜水桶中,水温较夹套水温低 0.5℃ 左右。在两极上接上点火线,装上数字贝克曼温度计,盖好盖子,开动搅拌器。

(7)待温度变化基本稳定后,开始读点火前最初阶段的温度,间隔 30s 读一次,共 10 次,读数完毕,立即按电钮点火。

(8)继续间隔 30s 读数,至温度开始下降后,读取最后阶段的 10 次读数,停止实验。

(9)聚乙烯塑料安瓿的制备:取一段聚乙烯塑料管在酒精灯火焰上烤软,将一段稍微拉细,然后将细端熔融封口。封好后,在酒精灯上烤软,用嘴通过一个装有氯化钙的干燥管吹成带毛细管的塑料安瓿瓶封样管。封样管的重量为 0.2g 左右,吹好后放入干燥器中待用。

(10)聚乙烯塑料安瓿瓶热值的测定:在测定时,聚乙烯塑料安瓿瓶取 $0.5 \sim 0.6g$。称准至 0.0002g。将聚乙烯塑料安瓿瓶缠缚在燃烧丝上(也可用棉线缠缚帮助燃烧)并置于小皿中。其他步骤同上述步骤(4)~(8)。

(11)聚乙烯塑料安瓿瓶的热值 $Q_{D/J}$(卡/克)计算:

$$Q_{D/J} = [K * H(t_n - t_o + \Delta t) - Q_1 * G_1]/G$$

式中:K ——量热计的水值,Cal/℃;

H ——贝克曼温度计的修正系数;

t_n ——主期末次温度,℃;

t_o ——主期的开始温度,℃;

Q_1 ——燃烧丝的燃烧热,Cal/g;

G_1——燃烧丝的重量,g;

G——聚乙烯塑料安瓿瓶的重量,g。

(12)汽油试样的测定:仪器准备同苯甲酸标样测定。

1)聚乙烯塑料安瓿瓶的封样:将安瓿瓶预先在分析天平上称重(准确至0.0002g),然后将预先冷却的试样用注射器注入0.5～0.6g塑料安瓿瓶中,立刻用手卡住毛细管中部,让毛细管上端在酒精灯火焰上方熔融封口,封好后,稍冷一会,再放入分析天平上称重(准确至0.0002g)。将封好试样的聚乙烯塑料安瓿瓶的毛细管端系在燃烧丝上(也可用棉线缠缚帮助燃烧),底部放在小皿上,装入氧弹,用氧气冲至30～32kg/cm²。

2)其他试验同苯甲酸测定。

五、数据记录与处理

1.将测得数据计算结果列表:

温度	$\Delta p(Pa)$	$p = p_0 - \Delta p(Pa)$	$\lg p$	$1/T(K^{-1})$

注意:p_0 为大气压,气压计读出后,加以校正之值,Δp 为压力测量仪上读数。

2.根据实验数据作出 $\lg p \sim 1/T$ 图。

3.从直线 $\lg p \sim 1/T$ 上求出汽油在实验温度范围内的平均摩尔汽化焓,讨论其误差来源。

4.列出温度读数记录表格,在直角坐标纸上作图(或 Excel 作图),用外推法计算 $\Delta t_{校正}$,计算量热计常数和聚乙烯塑料安瓿瓶的燃烧热。

5.计算汽油的标准摩尔燃烧热,讨论误差。

6.查阅相关资料,分析汽油的饱和蒸汽压、燃烧热与其质量的关系。

六、注意事项

1.整个实验过程中,应保持等压计样品球液面上空的空气排净。

2.抽气的速度要合适。必须防止等压计内液体沸腾过剧,致使U形管内液封被抽尽。

3.蒸汽压与温度有关,使用恒温槽的温度控制精度为±0.1℃。

4.实验过程中需防止 U 形管内液体倒灌入样品球内,带入空气,使实验数据偏大。

5.实验结束时,必须将体系放空,使系统内保持常压。

七、分析与思考

1.克-克方程式在什么条件下才适用?

2.等压计 U 形管中的液体起什么作用? 对该液体的性能有什么要求?

3.实验过程中如何操作才能防止空气倒灌?

4.在使用氧气钢瓶及氧气减压阀时,应注意哪些规则?

5.写出汽油燃烧过程的反应方程式。如何根据实验测得的 $\Delta_c u$,求得 $\Delta_c H_m^{\ominus}$。

八、参考文献

1.罗澄源,向明礼.物理化学实验[J].北京:高等教育出版社,2003.

2.GB 384—81.石油产品热值测定法,1981:7.

实验 31 1,2-二氯乙烷-3,5-双(三氟甲基)溴苯二元液系相图测定

一、实验目的

1.了解 3,5-双(三氟甲基)溴苯的物性及用途

2.学习以 3,5-双(三氟甲基)苯为原料合成 3,5-双(三氟甲基)溴苯的原理

3.学习合成产物 3,5-双(三氟甲基)溴苯的分离提纯方法

4.掌握 1,2-二氯乙烷-3,5-双(三氟甲基)溴苯二元液系相图的测绘

5.进一步学习气相色谱仪的使用

二、实验原理

3,5-双(三氟甲基)溴苯为无色液体,沸点 b. p. 90～94℃/11～14kPa(文献[1] b. p. 153～154℃),它是一种多用途高活性的有机中间体,若进一步合成 3,5-双(三氟甲基)溴苯的镁试剂、锂试剂和铜试剂等中间体后,又可进行一系列具有合成价值的反应[1],所以它的质量好坏就显得非常重要。

3,5-双(三氟甲基)溴苯的合成是以 3,5-双(三氟甲基)苯为原料,1,3-双(三氟甲基)苯在以二溴海因作溴化剂条件下主反应为:

$$\underset{\text{(1,3-bis(三氟甲基)苯)}}{\text{F}_3\text{C}\diagbox\text{CF}_3} \xrightarrow[\text{二溴海因}\quad 95\sim98\%\quad \text{H}_2\text{SO}_4]{30-35℃\quad\text{搅拌反应}5\sim6.5\text{h}} \underset{\text{Br}}{\text{F}_3\text{C}\diagbox\text{CF}_3}$$

副反应

$$\text{F}_3\text{C}\diagbox\text{CF}_3 \xrightarrow[\text{Br}]{\text{Br}}$$

合成的粗产物采用 1,2-二氯乙烷为萃取剂,进行减压精馏提纯可得纯度为 99% 的 3,5-双(三氟甲基)溴苯,萃取是比较有效的提纯手段。合成所得产物中副产物 1,2-二溴-3,5-双(三氟甲基)苯和 1,4-二溴-3,5-双(三氟甲基)苯的含量一般不超过 1.2% 和 0.7%。因此,可以认为在萃取剂萃取之后,液相组成基本为 1,2-二氯乙烷和 3,5-双(三氟甲基)溴苯,其他杂质及副产物可忽略不计。

为作精馏设计计算,需测定 1,2-二氯乙烷-3,5-双(三氢甲基)溴苯体系的汽液相平衡数据,得到沸点-组成图(T-x 图)及气液平衡组成的相图(x-y 相图)。

测定相平衡数据实验参照二元液系相图实验,采用简单蒸馏瓶,电热丝放在玻管内以保持溶液清洁。蒸馏瓶上的冷凝器使平衡蒸汽凝聚在小玻璃槽中,然后从中取样分析气液相组成。气液相混合物的组成采用气相色谱-面积归一化定量分析测定。

三、实验装置图

1.合成反应应采用带有液封的机械搅拌和三口圆底烧瓶,具体的实验装置图可参照图 4-31-1。

2.1,2-二氯乙烷-3,5-双(三氟甲基)溴苯二元液系相图测定装置可参照图 4-31-2。

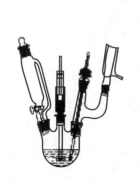

图 4-31-1　合成实验装置

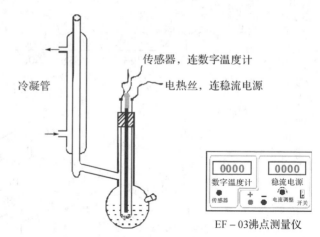

图 4-31-2　沸点仪

四、仪器与试剂

1.仪器　气相色谱仪及色谱工作站,色谱柱:5％SE30 填充柱:3mm×2m;检测器:FID;三口烧瓶,蒸馏瓶,沸点仪,机械搅拌器,0～200℃温度计,长短取样管各 1 支等。

2.试剂　1,2-二氯乙烷(AR),3,5-双(三氟甲基)苯,二溴海因(98％),浓硫酸,3,5-双(三氟甲基)溴苯(精制,纯度≥99％),1,2-二氯乙烷-3,5-双(三氟甲基)溴苯混合试验溶液。

五、实验步骤

1.3,5-双(三氟甲基)溴苯的制备

搭好并调试好实验装置,称取(62g,0.22mol)的 N′,N-二溴-5,5-二甲基乙内酰脲,即二溴海因,通过纸漏斗先加入一小部分,然后开动搅拌器加入(44.8mL,82g,0.8mol)95％浓硫酸,并用冰水浴冷却(在二溴海因与浓硫酸量较大时应同时采取冰水浴冷却,以避免两者反应剧烈,放出溴气体及反应体系温度过高)。浓硫酸加完后,再将未加完成的二溴海因补加入三口烧瓶,并充分搅拌,使两者能混合均匀。待两者混合均匀后迅速加入(32mL,42g,0.2mol)1,3-双(三氟甲基)苯,并使整个装置处于常压液封状态。注意观察反应现象控制好搅拌及反应温度。在反应前一阶段通过冰水浴来控制反应温度 30～35℃为宜。随着反应进行,反应体系颜色逐渐由白色加深到橙红,而二溴海因也从浑浊状过渡到悬浮小颗粒状直至完全溶解,同时伴有一定的红棕色溴气体逸出。当二溴海因全部溶解后(约反应 3～4h)反应温度开始回落,此时可通过温水浴来控制反应温度在 30～35℃范围。水浴保温使反应原料 1,3-双(三氟甲基)苯充分转化完后,停止反应。整个反应过程约 6.5h。反应进程可用气相色谱(2m,10%SE-30,100 →200℃)进行跟踪分析。

以 3 倍产品质量的 1,2-二氯乙烷分三次萃取产品,合并三次萃取液,先用 10%的 NaOH(约 1/4 体积比)将有机层洗至碱性,此时有机层从红色褪至白色,而 NaOH 层在上层呈淡绿色,分液漏斗分离。再依次以 1/2 体积比的水分二次洗有机相,分离除去上层水层。最后以 1/4 体积比的饱和食盐水洗有机相,此时有机相呈澄清,采用减压精馏,可得纯度为 99%的产品,收率达 93%。沸点 b. p. 90～94℃/11～14kPa。

2.1,2-二氯乙烷-3,5-双(三氯甲基)溴苯的相图测定

(1)用分析天平准确称取一定量的 1,2-二氯乙烷与 3,5-双(三氟甲基)溴苯配成各种组成的混合试验溶液。配制混合液组成应考虑作图所需点的合理分布,以适当减少实验次数。

(2)依次将配成的溶液放入蒸馏瓶中,盖好瓶塞,温度计水银球刚与液面接触,冷凝器中通自来水,以 24V 电压与电热丝接通,让溶液沸腾。

(3)温度基本恒定后,将长取样管上端插入冷凝收集小槽中,缓缓挤压皮头以搅拌化合物,搅完后取出取样管,使其在不断通气的条件下烤干,放置冷却后,准备取气相冷凝液样。待温度读数恒定,气液平衡到达后,记下沸点温度,停止加热。由小槽中取出气相冷凝液分析样于样品管中。同时用另一短取样管从磨口处取出少量液相混合物于样品管,盖好瓶塞。

(4)待溶液冷却后将混合物从磨口倒回原试剂瓶中,继续取下一混合液进行实验。

(5)色谱条件及步骤:载气:氮气(40kPa);氢气:50kPa;空气:40kPa;柱温:80～180℃,程序升温:5℃/min;气化温度 200℃;进样量 0.6mL,开机,待仪器稳定后,将样品管中样品进行气相色谱——面积归一化定量分析,得到气液相的实验数据。

(6)记录实验数据,按操作规程关闭仪器,清洗整理实验器皿。

六、数据记录与处理

1.将测得的气液相组成数据记录在下表。

2.绘制沸点-组成图(T-x 图)及气液平衡组成的相图(x-y 相图)。

气液相组成的 GC 分析结果表

编号	二元液中二氯乙烷含量/% mL	沸点/℃	气相冷凝组成分析		液相组成分析	
			质量百分数	摩尔百分率	质量百分数	摩尔百分率
1	100.0					
2	94.2					
3	87.1					
4	70.0					
5	65.5					
6	50.0					
7	24.5					
8	9.0					

七、注意事项

1.3,5-双(三氯甲基)溴苯合成过程中,应注意观察反应现象,控制好搅拌及反应温度,一般在 30～35℃ 为宜。因为随着投料量增加,反应放热量急剧增加,在不加热状况下,反应开始后温度能迅速上升至 40℃ 左右,而这样的高温不利于主反应,易导致副反应发生。

2.原料二溴海因应分批加入,避免结块。

3.配制 1,2-二氯乙烷与 3,5-双(三氟甲基)溴苯的混合试验溶液时,要注意各点的分布,达到能绘制出完整的 T-x 图和 x-y 相图。

4.气相色谱仪应先开气,后开电;先关电,后关气。

八、参考文献

1. Jacek Prowisiak & Manfred Schlosser. Chem. Ber. . 1996,129,233－235.

2. 罗澄源等编. 物理化学实验. 北京:高等教育出版社,1991.

3. 李菊清,周孝瑞,茅建等. 1,2-二氯乙烷-3,5-双(三氟甲基)溴苯二元液系的精馏设计. 实验室研究与探索,2001.

实验 32　恒沸精馏分离甲醇与碳酸二甲酯共沸物

一、实验目的

1. 了解恒沸精馏的基本原理。
2. 掌握恒沸精馏的基本操作技术。
3. 了解正交试验的原理和设计方法。

二、实验原理

碳酸二甲酯(DMC)是一种重要的新型绿色化工产品。合成 DMC 主要有 4 种方法,其中甲醇气相氧化羰基化法,因其原料易得,工艺简单是非常有效的合成方法。但由于该合成方法中使用了过量甲醇,因此形成了 DMC 与甲醇的共沸物(其组成质量比为 30∶70),从而给分离造成了一定的困难。由于甲醇和 DMC 形成共沸物,通过普通蒸馏不能分离,为此,通常都采用两步分离,第一步为初馏阶段,在填料塔内蒸馏获得(CH_3OH-DMC)共沸物,并将其副产物除去;第二步为精制阶段,采用有效的分离方法获得 DMC。对 DMC 的分离,主要有低温结晶法、萃取精馏法、恒沸精馏法、加压蒸馏法 4 种方法。本实验采用恒沸精馏法。

三、仪器与试剂

1. 仪器

恒沸精馏塔,电子天平(Al 204 型),阿贝折光仪,计算机。

2. 试剂

碳酸二甲酯(DMC),甲醇(分析纯),三氯乙烯(分析纯)。

四、实验步骤

1. 建立实验装置

所用的恒沸精馏塔实验装置为:分馏柱高度为 700mm,内径为 20mm,填料分别为不锈钢铁圈、耳环式填料、弹簧式填料。塔柱外壳是镀银真空玻璃保温柱,塔柱上面是封闭式分馏头,回流比可用活塞控制,塔釜以套式恒温器电加热,用变压器调节温度。实验装置见图 4-32-1。

2. 分离实验

将经初馏除去副产物后的 DMC 与 CH_3OH 恒沸混合物放入烧瓶,加入一定量的三氯乙烯,升温,进行全回流,至塔内气液平衡。然后控制回流活塞,调节成一定的回流比。塔釜内温度在 62.5℃左右,回流头温度为 61℃,此时可得到上层馏出液。当反应进行到釜液温度达到 90.3℃(DMC 的沸点)时,停止加入,釜内所剩的即为纯 DMC。

3. 产品分析

采用阿贝折光仪测定 DMC 的纯度。

五、实验拓展——分离实验的最优化设计

1. 单因素的确定

(1)恒沸剂的选择。为了分离 DMC - CH$_3$OH 共沸物,选择的恒沸剂应与甲醇形成一个新的共沸物,而这一新共沸物的沸点应远低于 DMC 与 CH$_3$OH 共沸物的沸点(63℃),基于此原理,查阅有关文献确定三氯乙烯为恒沸剂。

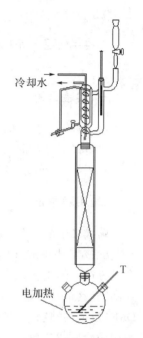

图 4-32-1　恒沸精馏示意图

(2)恒沸剂的用量。通过单因素实验,表明恒沸剂用量的选择很重要,三氯乙烯的用量范围在 51～55g 之间。

(3)填料的选择。填料的型式和大小是分馏柱效率高低的重要因素。填料的效率主要决定于单位体积填料的有效表面积,查阅有关资料,本实验选取玻璃单圈填料、玻璃多圈柱状填料和不锈钢铁圈填料。

(4)回流比的选择。回流至分馏柱中的液体量和馏出量之比称为回流比。全回流和最小回流比,均不为生产所采用,实际回流比介于两者之间。因此,选择回流比作为一个单因素进行考察,回流比分别为 3∶1,5∶1,7∶1。

(5)馏出速率的选择。据文献报道,馏出速率在较大时(10 滴/min 和 5 滴/min),同一回流比下,理论塔板数近于不变,但当馏出速率为 1 滴/min 时,则理论塔板数显著增加。显然,回流比、回流量和馏出速率之间有一定的相互影响。因此,选择馏出速率作为单因素进行考查分析。馏出速率控制在 2.50～5.00mL/min。

2. 正交试验

根据上述因素,可以选择三氯乙烯恒沸剂,采用正交试验进行设计,然后进行分离实验,按回归正交试验进行数据处理,得到最佳分离条件及回归方程。

六、分析与思考

1.在恒沸精馏中如何来选择恒沸条件,主要因素有哪些？为什么？

2.请简述正交试验的原理与设计方法,举例说明。

七、参考文献

1.赵路军,胡望明.甲醇与碳酸二甲酯共沸液的分离研究进展[J].精细石油化工进展,2002,(11):5—8.

2.张立庆,席丹,徐晓锋.三氯乙烯恒沸精馏分离甲醇与碳酸二甲酯共沸物[J].精细石油化工,2005,6:41—43.

3.赵承仆.萃取精馏及恒沸精馏[M].北京:高等教育出版社,1988.

实验 33　微型反应器-HPLC 催化合成水杨酸甲酯

一、实验目的

1.了解微型反应器-HPLC 联用技术的原理与特点。

2.掌握固体超强酸的制备方法与表征技术。

3.了解微型反应器-HPLC 催化合成水杨酸甲酯的研究方法。

二、实验原理

高效液相色谱(HPLC)技术自问世以来,分析化学工作者均将此项技术用于分离与产品的测试分析。国外目前已有将高效液相色谱用于分离的工业化装置。与此同时,由于气固相催化反应的量大面广,因此催化工作者建立了微型催化反应器与气相色谱联用技术。但将催化与高效液相色谱技术相结合来研究液固相催化反应,国内外尚未见文献报道。本实验选择水杨酸甲酯的催化合成反应作为反应体系,建立微型催化反应器与高效液相色谱联用技术的实验装置,并对液固相催化酯化反应进行研究。水杨酸甲酯是一类重要的酯类化合物,它不仅用于食用香料,也用作溶剂和中间体,其用途极为广泛。工业上,水杨酸甲酯常是以浓硫酸作为催化剂由水杨酸和甲醇直接酯化而制得。但浓硫酸作催化剂存在着副产物多、腐蚀性大、工艺复杂、污染环境等缺点。同时也不属于液固相催化反应体系。经综合考虑选择固体超强酸作为催化剂催化合成水杨酸甲酯作为反应体系,建立微型催化反应器与高效液相色谱的联用新技术,对液固相催化酯化反应进行研究,从而初步建立微型催化反应器与高效液相色谱研究反应新体系。

三、仪器与试剂

1. 仪器

高效液相色谱仪（waters 510）、可变波长的紫外检测器（waters 484），高效液相色谱加热器（watersTCM），真空脱气泵（waters），电子天平（BS210s），傅立叶红外光谱仪（Nixus），X 射线衍射器（X'PertMPD PHILIPS），电子透镜（JEM-200CX），UPPER 系列色谱数据工作站（浙江大学智能信息工程研究所），微型催化反应柱（15cm，内径 4.6mm，催化剂自制，中国科学院兰州化物所加工装柱）。

2. 试剂

甲醇（色谱纯，天津市四友生物医学技术有限公司、分析纯），无水甲醇（分析纯），水杨酸（分析纯），硝酸铵（分析纯），水杨酸甲酯（化学纯），硝酸锆（分析纯），氨水（分析纯）

四、实验步骤

1. $ZrO_2 - SiO_2/SO_4^{2-}$ 催化剂制备

称取 5.32g $Zr(NO_3)_4 \cdot 5H_2O$ 在 50mL 水中溶解，量取 69.5mLSiO_2，将溶液吸附在 SiO_2 上，放在 $\leqslant 100℃$ 的烘箱中烘干（3h）。再加 400mL 1mol/L NH_3 后放置 15h，把上层无定形沉淀先抽滤，然后用 2%NH_4NO_3 稀溶液洗下面的沉淀，并检验无 NO_3^-。接着，在 $\leqslant 100℃$ 的烘箱中烘干（约 4h），分成两份。一份用 1mol/L H_2SO_4 淋洗（H_2SO_4 淋洗量 30mL/2g）。然后，放在 $\leqslant 100℃$ 的烘箱中烘干。最后分别在不同灼烧温度下（650℃、580℃），在空气中灼烧 3h 后，放在干燥器中备用，加工装柱时催化剂颗粒为 100 目。

2. 微型反应催化合成

将微型反应器（催化剂自制，中科院兰州化物所装柱，15cm，内径 4.6mm，干法装柱）与高效液相色谱柱相连，以甲醇作为流动相（反应物），另一反应物（水杨酸）通过进样系统进样，然后进入柱前微型催化反应器（可进行程控加热），经催化反应后进入色谱分析柱（C_{18}柱）。接着进入检测器（紫外检测器）检测，最后由色谱工作站输出检测结果。如测反应前含量，可通过切换成高效液相色谱柱（C_{18}柱），直接进行分析。通过这种方法，测得水杨酸的加入量及反应温度对转化率的影响。

3. 分析方法

微型反应催化合成采用高效液相色谱分析，色谱条件：流动相为纯甲醇（作为反应物），流速为 0.4mL/min，色谱柱为 C_{18} 柱，紫外检测波长：254nm。采用外标法进行转化率计算。加热温度在 30～70℃ 之间。

4. 催化剂表征

(1)X-衍射(X-ray)。在测试条件为管压 40kV,管流 45mA,温度 25℃,湿度为 50%,阳极为 Cu 靶与仪器参数为步进 0.04,步扫时间 0.4s,接收狭缝 0.3° 下,在 X'PertMPD PHILIPS 型的 X 射线衍射上进行对催化剂 ZrO_2 - SiO_2/SO_4^{2-}(650℃)(反应前后)样品的物相分析。

(2)红外检测(IR)。将反应前后的催化剂 ZrO_2 - SiO_2/SO_4^{2-} 用 KBr 压片,红外吸收光谱在 500～4000cm^{-1} 的光谱仪上记录。

(3)电子透镜(TEM)。催化剂 ZrO_2 - SiO_2/SO_4^{2-}(反应前后)的形貌及粒子大小,利用 JEM-200CX 电子透镜观测,操作条件为:用乙醇配制成悬浮液后经超声,滴在电镜铜网支持膜上,干后在加速电压为 160kV 的仪器上观测。放大倍数为 25 万倍。

5. 微型反应催化合成条件实验

(1)水杨酸的加入量对转化率的影响。配制准确浓度的水杨酸,以 $5\mu l$ 进样,用外标法计算水杨酸的转化率。水杨酸甲酯的保留时间由其标样确定。进行水杨酸的加入量对转化率影响的实验。

(2)反应温度对转化率的影响。在相同的色谱条件下,进样 0.030g/mL 的水杨酸,改变反应柱温,考察温度对酯化转化率的影响。

五、分析与思考

1. 简述微型催化反应器与高效液相色谱联用技术的特点。
2. 简述微反气相色联用技术与微反高效液相色谱联用技术的主要区别。

六、参考文献

1. 郭海福,郝东升,崔秀兰等.固体超强酸 TiO_2-Al_2O_3/SO_4^{2-} 催化合成水杨酸甲酯[J].内蒙古工业大学学报,1998,17(2):31－34.

2. 张立庆,吕英,王霞,陈建刚,李菊清.微型反应器-HPLC 催化合成水杨酸甲酯的研究.工业催化,2003,7(11):25－28.

3. 林炳承,邹雄,韩培祯等.高效液相色谱在生命科学中的应用[M].济南:山东科学技术出版社,55－66.

第四章 综合设计与拓展性实验

实验 34　目标因子分光光度法同时测定
五味子甲素等三组分含量

一、实验目的

1. 了解目标因子分光光度法同时测定多组分体系的方法特点。
2. 掌握紫外分光光度法的测定技术。
3. 掌握加标回收率的概念与计算。

二、实验原理

　　五味子是常用中药,能收敛固涩、益气生津、补肾宁心。用于治疗咳喘、自汗、盗汗、神经衰弱、肝炎等,研究表明,五味子含活性成分木脂素 5%～22%,主要为五味子甲素(deoxyschizandrin)、五味子醇甲(schizandrin)、五味子乙素(γ-Schizandrin)等。为了有效控制产品质量,保证临床用药安全,有必要对含有五味子的复方中成药中的五味子甲素等三组分的含量进行同时分析。在多组分样品的分光光度法测定中,吸收曲线常会发生不同程度的相互重叠,采用一般分光光度分析法难于定量每一组分,近年来随着计算数学的发展及计算机应用的普及使得各种计算分光光度法得以迅速发展。本实验采用目标因子法(TFA),运用计算机对试验数据进行回归分析,建立目标因子分光光度法同时测定三组分体系含量的分析方法,该方法的特点是快速简便,适宜于计算机联机分析,且样品可不经分离同时测定。

　　1. 目标因子法基本原理

　　从微观来看某溶液在特定波长下的吸光度 A_λ 是各组分吸光度贡献之和,而某一组分的吸光度一是与此组分的吸光特性有关,二是与组分的浓度有关。根据朗伯-比尔定律吸光度 $A_\lambda = \sum rc$,其中 r 是分子的吸光特性为常量,c 是此组分的浓度。若在一系列波长下测定几组溶液的吸光度便可得到一个吸光度矩阵,可表示为

$$A_{\lambda k} = \sum R_{\lambda i} C_{ik}$$

其中 λ 为波长,i 代表某种组分,k 代表某种样品溶液。

　　也可用矩阵形式表示为

$$A = RC$$

其中 R 是分子特性矩阵,C 是组分的浓度矩阵。

吸光度矩阵 A 很容易由实验测得,只要将 A 拆分为两个矩阵之积即可。从数学角度来讲有很多方法可以将 A 分解为两个矩阵的乘积 $A = R'C'$。但此时的两个矩阵只具有纯粹的数学意义而没有反映出组分特性和组分浓度的信息。解决的办法就是引入一个变换矩阵 T 使 R' 转化为分子特性矩阵 R,与此同时 C' 也转化为浓度矩阵 C。而 R 与 C 之积仍可还原为 A,即

$$A = R'C' = R'T^{-1}TC' = RC$$

其中 $R = R'T^{-1}, C = TC'$。至此就得到所求的浓度矩阵 C。

2.计算程序框图

计算程序框图如图 4-34-1 所示。

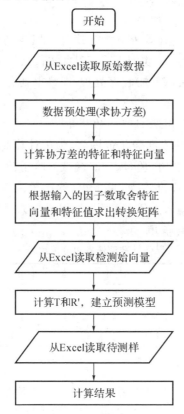

图 4-34-1　目标因子法计算程序框图

三、仪器与试剂

1.仪器

岛津 260 型紫外分光光度计。

2.试剂

标样(对照品):五味子醇甲、五味子甲素、五味子乙素(由中国药品生物品检定所提供)溶剂:甲醇(一级色谱纯)

样品:五味子提取液 $50mg \cdot L^{-1}$

四、实验步骤

1.标准吸收曲线的测定

分别取含量为 $50mg \cdot L^{-1}$ 的五味子醇甲、五味子甲素、五味子乙素溶液,以甲醇作为参比,在 $200 \sim 300nm$ 波长范围内进行扫描,即得各组分的标准吸收曲线。

2.混合标样或样品含量的测定

吸取混合标样或样品,在紫外分光光度计上以溶剂作参比,$228 \sim 265.5nm$ 每隔 $0.5nm$ 测一次吸光度值,共计采集 73 个波长点处的吸光值。将所得结果输入目标因子分光光度法(TFA)程序处理,即可得到混合标样或样品中三组分的含量。

3.混合标准溶液的配制及 E 矩阵的计算

由于样品组分数多及浓度变化范围大,为了计算简便又减少试验次数,本实验采用均匀设计法来设计试验(L₉5)。模拟五味子药品中各组分浓度的变化情况,分别配制 9 组混合标准溶液,见下表,然后按试验方法测吸光度值,将已知浓度和所得吸光度值输入计算机,用目标因子分光光度法(TFA)程序处理,即可得出预测模型系数矩阵 E。

混合标准溶液各组分浓度表 　　　　　　　　　　　$(mg \cdot L^{-1})$

组　分	1	2	3	4	5	6	7	8	9
五味子醇甲	8.0	8.6	9.2	7.8	8.4	9.0	7.6	8.2	8.8
五味子甲素	1.8	1.2	0.6	2.0	1.4	0.8	2.2	1.6	1.0
五味子乙素	4.6	4.4	4.2	4.0	3.8	3.6	3.4	3.2	3.0

4.方法适用性实验

为进一步检验本法的适用范围,配制了三种不同浓度的混合液,按试验方法测定吸光度,将数据输入目标因子分光光度法(TFA)程序计算。进行方法适用性实验。

5.标准加入回收实验

分别取标准溶液 1♯、2♯、3♯ 和样品液 1mL,用甲醇溶液定容至 25mL 的容量瓶,配制成三种不同浓度的混合溶液,用甲醇溶液作对比,进行回收试验,然后按试验方法测其吸光度值,将数据输入目标因子分光光度法(TFA)程序计算,计算回收率并进行分析。

6.样品分析

取适量五味子药品溶于甲醇中,定溶于 50mL,再从中移取 1mL 稀释至 25mL,按试验方法测定,将测得数据用目标因子分光光度法程序计算,得到样品含量。

五、分析与思考

1.简述目标因子分光光度法同时测定多组分体系的方法特点。

2.如何计算加标回收率,请举例说明。

六、参考文献

1.陈国珍,黄贤智,刘文远等.紫外-可见光分光光度法.北京:原子能出版社,1983:167.

2.张立庆,张雪平,赵立明.目标因子分光光度法同时测定中成药复方五味子中三项活性成分.理化检验——化学分册,2007(43)4:264-266.

3.方开泰.均匀设计与均匀设计表.北京:科学出版社,1994.

实验 35　碳酸二乙酯-草酸二乙酯气液平衡数据的测定

一、实验目的

1.用沸点仪测定在常压下碳酸二乙酯-草酸二乙酯气液平衡数据。

2.掌握阿贝折射仪的测定原理与技术。

3.了解沸点的测定方法。

二、实验原理

碳酸二乙酯(Diethyl Carbonate,简称 DEC),分子式为 $C_5H_{10}O_3$,由于其分子结构中含有乙基、乙氧基、羰基和羰基乙氧基,可以进行乙基化反应、乙氧基化反应、羰基化反应和羰基乙氧基化反应,还可以和多种有机化合物进行缩合反应、缩合环化反应等,因此,碳酸二乙酯是一种非常重要的有机化工原料。近年来,对它的合成研究有很多报道,其合成方法主要有:光气法,酯交换法,CO气相氧化羰基化法等。其中 CO 气相氧化羰基化法合成碳酸二乙酯中,由于其副产物为草酸二乙酯,因此在工业化生产中就要对产物进行分离,在中试及工业化装置的分离过程设计中需要知道碳酸二乙酯与草酸二乙酯所构成体系的气液平衡数据。本实验进行碳酸二乙酯-草酸二乙酯二元体系常压气液平衡数据的测定,并利用实验数据,采用 EOS-γ 法,分别用 Wilson 和 NRTL 方程对碳酸二乙酯-草酸二乙酯二元体系进行推算与关联,从而为进一步的工业设计提供了理论基础。

三、仪器与试剂

仪器:EF-03 沸点测量仪,阿贝折射仪,沸点仪,取样管
试剂:碳酸二乙酯,草酸二乙酯

四、实验步骤

1.安装好干燥的沸点仪。

2.加入分析纯草酸二乙酯 30mL 左右,盖好瓶塞,使电热丝浸入液体中,温度传感器与液面接触。

3.开冷凝水,将稳流电源调至(2.0～4.0A),接通电热丝,加热至沸腾,待数字温度计上读数恒定后,读下该温度值。

4.关闭电源,停止加热,将干燥的取样管自冷凝管上端插入冷凝液收集小槽中,取气相冷凝液样,迅速用阿贝折射仪测其折光率。

5.用干燥的小滴管取液相液样,用阿贝折射仪测其折光率。

6.在干燥的沸点仪中加入碳酸二乙酯 30mL,重复 2、3、4、5 操作。

7.配制碳酸二乙酯与草酸二乙酯混合液 10%,20%,30%,40%,50%,60%,70%,80%,90%(草酸二乙酯重量百分数)。

8.分别在沸点仪中加入上述碳酸二乙酯与草酸二乙酯混合液,重复 2、3、4、5 上述操作。

9.根据碳酸二乙酯-草酸二乙酯标准混合溶液的折射率,将上述数据转换成草酸二乙酯的摩尔分数,绘制相图。

10.实验完毕后,关闭冷凝水,关闭电源,整理实验台。

五、数据处理与计算

1.绘制出碳酸二乙酯与草酸二乙酯的气液平衡相图。

2.采用 EOS-γ 法,分别用 Wilson 和 NRTL 方程对碳酸二乙酯-草酸二乙酯二元体系进行推算与关联。

六、分析与思考

1.如何绘制碳酸二乙酯-草酸二乙酯的标准工作曲线?

2.Wilson 和 NRTL 方程的特点与区别是什么?

七、参考文献

1.斯坦利 M.瓦拉斯.化工相平衡.北京:中国石化出版社,1991.

2.张立庆,史辰,王静峰.碳酸二乙酯-草酸二乙酯二元体系气液平衡数据的测定与关联.计算机与应用化学,2003(20)6:831—834.

实验 36　复合载体固体超强酸催化合成对-硝基苯甲酸甲酯

一、实验目的

1.了解固体超强酸的概念及特点。

2.掌握复合载体固体超强酸的制备技术(浸渍法、逐滴浸渍法、烘干、灼烧)。

3.掌握固体超强酸的表征技术。

4.掌握催化剂比表面的测定方法。

二、实验原理

近年来,随着绿色化学的发展,固体酸取代传统的液体酸已成为化学工业发展的趋势,常见的固体酸主要有固体超强酸[2]、分子筛、离子交换树脂、酸氧化物等。自 Hino 报道 SO_4^{2-}/M_xO_y 型固体超强酸[2],各国学者对其进行了广泛的研究,开发了一系列单载型 SO_4^{2-}/M_xO_y 固体超强酸,其具有催化活性高、选择性好、不腐蚀设备、易与产物分离、可反复使用等特点。与单载型相比,双载型具有比表面大、酸中心多、稳定性增加等优点。对-硝基苯甲酸甲酯是重要的有机合成中间体,主要用于化工、染料、医药等工业。传统合成方法主要是以对-硝基苯甲酸和甲醇为原料,以浓硫酸为催化剂,进行常规加热合成,此法副反应多、产品质量差,后处理麻烦而且严重腐蚀生产设备。本实验采用双载型固体超强酸 $SO_4^{2-}/ZrO_2\text{-}SiO_2$ 催化剂催化合成对-硝基苯甲酸甲酯,并对催化剂进行一系列表征。

三、仪器与试剂

仪器:JW-L004 全自动氮吸附比表面仪;AVATAR370 红外线光谱仪;YRT-3 数显熔点仪

试剂:八水氧氯化锆(分析纯);硅酸钠(分析纯);氨水(分析纯);浓硫酸(分析纯);硝酸银(分析纯);无水碳酸钠(分析纯);对-硝基苯甲酸(化学纯);甲醇(分析纯)。

第四章　综合设计与拓展性实验

203

四、实验步骤

1. SO_4^{2-}/ZrO_2-SiO_2 催化剂的制备

称取 3.0752g $ZrOCl_2 \cdot 8H_2O$ 溶于 14.0mL 去离子水中,配制成 10% 的锆盐溶液,以 25%～28% 的浓氨水为沉淀剂,在均匀搅拌下缓慢滴入,进行沉淀反应,至 pH=9,继续搅拌 10min,将该沉淀置于室温下陈化 24h。再精确称取 26.9664g $Na_2SiO_3 \cdot 9H_2O$ 溶于 89.0mL 去离子水中,配制成 10% 的硅酸盐溶液,以 20% 的 NH_4NO_3 溶液为沉淀剂,在均匀搅拌下缓慢滴入,进行沉淀反应,至 pH=8－9,继续搅拌 10min,将该沉淀置于 70℃ 恒温水浴锅陈化 10h。将陈化完后的两种沉淀液分别进行减压抽滤,用去离子水洗涤滤饼(滤液 pH 不得小于 8),然后将所得的两种滤饼置于烧杯,加去离子水搅拌约 30min 至混合均匀,调节 pH=8－9,混合沉淀液置于 70℃ 恒温水浴锅陈化 9h,减压抽滤并用去离子水洗涤滤饼直至滤液中无 Cl^- 检出(用 0.1mol·L^{-1} $AgNO_3$ 溶液检测滤液至无沉淀产生)。将滤饼于 110℃ 下干燥约 12h,研磨,过 120 目实验筛,用 200.0mL 1.0mol·L^{-1} 的 H_2SO_4 溶液浸渍 4h 后减压抽滤,滤饼于红外快速干燥器中干燥约 6h,稍加研磨后在马弗炉中于 550℃ 下高温焙烧 3h,得到 SO_4^{2-}/ZrO_2-SiO_2 固体超强酸催化剂。

2. 催化合成对硝基苯甲酸甲酯

称取一定量的对硝基苯甲酸和固体超强酸催化剂,同时量取一定量甲醇,一起置于 250mL 三口烧瓶中,搅拌均匀后,加热反应,观察实验现象,并记录。反应结束后,停止加热,趁热减压抽滤反应液除去其中催化剂,将所得滤液迅速倒入盛有冰水的烧杯中,待固体完全析出后,在搅拌下缓慢加入 5% Na_2CO_3 溶液,至溶液 pH=7.5,减压抽滤并用去离子水洗涤,抽干后取滤饼,取下的滤饼用甲醇重结晶,所得产品用熔点仪和红外光谱仪分析。

3. 催化剂表征

(1)催化剂重复使用性测试:在最优合成条件下,考察催化剂的重复性。

(2)催化剂酸强度测定:用 Hammett 指示剂法定性测定催化剂酸强度。

(3)催化剂比表面测定:采用 JW-004 型氮气表面吸附仪检测。

(4)催化剂红外光谱表征:溴化钾压片,然后用 AVATAR370 型傅立叶红外光谱仪检测。

4. 产物分析

(1)用熔点仪测定产物的熔程

取少量晶体,取洁净的研钵和研杵,将其研成粉末,将粉末装入毛细管中,然后将毛细管浸入硅油中;打开电源,启动仪器,当毛细管中的粉末开始熔化时,记下读数;待毛细管中的粉末完全熔化时,再记下此时读数,如此便测出所得产物的熔程。将所得产物用熔点仪测定熔程,并与标准数据比较。

（2）用 IR 对产品进行分析

本实验采用薄膜法将所得产品进行红外光谱测定,对所得的图谱进行分析,并和标准红外图谱进行比较。

五、数据处理与计算

1.计算对-硝基苯甲酸甲酯的收率。

2.对固体超强酸的酸性、比表面、性能进行分析说明。

六、分析与思考

1.简述固体超强酸的概念及特点。

2.如何运用 Hammett 指示剂法测定催化剂的酸强度,举例说明。

3.测定固体超强酸比表面的原理是什么?

七、实验仪器的使用方法(SXL-1002 程控箱式电炉)

1.将需要焙烧的催化剂放入箱内,关好箱门。

2.插上专用插座插头,打开插座电源开关,再打开箱式电炉电源开关,此时 PV 指示窗显示炉内温度,SV 指示窗显示为 0。

3.按下 SET 键,此时 PV 指示窗显示为 P0,SV 指示窗显示为 1,表示正要设定的是第 1 段焙烧工序。

4.再次按下 SET 键,此时 PV 指示窗显示为 P1,SV 指示窗显示为某一数值 X,表示该段工序正在设定的焙烧温度为 X℃,通过移位键和加减键可改变 X 的大小。

5.温度设定完毕后再次按 SET 键,PV 窗显示为 P2,SV 窗显示为某一数值 Y,表示该段工序正在设定的焙烧时间为 Ymin,通过移位键和加减键改变 Y 的大小。

6.Y 值设好后,第 1 段工序即设定完毕,如需多段控温,则再按一次 SET 键,此时 PV 窗再次显示为 P0,SV 窗显示为 1,通过移位键和加减键可改变 SV 窗显示值为 1～5 的任意数值 N,按 SET 键,即进入第 N 段工序的设定,按第 4～5 步操作设定所需条件。如只需一段控温,则要保证第 2～5 段工序下的时间显示为 0,否则程序运行中会自动执行不为 0 的那段工序。

7.设定完毕后长按 SET 键 5s,PV 窗会重新显示炉内当前温度,SV 则显示为 0,按下移位键,程序开始运行,SV 窗显示为第一段工序所设温度。按加减可使 SV 窗依次显示为该段设定温度 X,当前段数 P 值：N,该段恒温剩余时间 T：Ymin。(注:升温阶段不计时,程序运行过程中不要随意动其他按键。如按减键,则会停止该段程序,进入下一程序段运行。如按移位键,则停止全部程序的运行。不许按 SET 键!)

七、参考文献

1.唐新硕,孔方明,张立庆等. SO_4^{2-}/M_xO_y 型固体超强酸催化剂研究(Ⅰ)[J].高等学校化学学报,1986,(7)2:161－166.

2. T. Lopez, J. Navarrete. Preparation of sol-gel sulfated ZrO_2-SiO_2 and characterization of its surface acidity. Applied Catalysis A[J]. *General*,1995,125:217－232.

实验 37　微波辐射固体超强酸催化合成乙酸正戊酯

一、实验目的

1. 了解微波辐射合成的原理及优点。
2. 掌握微波辐射化学合成仪的使用技术。
3. 掌握固体超强酸的制备技术。
4. 掌握催化剂的表征方法。

二、实验原理

乙酸正戊酯是重要的合成香料和有机溶剂,广泛应用于食品、医药、涂料、印染等领域,在国内外有广阔的市场。传统合成方法主要是以乙酸和正戊醇为原料,以浓硫酸为催化剂,进行常规加热合成,此法副反应多,产品质量差,而且严重腐蚀生产设备。

微波作为一种新型高效的加热方式,由于其在化学反应中所显示出的清洁、高效、低能耗、收率高等优点,使其在化学中有广泛的应用。微波反应器的使用是一项很有趣的化学工业,因为它减少了生产制造厂的化学污染。与经典的有机合成反应相比,微波有机合成可以缩短反应时间,提高反应的选择性和收率,同时还能简化后处理,减少三废,保护环境,因此微波有机合成被称为绿色化学。本实验采用 $S_2O_8^{2-}/ZrO_2$ 固体超强酸为催化剂在微波辐射下催化合成乙酸正戊酯,并对催化剂进行一系列表征。

三、仪器与试剂

1. 仪器

AS-1164 微波化学合成反应仪、数显鼓风干燥箱、阿贝折光仪、电子天平、红外光谱仪(美国尼高力公司 AVATAR370 型)、JW-004 型全自动氮吸附比表面仪(北京精微高博科学技术有限公司)。

2. 试剂

冰醋酸(分析纯)、正戊醇(分析纯)、氨水(分析纯)、过硫化胺(分析纯)、八水氧氯化锆(分析纯)、无水碳酸钠(分析纯)、无水硫酸镁(分析纯)。

四、实验步骤

1. 固体超强酸催化剂的制备

精确称取 10.09g $ZrOCl_2 \cdot 8H_2O$ 溶于 80mL 去离子水中,以 25%~28% 的浓氨水作为沉淀剂,在均匀搅拌下缓慢滴入,进行沉淀反应,实验现象由逐渐黏稠再到逐渐稀释,直至反应液 pH=8~9,继续搅拌约 10min。然后将该沉淀液烧杯用纸包住置于室温下陈化约 16h,减压抽滤同时用去离子水洗涤滤饼直至滤液中无 Cl^- 检出(用 $0.1mol \cdot L^{-1}$ $AgNO_3$ 溶液检测滤液直至无沉淀产生)。将滤饼于 110℃烘箱中干燥约 6h,研磨,过 100 目实验筛,用 50mL $0.75mol \cdot L^{-1}$ 的 $(NH_4)_2S_2O_8$ 溶液浸渍 10.5h 后减压抽滤,滤饼于 110℃下干燥约 6h,稍加研磨后在马弗炉中 650℃下高温焙烧 3h,得到固体超强酸 $S_2O_8^{2-}/ZrO_2$ 催化剂。

2. 微波辐射下催化合成乙酸正戊酯

称取计算量的冰醋酸、正戊醇和 $S_2O_8^{2-}/ZrO_2$ 固体超强酸催化剂依次加入 250mL 单口圆底烧瓶中,将烧瓶固定在微波反应器中,安装好微波合成反应装置,连接好冷凝管,设定好反应温度、反应时间、微波功率、搅拌速度等参数后启动反应装置,反应过程中及时将反应生成的水从分水器中分出。到达设定反应时间后,停止加热,将分水器中的酯层并入反应液中,静置冷却反应液至室温,减压抽滤反应液除去固体超强酸催化剂,滤液移入分液漏斗中,用适量去离子水洗涤,分去水层。酯层用饱和碳酸钠溶液洗涤至 pH=7,再分去水层。再用适量去离子水洗涤 2 次,分去水层。将酯层倒入小烧杯中,加入少量无水硫酸镁干燥约 40min。搭建蒸馏装置,将干燥后的乙酸正戊酯粗品转移入 100mL 蒸馏烧瓶中,加入沸石,加热蒸馏,收集 138~146℃的馏分,所得产品用阿贝折光仪检测后称重,计算收率。

3.催化剂表征

(1)采用 Hammett 指示剂测定催化剂的酸强度(H_0)。

将催化剂样品充分磨细后(粒度≤100目),快速称取0.1g样品放进透明无色的小试管中,加入约2mL的苯,加入几滴指示剂的苯溶液(指示剂的质量分数为0.1%),摇匀,观察样品表面颜色的变化。通常从 $pK_a^{\ominus}$ 值最小的指示剂开始,按 $pK_a^{\ominus}$ 值由小到大的顺序进行试验。若指示剂呈酸型色,则样品的酸度函数等于或低于该指示剂的 $pK_a^{\ominus}$ 值。若呈碱型色,继续试验下一个指示剂,直到能使其呈酸型色,则样品酸强度为 $H_0 \leqslant pK_a^{\ominus}$。

部分 Hammett 指示剂的酸碱色及 $pK_a^{\ominus}$ 值见下表。

部分 Hammett 指示剂的酸碱色及 $pK_a^{\ominus}$ 值表[3,4]

指示剂	颜色碱型	酸型	$pK_a^{\ominus}$ 值
对-硝基甲苯	无色	黄色	-11.35
间-硝基甲苯	无色	黄色	-11.99
对-硝基氟苯	无色	黄色	-12.44
对-硝基氯苯	无色	黄色	-12.70
间-硝基氯苯	无色	黄色	-13.16
2,4-二硝基甲苯	无色	黄色	-13.75

(2)用红外光谱仪对催化剂的官能团进行表征(KBr 压片)。

采用溴化钾压片法,再用 AVATAR370 型傅立叶红外光谱仪检测,对所得的图谱进行分析,并与标准数据进行对照。

(3)用 BET 法测定固体超强酸催化剂比表面。

称取约0.2g样品均匀置于U形玻璃管底部,选择 N_2 为吸附质,He 为载气,将其固定在 JW-004 型全自动氮吸附比表面仪进行检测。

4.产物分析

(1)用阿贝折光仪测定产物的折光率。

将阿贝折光仪与恒温槽相连,测定产物的折光率,并和标准数据比较。

(2)用红外线光谱仪对产品进行红外分析。

本实验采用薄膜法对所得产品进行红外光谱测定,进行图谱分析,并和标准红外图谱进行比较。

五、分析与思考

1.简述微波辐射催化合成的原理与优点。

2.简述微波辐射加热的原理。

3.简述固体超强酸的表征方法,并举例说明。

六、实验仪器的使用方法(AS-1164 微波化学反应仪)

1.插上主机电源,先打开仪器炉门,再打开电源开关,然后打开显示器开关(注意:开机或按复位键前,炉门必须打开,否则仪器会连续鸣叫,提示操作错误)。

2.装料和安装:向微波专用烧瓶中加入预定比例的反应物,并将烧瓶固定于反应器规定的位置处,安装好搅拌装置以及回流冷凝管,打开冷却水。(注意:应将升降管上的调节螺母逆时针旋松,以保证瓶口的密封性,反应结束后,再顺时针旋转调节螺母,以方便取下反应瓶)。

3.按"复位"键,待方案显示窗闪显(约 3s)完毕,再按"预置"键,显示窗全部置"0",然后按提示依次设定所需的温度、时间、功率等因素值。按下"确认"键,此时进入第 2 工步设置,工步显示窗显示值为"2"。

4.直接按下"确认"键,跳过工步"2"的设定。工步显示窗返回到工步"1",确认无误后,再按一次"确认"键,完成设定(注意:如需更改,则按下预置键,重复 3,4 的操作)。

5.根据所选的搅拌方式,设置好所需的搅拌转速。搅拌转速控制器位于仪器正面的底部。

6.关上炉门,按"启动"键,最后按"运行"键。此时,仪器按预定程序进入反应状态。从视频中可以观察到烧瓶中发生的反应状态。

7.仪器运行时,如需更改当前工步下预设的功率,可按下"功率"键,输入新的功率后,仪器即继续运行(无需按"确认"键);若需更改当前工步下的时间,则按"调时"键,输入新的时间,再按下"确认"键。

8.过程中如需加液,注意务必使料液呈滴加状态;如需大量加液,先按"调时"键(目的是暂时关闭微波加热器),加液完毕后,再按"确认"键。

9.程序运行结束,仪器鸣叫提示。顺时针旋转升降管的调节螺母,使瓶口松动,取出圆底烧瓶。

七、参考文献

1.王静,姜凤超.微波有机合成反应的新进展[J].有机化学,2002,22(3):212—219.

2.陶利燕,侯鑫,王刚,徐骏,董成,聂沃,曹汉迪,张立庆*.$S_2O_8^{2-}$/ZrO_2 固体超强酸微波辐射催化合成乙酸正戊酯.浙江科技学院学报,2013,25(5):329—334.

3.储伟.催化剂工程[M].成都:四川大学出版社,2006:210.

4.于世涛,刘福胜等.固体酸与精细化工[M].北京:化学工业出版社,2006:1—23.

实验 38　活性炭在净水技术中的应用和性能评价

一、实验目的

1.深入理解活性炭吸附在环保领域中的基本原理和实际意义。

2.掌握 Freundlich 吸附等温线的测定方法及其在活性炭净水处理中的应用。

二、实验原理

活性炭是具有发达孔隙结构的吸附剂,在给水处理和废水处理领域有着广阔的发展空间。但由于原料、生产工艺等的不同,活性炭在孔径分布和表面化学性质上有较大差异,从而表现出不同的吸附性能。评价活性炭吸附的主要性能参数是吸附容量和吸附速率。吸附容量是单位重量活性炭达到吸附饱和时所能吸附的溶质量,与原料、制造过程及再生方法有关。吸附速率是单位重量活性炭在单位时间内能吸附的溶质量。

在一定的压力和温度条件下,m mg 活性炭达到吸附平衡后,被吸附的溶质量为 x mg,则单位重量的活性炭吸附容量 q_e 为

$$q_e = \frac{x}{m} \, (\text{mg/g}) \tag{38-1}$$

q_e 的大小除了决定于活性炭的种类及其比表面积外,还与被吸附物质的性质、浓度、水温及 pH 值有关。

一定温度下,达到吸附平衡后,单位重量活性炭所吸附的溶质重量 q_e 和吸附平衡时溶液浓度 c 的关系曲线,称为吸附等温线,包括 Langmuir,BET 和 Freundeich 吸附等温式。以 Freundeich 公式为例:

$$q_e = Kc^{1/n} \tag{38-2}$$

其中:q_e——吸附容量(mg/g);

K——与吸附比表面积、温度有关的系数;

n——与温度有关的常数,$n>1$;

c——吸附平衡时的溶液浓度(mg/L)。

经验常数 K、n 值通常用图解法求得,将上式变换呈线性关系如下:

$$\lg q_e = \lg \frac{c_0 - c}{m} = \lg K + \frac{1}{n} \lg c \tag{38-3}$$

式中:c_0——水中被吸附物质的初始浓度(mg/L);

c ——被吸附物质的平衡浓度（mg/L）；

m ——活性炭投入量（g/L）。

以吸附量 $\lg q_e$ 为纵坐标，以 $\lg c$ 为横坐标，绘制吸附等温线，图解回归拟合可得到一条直线，该直线的斜率为 $1/n$，截距为 $\lg K$，由此即可得到吸附等温方程式。通过该吸附等温线，可用于比较不同温度和不同溶液浓度时的活性炭吸附容量。该方法用于间歇性的活性炭吸附过程。

三、仪器与试剂

1. 仪器

pH211 酸度计 1 台，恒温振荡器（THZ-C-1 型）1 台，722 型分光光度计 1 台。

2. 试剂

活性炭（自行采购）1 kg，亚甲基蓝（A. R.）。

四、实验步骤

1. 活性炭样品的预处理

若购得的活性炭为粒状炭，使用前需用研磨机将活性炭样品快速打碎成粉末状颗粒，筛分取得其中<200 目的部分。之后用去离子水清洗至洗炭水 pH 没有明显变化，去除活性炭粉末表面的杂质。最后在 105℃下烘 12h 左右以除去活性炭颗粒中的水分，存放在干燥器内备用。

2. 亚甲基蓝标准曲线的绘制

目前常将碘、亚甲基蓝、苯酚和单宁酸等物质作为活性炭吸附性能的表征物质。亚甲基蓝的浓度采用分光光度法测定。

配制 10mg/L 亚甲基蓝溶液，作为贮备液 1。用分光光度计测得其最大吸收波长 λ_{max}（660nm 左右）。将贮备液 1 依次取 0、4、8、12、16、20、24mL，定容至 25mL，在最大吸收波长处分别测定吸光度值 A，然后画出吸光度 A 与亚甲基蓝浓度 c（mg/L）的关系曲线，即得到标准曲线方程。

3. 吸附等温线的绘制

本实验间歇性吸附采用三角烧瓶内装入活性炭和水样进行振荡的方法。

（1）称取经过预处理 1 的活性炭粉末 0，10，20，40，60，80，120 mg，分别装入三角烧瓶内。

（2）配制浓度为 100 mg/L 的亚甲基蓝溶液 1L。

（3）在已装有活性炭的三角烧瓶中分别注入 100mL 100 mg/L 的亚甲基蓝溶液，密封。然后，将各三角烧瓶置于恒温振荡器上震动 1h，后用静沉法或者滤

211

纸过滤除去活性炭。

(4)测定各个烧瓶内上清液的吸光度,并用标准曲线计算浓度。

(5)计算每个烧瓶中转移到活性炭表面上的亚甲基蓝的量 q_e。

(6)以 $\lg\dfrac{c_0-c}{m}$ 为纵坐标,$\lg c$ 为横坐标绘出 Freundlich 吸附等温线。

(7)从吸附等温线上求出 K,n 值,代入公式(38-3)求得 Freundlich 吸附等温式。

五、分析与思考

1.影响活性炭吸附容量和吸附速率的主要因素有哪些?
2.活性炭的投加量对于吸附平衡浓度的测定有什么影响,该如何控制?
3.影响吸附等温线测定准确性的主要因素有哪些?

六、参考文献

1.张巍,常启刚,应维琪等.新型水处理活性炭选型技术[J].环境污染与防治,2006,28(7):499—504.

2.叶明德,王稼国,李新华等.综合化学实验[M].杭州:浙江大学出版社,2011:115—119.

3.韩晓琳,邱兆富,胡娟等.水处理活性炭吸附容量指标测定方法的优化及应用[J].环境污染与防治,2013,35(1):54—59.

实验 39 维生素 C 注射液稳定性和有效期测定

一、实验目的

1.了解维生素 C 注射液的性质和特点,了解进行药品稳定性研究的意义。
2.学习通过加温加速实验,预测药物有效期的实验方法。
3.学习高效液相色谱法测定物质含量的方法。

二、实验原理

药品的稳定性是指原料药及制剂保持其物理、化学、生物学和微生物学性质的能力。稳定性研究对药品的研究和开发及其重要。

维生素 C(结构如图 4-39-1 所示)是一种水溶性维生素,临床多用于防治坏血病、感冒、抢救克山病、重金属中毒、重度贫血等。

维生素 C 有多个剂型:片剂、注射剂、泡腾片、泡腾颗粒、颗粒剂、口含片等多种。其中以片剂和注射剂为主,但注射液最不稳定,特别是 25% 以上高浓度的维生素 C 注射液最不稳定。因为维生素 C 在水溶液中以烯醇式为主,烯醇结构具有很强的还原性,易被空气氧化、光、热、碱和金属离子等因素均能加速其反应。同时,维生素 C 分子中内酯环可水解,并可进一步发生脱酸而生成糠醛,以致氧化聚合而呈黄色。因此,含量变化和色泽变化是评价维生素 C 注射液稳定性的两个主要指标。

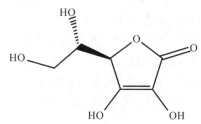

图 4-39-1　维生素 C 结构式

在实际工作中,对维生素 C 注射剂的稳定性和有效期测定,有的采用经典的恒温法及 Arrhenius 指数定律预测有效期;有的采用化学动力学方法预测注射剂的稳定性,用加速试验法测定有效期。

本实验采用加速试验法进行维生素 C 注射剂的稳定性测试。维生素 C 的氧化降解反应已由实验证明为一级反应。一级反应的速率方程为

$$-\mathrm{d}c/\mathrm{d}t = kc \tag{39-1}$$

对其进行积分变形为

$$\lg c = -kt/2.303 + \lg c_0 \tag{39-2}$$

式中:c_0——$t = 0$ 时 Vc 的浓度;

k——Vc 的氧化降解速率常数。

根据此直线的斜率即可求出 k 值。反应速率常数 k 与绝对温度 T 之间的关系为

$$\lg k = (-E_a/2.303R) \cdot (1/T) + \lg A \tag{39-3}$$

其中:A——频率因子;

E_a——活化能;

R——气体常数(1.987 Cal/(K·mol))。

以 $\lg k$ 对 $1/T$ 作图求出 E_a 及 A 值,将他们代入式(39-3)即可求出 25℃或任何温度下的氧化降解速率常数及有效期。

三、仪器与试剂

1.试剂

维生素 C 注射液,维生素 C 对照品(中国药品生物制品检验所),甲醇(色谱纯)。

第四章　综合设计与拓展性实验

2.仪器

Waters 高效液相色谱仪（1525 泵，2996 检测器），色谱柱：Kromasil C_{18}（4.6mm×200mm，5μm），恒温水浴。

四、实验步骤

1.维生素 C 含量测定方法的建立

本实验采用高效液相色谱法对样品进行维生素 C 含量的测定。要求学生在查阅相关资料的基础上，建立起维生素 C 的液相检测方法，包括：检测波长、对照品配制方法、供试品的预处理方法、流动相组成等条件；建立维生素 C 的标准曲线方程。并对该检测方法进行稳定性、精密度和加标回收率测试。

2.稳定性加速试验

将同一批号的维生素 C 注射液（2mL∶0.25g）分别置于 4 个不同温度（70，80，90，100℃）的恒温水浴中，间隔一定时间（70℃间隔 24 h，80℃间隔 12 h，90℃间隔 6 h，100℃间隔 3 h）取样，每个温度的间隔取样次数均为 5 次。样品取出后，立即冷却或置冰箱中保存，然后分别用高效液相色谱法测定样品中 V_c 的含量。

3.药品有效期预测

根据稳定性加速试验结果，以 $\lg(c-c_0)-t$ 进行线性回归分析，根据公式（2）计算得到各试验温度下的 V_c 氧化降解速率常数 k。再根据式（3），以 $\lg k$ 对 $1/T$ 作图，得到线性回归方程后求得 E_a 及 A 值。

一般以原药含量降低 5% 的时间定为药物贮存有效期。要求根据以上的试验结果，推算室温（25℃）时该维生素 C 注射液的贮存有效期 $t_{0.9}^{25}$（药物分解 10% 所需的时间）。

五、分析与思考

1.维生素 C 水溶液在空气中极不稳定，配制标准样品及进行供试品预处理时应采取什么样的方法使含量保持稳定？

2.除了用高效液相色谱法测定维生素 C 的含量外，还有哪些方法可用于维生素 C 的含量检测？分析各方法的优缺点。

六、参考文献

1.张永圣.25%维生素 C 注射液处方工艺的改进和稳定性研究[D].天津：天津大学，2010,9.

2.张传志,巩传国,赵吉兵.维生素 C 注射液有效期的测定[J].齐鲁药事,2004,23(8):

26—27.

3.李文玉,李虎将. HPLC 法测定维生素 C 制剂[J].中国药事,2008,22(9)：810—812.

4.李锦燊,董文文,李明艳.细辛脑注射液与维生素 C 注射液配伍的稳定性研究[J].西北药学杂志,2010,25(5)：366—367.

实验 40　离子浮选法处理电镀废水中的重金属离子

一、实验目的

1.了解电镀废水的主要来源和危害及处理方法。

2.掌握离子浮选法的分离原理和试验操作方法。

3.学习通过单因素试验的方法优化浮选工艺条件,提高重金属离子去除率的方法。

二、实验原理

电镀废水来源于电镀过程中的镀件清洗水(各镀槽的电镀废液、漂洗槽废液、设备冷却水以及地面冲洗水等),其中清洗水是最主要来源。主要污染物为 Cr^{6+},Ni^{2+},Zn^{2+},Cu^{2+},Fe^{3+} 和 Cd^{2+} 等重金属离子。目前重金属离子废水的处理方法,主要有化学沉淀法、铁氧体法、离子交换法、膜分离法、生物法和浮选法等。

离子浮选最先用于湿法冶金富集提纯,是利用表面活性剂物质在气-液界面上所产生的吸附现象,使以离子形态存在的待分离物质与带有相反电荷的表面活性剂结合,在液体系相内或在气液界面上形成不溶的沉淀物,经鼓泡后上浮,聚集于泡沫相中,破泡后成为浮渣而被收集的分离过程。离子浮选法能有效去除溶液中浓度小于 1 mg/L 金属离子。

本试验采用离子浮选法处理单一金属离子(Zn^{2+}、Cu^{2+}、Fe^{3+})模拟废水和多种金属离子共存时的人工废水,主要考查了 pH、捕收剂用量、浮选时间(即废水在浮选柱中水力停留时间)及离子强度等对重金属离子去除情况的影响。

三、仪器与试剂

1.试剂

$CuSO_4 \cdot 5H_2O$、$ZnSO_4 \cdot 7H_2O$、$FeCl_3$ 均为分析纯。单一金属离子模拟废水(Zn^{2+}、Cu^{2+}、Fe^{3+})均配成 50 mg/L 的浓度备用。

pH 调整剂:NaOH 和 HCl 均为分析纯。起泡剂:松醇油,工业级。

捕收剂:十二烷基苯磺酸钠,化学纯。

基准物:Cu、Zn、$FeCl_3$,优级纯。

2.仪器

自制离子浮选实验装置如图 4-40-1 所示。AA-670 原子吸收分光光度仪,pH 211 型酸度计。

四、实验步骤

1.试验装置

离子浮选试验所用装置如图 4-40-1 所示。

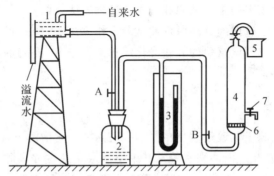

1.恒压水箱;2.缓冲瓶;3.压差计;4.离子浮选管;5.浮渣槽;6.石英砂芯;7.出水阀

图 4-40-1　浮选实验装置

2.金属离子含量测定

均采用原子吸收分光光度法测定。要求查阅相关资料,选择合适的测试条件,制作 Cu,Zn,Ni 标准曲线。

3.离子浮选实验

图 4-40-1 所示离子浮选装置中,当打开阀 A 时,恒压水箱中的自来水流至标有刻度的缓冲瓶 2,于是瓶 2 中的气体被排往离子浮选管 4,当压差计 3 所示的气压达 870 mmHg 时,打开阀 B 控制气体流量以 250mL/min 进入装有用捕收剂调制好的人工废水的离子浮选管。当气体流经 6 所示的砂芯(G-3 型微孔石英板)时,产生大量气泡,进行浮选分离,通过调节气体流量使浮渣排至浮渣槽 5 中。

取 250mL 原废水(Zn^{2+},Cu^{2+},Fe^{3+} 的初始浓度均为 50mg/L)调节到实验所需 pH 值(pH 为 5~11,用 NaOH 和 HCl 调节),加入起泡剂松醇油 5.81mg/L 和一定量捕收剂,将该废水倒入浮选管中,在气体流量为 250mL/min 的条件下,进行一定时间的浮选。

取出水用原子吸收光谱法分析残余金属离子浓度,以确定各因素与残余金属离子浓度的关系。

4.浮选工艺条件试验

分别考察捕收剂(十二烷基苯磺酸钠)用量(当量浓度:0.2~1.0)、溶液 pH值(5~11)、浮选时间(8~20min)对含单一金属的废水浮选分离的效果,分析各因素与残余金属离子浓度间的关系,得到合理的工艺方法和工艺参数范围。

根据单因素试验结果,结合文献,对多种金属离子共存时的人工废水进行浮选实验研究。

五、分析与思考

1.离子浮选中,提高电镀废水中重金属离子去除率的主要影响因素有哪些?

2.分析离子浮选中捕收剂的选择原则。

六、参考文献

1.戴文灿,陈涛,孙水裕等.离子浮选法处理电镀废水实验研究[J].环境工程学报,2010,4(6):1349-1352.

2.傅炎初,吴树森,王世容.用离子浮选法处理印染废水中活性染料的研究[J].印染,1992,18(2):11-18.

3.郭永文,崔顺姬.离子浮选法处理含重金属离子废水的研究[J].有色金属(选矿部分),1986:18-23.

4.金丽萍,邬时清,陈大勇.物理化学实验[M].华东理工大学出版社,2005:155-159.

5.任学贞,王淑仁.离子浮选富集-原子吸收法测定水中痕量铜[J].山东大学学报(自然科学版),1990,25(3):349-354.

实验 41　ACE 抑制活性肽的酶解制备与表征

一、实验目的

1.了解活性肽的概念及相关特性。

2.掌握活性肽的酶解制备方法。

3.掌握活性肽的相对分子质量分布的表征方法。

4.了解活性肽的体外降血压活性的评价方法。

二、实验原理

两个或两个以上的氨基酸通过肽键相连而成的化合物称为肽,具有生物活

第四章　综合设计与拓展性实验

性的肽称为活性肽,又称为生物活性肽或活性多肽。在生物体的生长发育、新陈代谢、疾病控制及机体衰老等过程中,活性肽均参与其中。目前,活性肽的制备方法主要有:①从自然界的生物体中提取;②通过蛋白质降解途径获得;③合成的方法制备活性肽。由于天然活性肽在生物体中的含量很低,加工成本极高,而提取或者合成生物活性肽又带来安全性的问题。因此,具有高效、安全的酶解技术已成为活性肽制备的研究热点。

本实验以黄蚬蛋白为原料,采用 6 种不同的蛋白酶,以水解度(Degree of hydrolysis,DH)为指标,研究活性肽的酶解制备方法,并以相对分子质量分布、体外降血压活性等指标对酶解产物进行表征。

三、仪器与试剂

1. 试剂

中性蛋白酶(Neutrase)、碱性蛋白酶(Alcalase2.4L)、复合蛋白酶(Promatex)、风味蛋白酶(Flavourzyme)、木瓜蛋白酶(Papain)、胰蛋白酶(Trypsin)、鸡卵白蛋白、胰凝乳蛋白酶原 A、溶菌酶、牛胰岛素、杆菌肽、马尿酰-组氨酰-亮氨酸(HHL)、马尿酸、色氨酸、还原型谷胱甘肽、硼酸、硼砂、乙腈、三氟乙酸及其他实验室常规试剂。

2. 仪器

自制酶解杯、电子天平、pH 计、高速分散器、超级恒温水浴锅、旋涡混合器、冷冻干燥机、超声清洗器、高速离心机、高效液相色谱仪、磁力搅拌器。

四、实验步骤

1. 活性肽的酶解制备

(1)不同蛋白酶对黄蚬蛋白的酶解。酶的专一性决定了某种蛋白酶可能只作用于某些肽键或带有某种基团的氨基酸所形成的肽键,从而导致酶解产物在组成、结构和功能上的不同,本实验拟比较 6 种不同的蛋白酶在各自不同的作用条件下(见表)对同种蛋白的酶解效果。

用蒸馏水准确配制 5.0%的蛋白悬浊液,超声混合 30min 后,采用高速分散器均质 10min,放置于 250mL 的恒温酶反应器内预热至各个蛋白酶的最适反应温度。然后用 0.5mol/L NaOH 调节至各个酶的最适 pH 值,继续搅拌 20min,然后加入酶(E/S 1.5%)启动反应,反应过程中连续搅拌,滴加 0.2mol/L NaOH 维持溶液 pH 值恒定,反应结束后,将反应物立即在 95℃加热 10min 灭酶,然后迅速用流水冷却,酶解物在 8℃、4000 rpm 离心 15min,收集上清液冷冻干燥,得到黄蚬蛋白酶解物。

6 种蛋白酶的作用条件表

酶种类	底物特异性	温度/℃	pH 值
Papin	疏水性氨基酸－COOH	50	7.0
Trypsin	Lys,Arg－COOH	37	8.0
Flavourzyme	作用广泛	50	7.0
Alcalase	疏水性氨基酸－COOH	60	9.0
Neutrase	Ala－COOH	50	7.0
Protamex	作用广泛	40	7.0

（2）活性肽酶解制备的条件优化。通过比较 6 种蛋白酶的酶解效果可以确定最佳的水解用酶。在酶种确定的情况下,影响蛋白质酶解的因素主要有底物浓度、加酶量、反应温度、反应 pH 及反应时间等,因此,本实验分别研究这些因素对黄蚬蛋白酶解效果的影响,并对酶解条件进行优化。

通过改变单一作用条件,可以探讨单因素对酶解效果的影响。本实验要求分别研究酶与底物比、pH 值、温度三个因素对酶解效果的影响;根据实验结果,确定上述各因素合适的取值范围。并在单因素实验所确定的因素水平基础上,以 DH 为评价指标,采用响应面设计法对酶解条件进行优化,并采用验证试验进行优化模型的验证。

2.酶解物的表征

（1）DH 的测定。DH 是指蛋白质酶解反应过程中被裂解肽键的百分数,DH 的测定有二异辛基磷酸（OPA）法、三硝基苯磺酸（TNBS）法和 pH-stat 法。在酸性条件下一般用 OPA 法和 TNBS 法,在中性及碱性条件下,一般用 pH-stat 法。酶解度的计算公式:

$$DH(\%) = \frac{h}{h_{tot}} \times 100 = \frac{B \times N_b}{M_P} \times \frac{1}{\alpha} \times \frac{1}{h_{tot}} \times 100 \tag{41-1}$$

其中:B——碱液体积（mL）;

N_b——碱液浓度（mol/L）;

α——α-氨基的解离度;

M_P——底物中蛋白质总量（g）;

h_{tot}——底物中蛋白质肽键总数（mmol/g 蛋白质）。

对于黄蚬蛋白而言,$h_{tot}=7.77$mmol/g。

（2）酶解物的相对分子质量分布的测定。利用高效凝胶色谱（HPSEC）对酶解物的相对分子质量分布进行测定。实验条件为:Shodex KW-802.5(7.8i.d ×300)色谱柱;流动相:乙腈/水/三氟乙酸,45/55/0.1（V/V）;流速:0.5mL/

min;检测波长:220nm;柱温:30℃。相对分子质量校正曲线所用标准品:鸡卵白蛋白(42700 Da),胰凝乳蛋白酶原A(24500 Da),溶菌酶(14000 Da),牛胰岛素(5734 Da),杆菌肽(1422 Da),HHL(429 Da),还原型谷胱甘肽(307 Da),色氨酸(204 Da)。

采用蒸馏水配制适当浓度的各标准品及酶解物溶液,经 $0.45\mu m$ 微孔滤膜过滤后,依次进样分析,以各标准品保留时间及相对分子质量对数做标准曲线,线性回归后得回归方程。以此方程为基础,结合酶解物的保留时间分布,对酶解物的相对分子质量分布进行评价。

(3)酶解物的体外降血压活性(ACE 抑制活性)的测定。用含有 0.3mol/L NaCl 的 0.1mol/L 硼酸缓冲液(pH=8.3)配制蛋白酶解物、反应底物 HHL 及 ACE 酶,取 $50\ \mu L$ 2.17 mmol/L 的 HHL 溶液与 $10\ \mu L$ 蛋白酶解物溶液混合,于 37℃下保温 10min,加入 $10\ \mu L$ 2 mU 的 ACE 溶液启动反应,37℃下保温 30min,再加入 $85\ \mu L$ 0.1%TFA 溶液终止反应。反应中所产生的马尿酸 HA 通过 HPLC 进行分析测定,色谱条件如下:ZORBAX Eclipse C18 色谱柱 $(4.6mm\times250mm,5\mu m)$;检测波长为 228nm;流动相为乙腈-0.1%TFA 水溶液,流速为 0.8mL/min;洗脱条件为乙腈:0.1%TFA 水溶液(30:70),ACE 抑制率的计算公式如下:

$$ACE\ 抑制率(\%) = \frac{B-A}{B-C} \times 100\% \tag{41-2}$$

其中,A 为 ACE 及酶解物均参与反应的条件下所产生的 HA 的量;B 为酶解物不参与反应的条件下所产生的 HA 的量;C 为 ACE 不参与反应的条件下所产生的 HA 的量。

配制不同浓度的黄蚬蛋白酶解物,按照以上步骤测定其 ACE 抑制活性,以样品浓度与抑制率做对数曲线回归,将抑制率为 50%时所对应的样品浓度定义为半抑制浓度,并以 ACE 抑制率和 IC_{50} 值来评价酶解物的 ACE 抑制活性。

五、分析与思考

1.简述活性肽的概念及酶解法制备活性肽的特点。
2.测定酶解物的相对分子质量分布的原理是什么?
3.请查阅文献,举出一个与活性肽制备有关的实例。

六、参考文献

1.毋瑾超,汪依凡,方长富.贻贝蛋白降血压肽的降压活性及相对分子质量与氨基酸组成[J].水产学报,2007,31(2):165-170.

2. Nissen JA. *Enzymatic hydrolysis of food protein*. New York：Elsevier Applied Science Publisher,1986.

3. Wu JP, Aluko RE, Muir AD. Improved method for direct high performance liquid chromatography assay of angiotensin-converting enzyme-catalyzed reactions [J]. *Journal of Chromatography A*,2002,950(1)：125-130.

4. Zhu KX, Zhou HM, Qian HF. Antioxidant and free radical scavenging activities of wheat germ protein hydrolysates(WGPH)prepared with alcalase [J]. *Process Biochemistry*, 2006,41(6)：1296-1302.

5. 王伟.可控蚕蛹蛋白制备血管紧张素转换酶抑制肽及其构效关系的研究[D].博士学位论文,浙江大学,2008.

6. Je JY, Park JY, Jung WK, Park PJ, Kim SK. Isolation of angiotensin I converting enzyme(ACE)inhibitor from fermented oyster sauce,Crassostrea gigas [J]. *Food Chemistry*, 2005,90(4)：809-814.

7. 吴有炜.实验设计与数据处理[M].苏州：苏州大学出版社,2002.

8. Kim JM, Whang JH, Kim KM, Koh JH, Suh HJ. Preparation of corn gluten hydrolysate with angiotensin I converting enzyme inhibitory activity and its solubility and moisture sorption [J]. *Process Biochemistry*,2004,39(8)：989-994.

9. 黎观红.食品蛋白源血管紧张素转化酶抑制肽的研究[D].无锡：江南大学博士论文,2005.

实验 42　活性多糖的提取及纯化表征

一、实验目的

1. 了解活性多糖的概念及相关特性。
2. 掌握活性多糖的提取制备方法。
3. 掌握活性多糖的纯化过程和方法。
4. 了解活性多糖的纯度表征方法。

二、实验原理

多糖(polysaccharide)是由多个单糖分子缩合、失水而成,是一类分子机构复杂且庞大的糖类物质。而活性多糖是指具有某种特殊生理活性的多糖化合物。大量研究结果表明:活性多糖广泛存在于动物、植物和微生物细胞壁中,且具有显著的生理活性,如抗肿瘤活性、抗病毒活性、免疫增强活性、抗氧化活性及其降血脂等功能特性。由于活性多糖的来源广泛、功能特性多样,从而使活性多糖的研究受到了广泛的关注。

第四章　综合设计与拓展性实验

本实验以黄蚬为原料,采用热水提取的方式,对黄蚬多糖进行提取,然后采用浓缩、醇沉、复溶、脱蛋白、离子交换、凝胶层析等工艺进行纯化,并采用不同的表征方法对其纯度进行表征。

三、仪器与试剂

1.试剂

葡萄糖、硫酸、苯酚、碱性蛋白酶(Alcalase2.4L)、葡聚糖标准品、DEAE Sephadex A-25、Sephrose 6B 及其他实验室常规试剂。

2.仪器

电子天平、pH 计、高速分散器、超级恒温水浴锅、旋转蒸发器、可见分光光度计、旋涡混合器、冷冻干燥机、超声清洗器、高速离心机、高效液相色谱仪、磁力搅拌器、HL-100 恒流泵、TH-300 梯度洗脱器、BSZ-160F 电脑自动部分收集器、2412 示差折光检测器、水平电泳槽、稳压稳流型电泳仪、常规的层析空柱等。

四、实验步骤

1.原料的预处理

新鲜黄蚬去除壳后,用打浆机将组织匀浆,冷冻干燥,得到黄蚬粗粉,粉碎后过 60 目筛备用。

2.黄蚬多糖的提取

本实验中采用热水提取、乙醇沉淀的方法提取黄蚬粗多糖,并分别考察浸提温度、浸提时间、液固比及提取次数等因素对多糖提取率的影响,并在单因素结果的基础上,设计三因素三水平 Box-Behnken 模型的中心旋转组合试验,对黄蚬多糖的提取工艺进行优化。然后在优化的工艺条件下,提取黄蚬多糖。具体的提取工艺流程如下:

3.黄蚬多糖的分离纯化

(1)除蛋白。本实验分别采用酶法与 Sevag 联用法对黄蚬多糖进行除蛋白。配制 2% 的黄蚬粗多糖水溶液,按照 1.5% 的 E/S 比加入碱性蛋白酶,60℃条件下保温 3h,然后煮沸 5min 灭酶。冷却后,高速离心(8000rpm,15min),取上清液,加入其 1/3 体积的 Seveg 液(氯仿∶正丁醇=4∶1),间歇振摇 20min,静置,待明显分层后,去除中间层和下层,在上层溶液中重复上述操作多次,至溶液无明显中间层。然后收集上层溶液,加入其 4 倍体积无水乙醇,4℃静置过夜,所得沉淀即为除蛋白后的黄蚬多糖。

(2)离子交换层析分离。将处理好的 DEAE 离子交换层析填料全部一次性装入垂直的玻璃层析柱(∅ 1.6cm×20cm)中,关闭出口至静置 1~2h,待层析

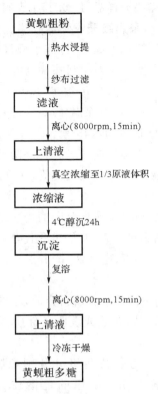

填料完全沉降，打开出口，通过恒流泵将蒸馏水以流速为 1.0mL/min 进行平衡，平衡体积为 2～3 倍的柱体积。

用蒸馏水配制 20mg/mL 的黄蚬多糖溶液，经 0.45 μm 膜过滤，将过滤后的样品缓慢加入平衡好的 DEAE 离子交换柱中，吸附 20min；先用蒸馏水洗脱 3 倍柱体积，再用 NaCl(0～1mol/L)溶液梯度洗脱，洗脱体积为 3 倍柱体积，然后用 1mol/L NaCl 溶液洗脱 1 个柱体积，最后用蒸馏水来重新平衡层析介质。控制洗脱流速为 1.0mL/min，洗脱液采用自动部分收集器收集，设置洗脱液 5mL/管。

以蒸馏水为空白对照，采用苯酚-硫酸法跟踪检测各收集管中的多糖含量，并绘制洗脱曲线，根据曲线，合并收集各洗脱级分。并将收集级分分别装入透析袋中，于去离子水中透析 24h，间歇换水，透析后将溶液冷冻干燥得到黄蚬多糖级分。

（3）凝胶过滤层析分离。将选用的凝胶层析填料进行溶胀处理后，装入玻璃层析柱（∅1.6cm×100cm）中，待匀速沉降完全，用 3 倍柱体积的蒸馏水进行平衡，控制流速为 0.3mL/min。

配制 10mg/L 黄蚬多糖级分样品，经 0.45 μm 膜过滤，上样 3mL，蒸馏水洗脱，洗脱速度为 0.3mL/min，采用级分收集器收集。采用苯酚硫酸法绘制整个洗脱曲线，并合并收集相同级分，浓缩后，冷冻干燥得到多糖样品。

(4)苯酚-硫酸法测定多糖。准确配制葡萄糖标准溶液，分别吸取不同浓度的葡萄糖溶液 2.0mL，加入 6.0% 苯酚溶液 1.0mL，混匀后快速加入浓硫酸 5.0mL，室温静置 5min，在沸水浴中保温 15min，冷却后于 490nm 处测定各管中溶液的吸光度值，以 2.0mL 蒸馏水作为空白对照。以葡聚糖的浓度为横坐标，吸光度值为纵坐标，绘制出标准曲线。将样品溶液适当稀释，准确量取溶液 2.0mL，其他步骤同上，根据测定所得吸光度值，计算待测样品中多糖的含量。

4.黄蚬多糖的纯度鉴定

多糖的纯度是指一定相对分子质量范围的均一组分，不能用通常化合物的标准来衡量，因为即使多糖为纯品其微观也并不均一。目前，常用的纯度鉴定方法有比旋光度、纸色谱、HPLC、电泳法、凝胶过滤法等，最常用的方法是色谱法和电泳法。

(1)凝胶层析法。采用不同的凝胶层析介质，不同的层析条件，多次上样重复试验，对同一多糖样品的不同介质或洗脱条件所得洗脱曲线进行对比，以评价其纯度。

(2)高效凝胶色谱法。将各待测级分分别配制成 1mg/mL 的溶液，经 0.45μm 滤膜过滤后，进样分析。采用的色谱柱为 UltrahydrogelTM 2000 ($\emptyset$ 7.8mm×300mm)，流动相为脱气后的超纯水，流速为 0.5mL/min，进样量为 10μL，柱温(30±5)℃，采用 2412 示差折光检测器跟踪检测，得到多糖各级分在色谱柱中的保留峰。

(3)醋酸纤维素薄膜电泳法。取醋酸纤维薄膜(2cm×8cm)放在 0.025mol/L 硼酸盐缓冲溶液(pH12.5)浸泡 15min，取出膜条，夹在两层滤纸内吸去多余的缓冲液(不要使薄膜过干而出现白色不透明斑点)；用毛细点样玻璃管在不光滑面上、离膜条一端 1cm 处点上细条状的多糖样品(10mg/mL)；按一般常规电泳方法，电泳槽内倒入硼酸盐缓冲液，两端用纸搭桥，薄膜点样面朝下，点样端靠近电泳槽负极，电泳时冰水循环流动保持电泳槽内温度在 0℃以下(电泳条件：电压 150V，电流 70~80 mA 下通电 20~40min)；电泳后取出膜条晾干；将薄膜浸泡于染色液(0.1% 溴酚蓝无水乙醇溶液：乙醚：冰醋酸＝10：20：1)中，待薄膜出现深紫色的多糖斑痕；取出薄膜立即放入漂洗液(2% 苯甲酸乙醚溶液)中浸泡 2min，取出薄膜自然干燥，即得到多糖的电泳图象。

五、分析与思考

1.简述醇沉的原理。

2.参照离子交换层析填料的再生过程,说明其再生原理。

3.查阅文献,举例说明多糖纯度表征的其他方法?

六、参考文献

1.刘青梅,杨性民,邓红霞等.紫菜多糖提取分离机纯化技术研究[J].浙江大学学报:农业与生命科学版,2005,31(3):293—297.

2.俞远志,吴亚林,潘远江.莲子心多糖的提取、分离和抗氧化活性的研究[J].浙江大学学报:理学版,2008,35(1):48—51.

3. CUIXIAN YANG, NING HE, XUEPING LING. The isolation and characterization of polysaccharides from longan pulp[J]. *Separation and Purification Technology*,2008,63(1):226-230.

4.李苹苹,丁霄霖.紫贻贝多糖脱除蛋白方法的研究[J].上海水产大学学报,2006,15(3):328-332.

5.张惟杰主编.糖复合物生化研究技术(第二版)[M].杭州:浙江大学出版社,2003:95-97.

6. LENGSFELD C, DETERS A, FALLER G, et al. A highmolecular weight polysaccharides from Black Currant Seeds Inhibit Adhesion of Helicobacter pylori to Human Gastric Mucosa[J]. *Planta medica*,2004,70(7):620-626.

7. DREHER TW, HAWTHORNE DB, GRANT BR. Comparison of open-column and high-performance gel permeation chromatography in the separation andmolecular-weight estimation of polysaccharides[J]. *Chromatography*,1979,174:443-446.

8.赵巧灵.紫贻贝多糖提取分离、结构鉴定及其生物活性的初步研究[M].硕士学位论文,浙江工商大学,2010.

9.胡家瑞,吴欣.在醋酸纤维素薄膜上检出微量多糖的新方法——溴酚蓝非水体系染色[J].天津医学院学报,1991,15(1):56—58.

10. M. KACURAKOVA, P. CAPEK, V. SASINKOVA, et al. FT-IR study of plant cell wall model compounds: pectic polysaccharides and hemicelluloses[J]. *Carbohydrate Polymers*,2000,43:195-203.

实验 43　黄蚬原料中蛋白质及活性多糖的综合利用

一、实验目的

1.掌握原料中蛋白质的分级制备原理及方法。

2.了解各蛋白质级分的功效评价方法。

3.掌握黄蚬原料中优势蛋白的提取方法。

4.尝试设计综合实验方案以综合利用黄蚬原料中的蛋白质及多糖。

二、实验原理

由于养殖规模的不断扩大和加工技术的落后,导致我国的低值贝类资源浪费严重。而其主要的组成成分即是蛋白质和多糖。因此,综合利用其中的蛋白质和多糖,即可以极大地提高低值贝类的附加值。

根据 Osborne 分类法,蛋白质根据溶解性质的不同可分为水溶性蛋白、盐溶性蛋白、醇溶性蛋白和碱溶性蛋白四种级分。其中水溶性蛋白可溶于水,盐溶性蛋白可溶于稀盐溶液,水溶性蛋白和盐溶性蛋白通称为可溶性蛋白;醇溶性蛋白可溶于中性乙醇溶液,碱溶性蛋白可溶解于稀酸或稀碱溶液,两者统称为不溶性蛋白。

本研究以黄蚬蛋白为原料,拟采用 Osborne 蛋白质提取方法,即按照水溶性蛋白、盐溶性蛋白、醇溶性蛋白、碱溶性蛋白的顺序进行提取。分析黄蚬中各蛋白级分的含量差异以及氨基酸组成的区别,并在氨基酸分析结果的基础上,对其营养价值进行评估。同时,根据其蛋白质组成特点,对原料中的多糖进行同步提取,以达到蛋白质和多糖的综合利用。

三、仪器与试剂

1.仪器

电子天平、pH 计、超级恒温水浴锅、旋转蒸发器、可见分光光度计、旋涡混合器、冷冻干燥机、超声清洗器、高速离心机、高效液相色谱仪、自动凯氏定氮仪、AccQ-Tag 氨基酸分析柱、透析袋及透析夹。

2.试剂

AccQ-Fluor 试剂盒、葡萄糖、硫酸、苯酚、乙醇、氯化钠、三氯乙酸及其他实验室常规试剂。

四、实验步骤

1.原料的预处理

新鲜黄蚬去除壳后,用打浆机将组织匀浆,冷冻干燥,得到黄蚬粗粉,粉碎后过 60 目筛备用。

2.基本成分分析

水分的测定——105℃(GB 5497-85)

蛋白质的测定——微量凯氏定氮法(GB 5511-85),其中凯氏定氮系数取 6.25。

灰分的测定——525℃灼烧法(GB 5505-85)

总糖的测定——苯酚硫酸法

粗脂肪的测定——索氏抽提法(GB5512-85)

3.蛋白质的分级制备方法

蛋白级分的分级制备方法采用 Osborne 分级制备法。

(1)水溶性蛋白。称取黄蚬粗粉 100g 于 2L 的烧杯中,然后加入 1000mL 蒸馏水,在室温条件下搅拌提取 2h,然后 8000 r/min、4℃离心 20min,得上清液。然后加 500mL 蒸馏水对沉淀进行再次水提,操作条件与前者相同。合并两次所得的上清液,冷冻干燥,所得样品即为黄蚬水溶性蛋白。

(2)盐溶性蛋白。将水溶性蛋白提取后的沉淀用 1000mL pH 8.0,50 mmol/L 的 Tris-HCl 缓冲液(内含 0.5mol/L NaCl)进行提取,在室温条件下搅拌浸提 2h,然后 8000 r/min、4℃离心 20min,得上清液。然后加 500mL 0.5mol/L 的 NaCl 对沉淀进行再次提取,操作条件与前者相同。合并两次所得的上清夜,4℃置于去离子水中透析(MWCO:8000 Da)72h,期间换水数次,然后将透析袋内蛋白质液离心获得沉淀。沉淀冷冻干燥所得产品即为盐溶性蛋白级分。

(3)醇溶性蛋白。将分离盐溶性蛋白后所得的沉淀用 1000mL 45%的乙醇进行浸提,在室温条件下搅拌浸提 2h,然后 8000 r/min、4℃离心 20min,得上清液。然后加 500mL 45%的乙醇对沉淀进行再次提取,操作条件与前者相同。合并两次所得的上清液,旋转蒸发浓缩后再进行冷冻干燥;所得样品即为黄蚬醇溶性蛋白。

(4)碱溶性蛋白。将分离醇溶性蛋白后所得的沉淀用 1000mL 0.05mol/L NaOH 进行浸提,在室温条件下搅拌浸提 2h,然后 8000 r/min、4℃离心 20min,得上清液。然后加 500mL 0.05mol/L 的 NaOH 对沉淀进行再次提取,操作条件同前。合并两次所得的上清液,边搅拌边向其中滴加 20%(W/V)的三氯乙酸,至三氯乙酸的最终浓度为 5%(W/V),离心后所得沉淀用预冷的丙酮洗涤 3 次;然后将沉淀热风干燥,所得样品即为黄蚬碱溶性蛋白。

4.蛋白质的氨基酸分析

(1)水解。准确称取样品约 100 mg 放入 2.5×150 mm 水解试管中,加入约 10mL 6mol/L HCl 真空封管。在烘箱中水解 24 h(110℃±1℃);样品冷却后,用滤膜过滤水解样品,并移取 1～2mL 样品置于一蒸发试管中旋转蒸发(45℃),待干燥后向其中加入 2.0mL 高纯水涡旋混合 20s,储存于 4℃下备用。

(2)衍生。取 10 μL 标准氨基酸溶液或样品水解液放入干燥的 6×50 mm 衍生管中,加入 70 μL 硼酸缓冲液(pH 8.8)涡旋混合,并加入 20 μL AQC 衍生剂,涡旋混合后,将样品移入液相内衬瓶中,准备进样。

（3）液相色谱条件。AccQ-Tag 色谱柱（4 μm，3.9mm×150mm），柱温 37℃，检测波长 248nm，进样量 5 μL，流速 1mL/min，洗脱条件如下：起始，100%A；0～0.5min，以 11 号曲线变为 99%A、1%B；0.5～18min，以 6 号曲线变为 95%A、5%B；18～19min，以 6 号曲线变为 91%A、9%B；19～29.5min，以 6 号曲线变为 83%A、17%B；29.5～35min，以 11 号曲线变为 60%B、40%C；35～38min，以 11 号曲线变为 100%A；38～47min，维持 100%A。其中 A 为 pH4.95 的磷酸缓冲溶液，B 为乙腈，C 为超纯水。

5.分级蛋白质的功能性评价

（1）蛋白质级分的提取率：以 100g 黄蚬粗粉原料中所含不同级分的质量表示。

（2）必需氨基酸与总氨基酸之比（E/T），即：必需氨基酸之和与全部氨基酸之和的比值。

（3）氨基酸评分（AAS）

$$氨基酸评分 = \frac{\text{Lg 被测蛋白质中某一必需氨基酸的含量（mg）}}{\text{Lg 参考蛋白质中同一必需氨基酸的含量（mg）}} \times 100$$

首先计算被测蛋白质每种必需氨基酸的评分值；再在上述计算结果中，找出第一限制氨基酸评分值，即为该蛋白质的氨基酸评分；

（4）预测的蛋白质功效比（PER），根据以下回归方程计算。

PER＝－0.684＋0.456(Leu)－0.047(Pro)　　　　　　　　　　　①

PER＝－0.468＋0.454(Leu)－0.105(Tyr)　　　　　　　　　　　②

PER＝－1.816＋0.435(Met)＋0.780(Leu)＋0.211(His)－0.944(Try)

③

6.蛋白质及多糖的综合利用

确定了黄蚬蛋白中的优势蛋白，根据优势蛋白及水溶性多糖的特性，设计一个工艺流程，能够同时提取黄蚬原料中的多糖及优势蛋白。

7.优势蛋白质的提取

本实验中碱溶酸沉法提取黄蚬原料中的优势蛋白，分别考察 pH 值、料液比、提取时间、提取温度等因素对蛋白质提取率的影响，并在单因素结果的基础上，设计三因素三水平正交试验，对碱溶性蛋白的提取工艺进行优化。

五、分析与思考

1.简述凯式定氮的测定原理。

2.简述氨基酸测定中衍生的原因。

3.查阅文献，举例说明有关蛋白质及多糖综合利用的其他案例？

六、参考文献

1. 胡新中,郑建梅,魏益民,张国权,张胜强,魏强. 蛋白质组分分析方法比较研究[J]. 中国粮油学报,2005,20(4): 12—16.

2. Osborne TB. *The vegetable proteins*[M]. 2ed. Longmans Green and Co:London. 1924.

3. 张惟杰. 糖复合物生化研究技术[M]. 浙江大学出版社,1999.

4. FAO/WHO. *Energy and protein requirements*. FAO Nutrition Meetings Report Series No. 52. FAO:Rome. 1973.

5. Alsmeyer RH,Cunninghan AD,Happich ML. Equations predict PER from amino acid analysis [J]. *Food Technique*,1974,28(7): 34-38.

6. Morup H,Olesen ES. New method for prediction of protein value from essential amino acid pattern [J]. *Nutrtion Reports International*,1976,13: 355-365.

7. 王伟. 可控酶解蚕蛹蛋白制备血管紧张素转换酶抑制肽及其构效关系的研究[D]. 浙江大学. 2008.

8. Friedman M. Nutritional value of proteins from different food sources. A review [J]. *Journal of Agricultural and Food Chemistry*,1996,44(1): 6-29.

实验 44　葡萄糖酸锌的制备

一、实验目的

1. 了解制备葡萄糖酸锌的原理和方法。
2. 掌握搅拌、回流、减压过滤、旋转蒸发、真空干燥等基本操作技术。
3. 了解并掌握离子交换树脂工作原理与使用方法。

二、实验原理

锌是人体必需的微量元素之一,人体一切器官中都含有锌。它具有多种生理作用,参与核酸和蛋白质的合成,能增进人体免疫力,促进儿童生长发育。过去常用硫酸锌作添加剂,但对人体肠胃道有刺激作用,且吸收率低,而葡萄糖酸锌作补锌添加剂,则见效快,吸收率高,副作用小,使用方便,是目前首选的补锌药和营养强化剂。葡萄糖酸锌为白色晶体或颗粒状粉末,无臭,味微涩。它已被美国药典 21 版第二增本收载,并被 FDA 认可为食品添加剂。本实验采用以葡萄糖酸钙、浓硫酸、氧化锌等为原料,使用 95% 的乙醇作为结晶促进剂,合成葡萄糖酸锌。

$$Ca[CH_2OH(CHOH)_4COO]_2 + H_2SO_4 \longrightarrow 2CH_2OH(CHOH)_4COOH + CaSO_4$$

$$2CH_2OH(CHOH)_4COOH + ZnO \longrightarrow Zn[CH_2OH(CHOH)_4COO]_2 + H_2O$$

第四章　综合设计与拓展性实验

三、仪器和试剂

1.仪器

机械搅拌器,恒温水浴锅,循环水式真空泵,旋转蒸发仪,真空干燥箱,电子天平,250mL 三口烧瓶,球形冷凝管,水银温度计,布氏漏斗,烧杯,量筒,玻璃棒。

2.试剂

葡萄糖酸钙,氧化锌,浓硫酸,95％乙醇,离子交换树脂(732H 型和 7170H 型)

四、实验步骤

1.葡萄糖酸的制备

在 250mL 三口烧瓶中加入 125mL 蒸馏水,再缓慢加入 6.7mL(0.125mol)浓硫酸,搅拌下分批加入 56g(0.125mol)葡萄糖酸钙,在 90℃的恒温水浴中加热 1.5h,趁热减压过滤,滤去析出的硫酸钙沉淀,得到淡黄色的液体。滤饼用适量蒸馏水洗涤,洗涤液与滤液合并。滤液冷却后,依次过 732H 型阳离子交换树脂柱 (20g)和 7170H 型阴离子交换树脂柱(20g),得无色透明高纯度的葡萄糖酸溶液。

2.葡萄糖酸锌的制备

取 0.1mol 葡萄糖酸溶液,分批加入 4.1g(0.05mol)氧化锌,在 60℃水浴中搅拌反应约 2h,同时滴加葡萄糖酸溶液,调节 pH＝5.8。该溶液呈透明状态。减压过滤,滤液减压浓缩至原体积 1/3。加入 10mL95％乙醇,放置 5h,使其充分结晶,真空干燥得白色结晶状葡萄糖酸锌粉末。

五、分析与思考

1.本实验如何使用搅拌装置和恒温水浴?

2.葡萄糖酸锌制备过程为什么控制温度?

3.葡萄糖酸锌结晶时加乙醇的作用?

4.提高固液反应速率的方法?

六、参考文献

1.蔡汉民.葡萄糖酸锌的制备[J].医药工业,1986,17(7):42－43.

2.解从霞.葡萄糖酸锌合成新工艺[J].大连轻工业学院学报,1997,16(3):84－87.

3.杜有功,陈赛贞,胡大平等.离子交换树脂法制备葡萄糖酸锌[J].中国医药工业杂志,1992,23(4):156－158.

4.张华彬.葡萄糖酸锌的制备工艺研究[J].化学工程与装备,2011,11:34－35.

实验 45　物理化学综合设计实验

一、实验目的

　　物理化学综合设计性实验是培养学生分析问题,解决问题等能力的重要教学环节,强调学生创新能力的培养,扩大学生的知识面,学习各种实验仪器和实验手段的综合应用方法。其目的在于培养学生全面掌握物理化学实验方法,训练学生灵活运用物理化学实验技术的能力,通过综合设计性实验,使学生加深对物理化学基本理论的理解,进一步提高学生运用物理化学知识来解决实际问题的能力,提高学生进行科学研究的能力和素养。

二、实验要求

　　物理化学综合设计性实验,要求学生自己查找参考资料,设计实验方案,独立完成实验。

　　(1)写出实验设计原理。

　　(2)完成实验数据的测定与有关计算。

　　(3)完成实验报告。

三、实验教学程序

　　(1)物理化学综合设计性实验由学生自己设计实验方案。

　　(2)学生通过抽签选择物理化学综合设计性实验题目,实验室开放一周,学生根据自己设计的实验方案,考察实验条件与实验仪器。

　　题目一:请设计物理化学实验,求环己烷的标准摩尔蒸发焓

　　(只允许测定一个温度下的饱和蒸汽压数据,并测定环己烷在30℃下的折光率。)

　　1.实验要求:

　　(1)写出实验设计原理

　　(2)完成实验数据的测定与有关计算

　　(3)完成实验报告

　　2.提供的主要实验仪器与试剂:

　　(1)环己烷(A.R)

　　(2)真空泵,不锈钢缓冲瓶、干燥塔、DF-02 型数显恒温槽、冷阱、等压计、AF-03 型低真空压差测量仪。

（3）EF-03 沸点测量仪、沸点仪。

（4）阿贝折射仪、SC-15 超级恒温槽、擦镜纸、滴管。

（5）气压室温时钟挂屏，红外干燥箱。

3. 实验时间：2 小时内完成。

题目二 请设计物理化学实验，求蔗糖的标准摩尔燃烧焓，并测定 10％ 蔗糖水溶液在一定温度下的黏度。

1. 实验要求：

（1）写出实验设计原理。

（2）完成实验数据的测定和有关计算。

（3）完成实验报告。

2. 仪器和试剂：

（1）蔗糖（A. R）

（2）氧弹量热计（配有氧弹头、控制器并已标好量热计常数）、压片机、大量筒

（3）氧气钢瓶（配有减压阀，充氧机）

（4）电子天平，托盘天平

（5）黏度计

（6）气压室温时钟挂屏，干燥箱，烧杯

（7）恒温水浴

3. 实验时间：2 小时内完成。

● 本实验设计流程，参见浙江省精品课程——浙江科技学院"物理化学"课程网站。

网址：http://zlq. zust. edu. cn/wlhx/

实验指导栏——实验 12　物理化学综合设计实验

附　录

附录一　　国际单位制

I.国际单位制的基本单位

量		单位	
名称	符号	名称	符号
长度	l	米	m
质量	m	千克(公斤)	kg
时间	t	秒	s
电流	I	安[培]	A
热力学温度	T	开[尔文]	K
物质的量	n	摩[尔]	mol
发光强度	Iv	坎[德拉]	cd

II.国际单位制的一些导出单位

量		单位	
名称	符号	名称	
频率	ν	赫[兹]	Hz
能量	E	焦[耳]	J
力	F	牛[顿]	N
压力	p	帕[斯卡]	Pa
功率	P	瓦[特]	W
电量;电荷	Q	库[伦]	C
电位;电压;电动势	U	伏[特]	V
电阻	R	欧[姆]	Ω
电导	G	西[门子]	S
电容	C	法[拉]	F

附　录

续表

量		单位	
名称	符号	名称	
磁通量密度(磁感应强度)	B	特[斯拉]	T
电场强度	E	伏特每米	v/m
黏度	η	帕斯卡·秒	pa·s
表面张力	γ	牛顿每米	N/m
密度	ρ	千克每立方米	kg/m^3
比热容	c	焦耳每千克每开	J/(kg·K)
热容量;熵	S	焦耳每开	J/K

Ⅲ.国际制词冠

因数	词冠	名称	词冠符号	因数	词冠	名称	词冠符号
10^{12}	tera	太	T	10^{-1}	deci	分	d
10^9	giga	吉	G	10^{-2}	denti	厘	c
10^6	mega	兆	M	10^{-3}	milli	毫	m
10^3	kilo	千	k	10^{-6}	micro	微	μ
10^2	hecto	百	h	10^{-9}	nano	纳	n
10^1	deca	十	da	10^{-12}	pico	皮	p

附录二　25℃下常用液体的折射率

名称	n_D^{25}	名称	n_D^{25}
甲醇	1.326	四氧化碳	1.459
乙醚	1.352	乙苯	1.493
丙酮	1.357	甲苯	1.494
乙醇	1.359	苯	1.498
醋酸	1.37	溴苯	1.557
乙酸乙酯	1.37	苯胺	1.583
正己烷	1.372	溴仿	1.587
正丁醇	1.397	氯仿	1.444

附录三　常用溶剂的凝固点及凝固点下降常数

溶剂	纯溶剂的凝固点	K_f
水	0	1.853
醋酸	16.6	3.9
苯	5.533	5.12
对-二氧六环	11.7	4.71
环己烷	6.54	20.2
四氧化碳	−22.85	32

附录四　不同温度下水的表面张力

$t/℃$	$10^3 \times \gamma/N \cdot m^{-1}$	$t/℃$	$10^3 \times \gamma/N \cdot m^{-1}$	$t/℃$	$10^3 \times \gamma/N \cdot m^{-1}$	$t/℃$	$10^3 \times \gamma/N \cdot m^{-1}$
0	75.64	17	73.19	26	71.82	60	66.18
5	74.92	18	73.05	27	71.66	70	64.42
10	74.22	19	72.90	28	71.50	80	62.61
11	74.07	20	72.75	29	71.35	90	60.75
12	73.93	21	72.59	30	71.18	100	58.85
13	73.78	22	72.44	35	70.38	110	56.89
14	73.64	23	72.28	40	69.56	120	54.89
15	73.59	24	72.13	45	68.74	130	52.84
16	73.34	25	71.97	50	67.91		

注:本表摘自"*John A Dean. Lange's Handbook of Chemistry*. 1973:10-265"。

附录五　KCl 溶液的电导率

$t/℃$	$\kappa/S \cdot cm^{-1}$		
	$0.1mol \cdot L^{-1}$	$0.2mol \cdot L^{-1}$	$0.01mol \cdot L^{-1}$
0	0.00715	0.001521	0.000776
5	0.00822	0.001752	0.000896
10	0.00933	0.001994	0.00102

续表

$t/℃$	$\kappa/S \cdot cm^{-1}$		
	$0.1mol \cdot L^{-1}$	$0.2mol \cdot L^{-1}$	$0.01mol \cdot L^{-1}$
15	0.01048	0.002243	0.001147
16	0.01072	0.002294	0.001173
17	0.01095	0.002345	0.001199
18	0.01119	0.002397	0.001225
19	0.01142	0.002449	0.001251
20	0.01167	0.002501	0.001278
21	0.01191	0.002553	0.001305
22	0.01215	0.002606	0.001332
23	0.01239	0.002659	0.001359
24	0.01264	0.002712	0.001386
25	0.01288	0.002765	0.001413
26	0.01313	0.002819	0.001441
27	0.01337	0.002873	0.001468
28	0.01362	0.002927	0.001496
29	0.01387	0.002981	0.001524
30	0.01412	0.003036	0.001552

附录六　常压下共沸物的沸点和组成

共沸物		各组分的沸点/℃		共沸物的性质	
甲组分	乙组分	甲组分	乙组分	沸点/℃	组成 $w_甲$/%
苯	乙醇	80.1	78.3	67.9	68.3
环己烷	乙醇	80.8	78.3	64.8	70.8
正己烷	乙醇	68.9	78.3	58.7	79.0
乙酸乙酯	乙醇	77.1	78.3	71.8	59.0
乙酸乙酯	环己烷	77.1	80.7	71.6	56.0
异丙醇	环己烷	82.4	80.7	69.4	32.0

注：本表摘自"Robert C Weast. *CRC Handbook of Chemistry and Physics*. 66th ed. 1985—1986：D-12-30"。

附录七　有机化合物的标准摩尔燃烧焓

名称	化学式	$t/℃$	$\Delta_c H_m^\ominus/kJ \cdot mol^{-1}$
甲醇	$CH_3OH(l)$	25	726.51
乙醇	$C_2H_5OH(l)$	25	1366.8
甘油	$(CH_2OH)_2CHOH(l)$	20	1661.0
苯	$C_6H_6(l)$	20	3267.5
己烷	$C_6H_{14}(l)$	25	4163.1
苯甲酸	$C_6H_5COOH(s)$	20	3226.9
樟脑	$C_{10}H_{16}O(s)$	20	5903.6
萘	$C_{10}H_8(s)$	25	5153.8
尿素	$NH_2CONH_2(s)$	25	631.7

注:本表摘自"*CRC Handbook of Chemistry and Physics*. 66th ed. 1985—1986. D－272-278"。

附录八　18℃下水溶液中阴离子的迁移数

电解质	$c/mol \cdot L^{-1}$					
	0.01	0.02	0.05	0.1	0.2	0.5
NaOH			0.81	0.82	0.82	0.82
HCl	0.167	0.166	0.165	0.164	0.163	0.16
KCl	0.504	0.504	0.505	0.506	0.506	0.51
$KNO_3(25℃)$	0.4916	0.4913	0.4907	0.4897	0.488	
H_2SO_4	0.175		0.172	0.175		0.175

注:本表摘自"B.A.拉宾诺维奇等著.简明化学手册.尹永烈等译.北京:化学工业出版社,1983:620"。

附
录

附录九　不同温度下 HCl 水溶液中阳离子的迁移数（t_+）

m	$t/℃$						
	10	15	20	25	30	35	40
0.01	0.841	0.835	0.83	0.825	0.821	0.816	0.811
0.02	0.842	0.836	0.832	0.827	0.822	0.818	0.813
0.05	0.844	0.838	0.834	0.83	0.825	0.821	0.816
0.1	0.846	0.84	0.837	0.832	0.828	0.823	0.819
0.2	0.847	0.843	0.839	0.835	0.83	0.827	0.823
0.5	0.85	0.846	0.842	0.838	0.834	0.831	0.827
1	0.852	0.848	0.844	0.841	0.837	0.833	0.829

注：本表摘自"Conway B E 著. Electrochemical DTAa. 172"。

附录十　几种胶体的 ζ 电位

水溶胶				有机溶胶		
分散相	$ζ/V$	分散相	$ζ/V$	分散相	分散介质	$ζ/V$
As_2S_3	-0.032	Bi	0.016	Cd	$CH_3COOC_2H_5$	-0.047
Au	-0.032	Pb	0.018	Zn	CH_3COOCH_3	-0.064
Ag	-0.034	Fe	0.028	Zn	$CH_3COOC_2H_5$	-0.087
SiO_2	-0.044	$Fe(OH)_3$	0.044	Bi	$CH_3COOC_2H_5$	-0.091

注：本表摘自"天津大学物理化学教研室主编. 物理化学（下册）. 北京：高等教育出版社，1979：500"。

附录十一　25℃下常用标准电极电势及温度系数

电　极	电极反应	E/V	$\dfrac{dE}{dT}/mV \cdot K^{-1}$
Ag^+, Ag	$Ag^+ + e^- \rule[0.5ex]{1.5em}{0.4pt} Ag$	0.7991	-1.000
$AgCl, Ag, Cl^-$	$AgCl + e^- \rule[0.5ex]{1.5em}{0.4pt} Ag + Cl^-$	0.2224	-0.658
AgI, Ag, I^-	$AgI + e^- \rule[0.5ex]{1.5em}{0.4pt} Ag + I^-$	-0.151	-0.284
Cd^{2+}, Cd	$Cd^{2+} + 2e^- \rule[0.5ex]{1.5em}{0.4pt} Cd$	-0.403	-0.093
Cl_2, Cl^-	$Cl_2 + 2e^- \rule[0.5ex]{1.5em}{0.4pt} 2Cl^-$	1.3595	-1.260
Cu^{2+}, Cu	$Cu^{2+} + 2e^- \rule[0.5ex]{1.5em}{0.4pt} Cu$	0.337	0.008

电　极	电极反应	E/V	$\dfrac{\mathrm{d}E}{\mathrm{d}T}/\mathrm{mV} \cdot \mathrm{K}^{-1}$
Fe^{2+},Fe	$Fe^{2+}+2e^-\!\!=\!\!=\!\!=Fe$	-0.440	0.052
Mg^{2+},Mg	$Mg^{2+}+2e^-\!\!=\!\!=\!\!=Mg$	-2.37	0.103
Pb^{2+},Pb	$Pb^{2+}+2e^-\!\!=\!\!=\!\!=Pb$	-0.126	-0.451
$PbO_2,PbSO_4,SO_4^{2-},H^+$	$PbO_2+SO_4^{2-}+4H^++2e^-$ $=\!\!=\!\!=PbSO_4+2H_2O$	1.685	-0.326
OH^-,O_2	$O_2+2H_2O+4e^-\!\!=\!\!=\!\!=4OH^-$	0.401	-1.680
Zn^{2+},Zn	$Zn^{2+}+2e^-\!\!=\!\!=\!\!=Zn$	-0.7628	0.091

注:本表摘自"印永嘉主编.物理化学简明手册.北京:高等教育出版社,1988.214"。

附录十二　25℃下环己烷-乙醇标准溶液折光率 $n_D^{25℃}$ 与组成 $x_{C_6H_{12}}/y_{C_6H_{12}}$ 的关系表

折光率	C_6H_{12}摩尔分数	折光率	C_6H_{12}摩尔分数	折光率	C_6H_{12}摩尔分数
1.3598	0.0000	1.3614	1.8880	1.3630	3.7795
1.3599	0.1180	1.3615	2.0060	1.3631	3.8993
1.3600	0.2360	1.3616	2.1240	1.3632	4.0191
1.3601	0.3540	1.3617	2.2420	1.3633	4.1389
1.3602	0.4720	1.3618	2.3600	1.3634	4.2587
1.3603	0.5900	1.3619	2.4780	1.3635	4.3785
1.3604	0.7080	1.3620	2.5960	1.3636	4.4982
1.3605	0.8260	1.3621	2.7140	1.3637	4.6180
1.3606	0.9440	1.3622	2.8320	1.3638	4.7378
1.3607	1.0620	1.3623	2.9500	1.3639	4.8576
1.3608	1.1800	1.3624	3.0680	1.3640	4.9774
1.3609	1.2980	1.3625	3.1860	1.3641	5.0972
1.3610	1.4160	1.3626	3.3040	1.3642	5.2170
1.3611	1.5340	1.3627	3.4220	1.3643	5.3368
1.3612	1.6520	1.3628	3.5400	1.3644	5.4565
1.3613	1.7700	1.3629	3.6597	1.3645	5.5763

续表

折光率	C_6H_{12}摩尔分数	折光率	C_6H_{12}摩尔分数	折光率	C_6H_{12}摩尔分数
1.3646	5.6961	1.3677	9.4095	1.3708	13.1229
1.3647	5.8159	1.3678	9.5293	1.3709	13.2427
1.3648	5.9357	1.3679	9.6491	1.3710	13.3625
1.3649	6.0555	1.3680	9.7689	1.3711	13.4823
1.3650	6.1753	1.3681	9.8887	1.3712	13.6021
1.3651	6.2951	1.3682	10.0085	1.3713	13.7219
1.3652	6.4148	1.3683	10.1282	1.3714	13.8417
1.3653	6.5346	1.3684	10.2480	1.3715	13.9614
1.3654	6.6544	1.3685	10.3678	1.3716	14.0812
1.3655	6.7742	1.3686	10.4876	1.3717	14.2010
1.3656	6.8940	1.3687	10.6074	1.3718	14.3208
1.3657	7.0138	1.3688	10.7272	1.3719	14.4406
1.3658	7.1330	1.3689	10.8470	1.3720	14.3604
1.3659	7.2534	1.3690	10.9668	1.3721	14.6802
1.3660	7.3731	1.3691	11.0865	1.3722	14.8000
1.3661	7.4929	1.3692	11.2063	1.3723	14.9241
1.3662	7.6127	1.3693	11.3261	1.3724	15.0483
1.3663	7.7325	1.3694	11.4459	1.3725	15.1725
1.3664	7.8523	1.3695	11.5657	1.3726	15.2966
1.3665	7.9721	1.3696	11.6855	1.3727	15.4208
1.3666	8.0919	1.3697	11.8053	1.3728	15.5450
1.3667	8.2117	1.3698	11.9251	1.3729	15.6691
1.3668	8.3314	1.3699	12.0448	1.3730	15.7933
1.3669	8.4512	1.3700	12.1646	1.3731	15.9175
1.3670	8.5710	1.3701	12.2844	1.3732	16.0416
1.3671	8.6908	1.3702	12.4042	1.3733	16.1658
1.3672	8.8106	1.3703	12.5240	1.3734	16.2900
1.3673	8.9304	1.3704	12.6438	1.3735	16.4141
1.3674	9.0502	1.3705	12.7636	1.3736	16.5383
1.3675	9.1700	1.3706	12.8834	1.3737	16.6625
1.3676	9.2897	1.3707	13.0031	1.3738	16.7866

折光率	C_6H_{12}摩尔分数	折光率	C_6H_{12}摩尔分数	折光率	C_6H_{12}摩尔分数
1.3739	16.9108	1.3770	20.7600	1.3801	24.6091
1.3740	17.0350	1.3771	20.8841	1.3802	24.7333
1.3741	17.1591	1.3772	21.0083	1.3803	24.8575
1.3742	17.2833	1.3773	21.1325	1.3804	24.9816
1.3743	17.4025	1.3774	21.2566	1.3805	25.1058
1.3744	17.5316	1.3775	21.3808	1.3806	25.2300
1.3745	17.6558	1.3776	21.5050	1.3807	25.3541
1.3746	17.7800	1.3777	21.6291	1.3808	25.4783
1.3747	17.9041	1.3778	21.7533	1.3809	25.6025
1.3748	18.0283	1.3779	21.8775	1.3810	25.7266
1.3749	18.1525	1.3780	22.0016	1.3811	25.8508
1.3750	18.2766	1.3781	22.1258	1.3812	25.9750
1.3751	18.4008	1.3782	22.2500	1.3813	26.0991
1.3752	18.5250	1.3783	22.3741	1.3814	26.2233
1.3753	18.6491	1.3784	22.4983	1.3815	26.3475
1.3754	18.7733	1.3785	22.6225	1.3816	26.4716
1.3755	18.8975	1.3786	22.7466	1.3817	26.5958
1.3756	19.0216	1.3787	22.8708	1.3818	26.7200
1.3757	19.1458	1.3788	22.9950	1.3819	26.8441
1.3758	19.2200	1.3789	23.1191	1.3820	26.9683
1.3759	19.3941	1.3790	23.2433	1.3821	27.0925
1.3760	19.5183	1.3791	23.3675	1.3822	27.2166
1.3761	19.6425	1.3792	23.4916	1.3823	27.3408
1.3762	19.7666	1.3793	23.6158	1.3824	27.4650
1.3763	19.8908	1.3794	23.7400	1.3825	27.5891
1.3764	20.0150	1.3795	23.8641	1.3826	27.7133
1.3765	20.1391	1.3796	23.9883	1.3827	27.8375
1.3766	20.2633	1.3797	24.1125	1.3828	27.9616
1.3767	20.3875	1.3798	24.2366	1.3829	28.0858
1.3768	20.5116	1.3799	24.3608	1.3830	28.2100
1.3769	20.6358	1.3800	24.4850	1.3831	28.3341

附录

续表

折光率	C₆H₁₂摩尔分数	折光率	C₆H₁₂摩尔分数	折光率	C₆H₁₂摩尔分数
1.3832	28.4583	1.3863	32.7338	1.3894	37.2123
1.3833	28.5825	1.3864	32.8782	1.3895	37.3568
1.3834	28.7066	1.3865	33.0227	1.3896	37.5012
1.3835	28.8308	1.3866	33.1672	1.3897	37.6457
1.3836	28.9550	1.3867	33.3117	1.3898	37.7902
1.3837	29.0791	1.3868	33.4561	1.3899	37.9346
1.3838	29.2033	1.3869	33.6006	1.3900	38.0791
1.3839	29.3275	1.3870	33.7451	1.3901	38.2236
1.3840	29.4516	1.3871	33.8895	1.3902	38.3680
1.3841	29.5758	1.3872	34.0340	1.3903	38.5125
1.3842	29.7000	1.3873	34.1785	1.3904	38.6570
1.3843	29.8444	1.3874	34.3229	1.3905	38.8014
1.3844	29.9889	1.3875	34.4674	1.3906	38.9459
1.3845	30.1334	1.3876	34.6119	1.3907	39.0904
1.3846	30.2778	1.3877	34.7563	1.3908	39.2348
1.3847	30.4223	1.3878	34.9008	1.3909	39.3793
1.3848	30.5668	1.3879	35.0453	1.3910	39.5238
1.3849	30.7112	1.3880	35.1897	1.3911	39.6682
1.3850	30.8557	1.3881	35.3342	1.3912	39.8127
1.3851	31.0002	1.3882	35.4787	1.3913	39.9572
1.3852	31.1446	1.3883	35.6231	1.3914	40.1017
1.3853	31.2891	1.3884	35.7676	1.3915	40.2461
1.3854	31.4336	1.3885	35.9121	1.3916	40.3906
1.3855	31.5780	1.3886	36.0565	1.3917	40.5351
1.3856	31.7225	1.3887	36.2010	1.3918	40.6795
1.3857	31.8670	1.3888	36.3455	1.3919	40.8240
1.3858	32.0114	1.3889	36.4900	1.3920	40.9685
1.3859	32.1559	1.3890	36.6344	1.3920	40.9685
1.3860	32.3004	1.3891	36.7789	1.3921	41.1129
1.3861	32.4448	1.3892	36.9234	1.3922	41.2574
1.3862	32.5893	1.3893	37.0678	1.3923	41.4019

折光率	C₆H₁₂摩尔分数	折光率	C₆H₁₂摩尔分数	折光率	C₆H₁₂摩尔分数
1.3924	41.5463	1.3955	46.0248	1.3986	50.5726
1.3925	41.6908	1.3956	46.1693	1.3987	50.7401
1.3926	41.8353	1.3957	46.3138	1.3988	50.9077
1.3927	41.9797	1.3958	46.4582	1.3989	51.0752
1.3928	42.1242	1.3959	46.6027	1.3990	51.2428
1.3929	42.2687	1.3960	46.7472	1.3991	51.4103
1.3930	42.4131	1.3961	46.8917	1.3992	51.5778
1.3931	42.5576	1.3962	47.0361	1.3993	51.7454
1.3932	42.7021	1.3963	47.1806	1.3994	51.9129
1.3933	42.8465	1.3964	47.3251	1.3995	52.0805
1.3934	42.9910	1.3965	47.4695	1.3996	52.2480
1.3935	43.1355	1.3966	47.6140	1.3997	52.4156
1.3936	43.2800	1.3967	47.7585	1.3998	52.5831
1.3937	43.4244	1.3968	47.9829	1.3999	52.7507
1.3938	43.5689	1.3969	48.0474	1.4000	52.9182
1.3939	43.7134	1.3970	48.1919	1.4001	53.0857
1.3940	43.8578	1.3971	48.3363	1.4002	53.2533
1.3941	44.0023	1.3972	48.4808	1.4003	53.4208
1.3942	44.1408	1.3973	48.6253	1.4004	53.5884
1.3943	44.2912	1.3974	48.7697	1.4005	53.7559
1.3944	44.4357	1.3975	48.9142	1.4006	53.9235
1.3945	44.5802	1.3976	49.0587	1.4007	54.0910
1.3946	44.7246	1.3977	49.2031	1.4008	54.2585
1.3947	44.8691	1.3978	49.3476	1.4009	54.4261
1.3948	45.0136	1.3979	49.4921	1.4010	54.5936
1.3949	45.1580	1.3980	49.6365	1.4011	54.7612
1.3950	45.3025	1.3981	49.7810	1.4012	54.9287
1.3951	45.4470	1.3982	49.9255	1.4013	55.0963
1.3952	45.5914	1.3983	50.0700	1.4014	55.2638
1.3953	45.7359	1.3984	50.2375	1.4015	55.4314
1.3954	45.8804	1.3985	50.4050	1.4016	55.5989

续表

折光率	C$_6$H$_{12}$摩尔分数	折光率	C$_6$H$_{12}$摩尔分数	折光率	C$_6$H$_{12}$摩尔分数
1.4017	55.7664	1.4048	61.1967	1.4079	67.3065
1.4018	55.9340	1.4049	61.3938	1.4080	67.5037
1.4019	56.1015	1.4050	61.5909	1.4081	67.7006
1.4020	56.2691	1.4051	61.7880	1.4082	67.9070
1.4021	56.4366	1.4052	61.9851	1.4083	68.0950
1.4022	56.6042	1.4053	62.1822	1.4084	68.2921
1.4023	56.7717	1.4054	62.3793	1.4085	68.4892
1.4024	56.9392	1.4055	62.5764	1.4086	68.6863
1.4025	57.1068	1.4056	62.7735	1.4087	68.8834
1.4026	57.2743	1.4057	62.9705	1.4088	69.0805
1.4027	57.4419	1.4058	63.1676	1.4089	69.2776
1.4028	57.6094	1.4059	63.3647	1.4090	69.4747
1.4029	57.7770	1.4060	63.5618	1.4091	69.6717
1.4030	57.9445	1.4061	63.7589	1.4092	69.8688
1.4031	58.1121	1.4062	63.9560	1.4093	70.0659
1.4032	58.2796	1.4063	64.1531	1.4094	70.2630
1.4033	58.4471	1.4064	64.3502	1.4095	70.4601
1.4034	58.6147	1.4065	64.5473	1.4096	70.6572
1.4035	58.7882	1.4066	64.7444	1.4097	70.8543
1.4036	58.9498	1.4067	64.9415	1.4098	71.0514
1.4037	59.1173	1.4068	65.1386	1.4099	71.2485
1.4038	59.2849	1.4069	65.3357	1.4100	71.4456
1.4039	59.4524	1.4070	65.5328	1.4101	71.6427
1.4040	59.6200	1.4071	65.7299	1.4102	71.8398
1.4041	59.8170	1.4072	65.9270	1.4103	72.0369
1.4042	60.0141	1.4073	66.1241	1.4104	72.2340
1.4043	60.2112	1.4074	66.3211	1.4105	72.4311
1.4044	60.4083	1.4075	66.5182	1.4106	72.6282
1.4045	60.6054	1.4076	66.7153	1.4107	72.8252
1.4046	60.8025	1.4077	66.9124	1.4108	73.0223
1.4047	60.9996	1.4078	67.1095	1.4109	73.2194

折光率	C$_6$H$_{12}$摩尔分数	折光率	C$_6$H$_{12}$摩尔分数	折光率	C$_6$H$_{12}$摩尔分数
1.4110	73.4165	1.4141	79.5264	1.4172	85.7833
1.4111	73.6136	1.4142	79.7235	1.4173	85.9902
1.4112	73.8107	1.4143	79.9206	1.4174	86.1971
1.4113	74.0078	1.4144	80.1177	1.4175	86.4040
1.4114	74.2049	1.4145	80.3148	1.4176	86.6108
1.4115	74.4020	1.4146	80.5119	1.4177	86.8177
1.4116	74.5991	1.4147	80.7090	1.4178	87.0246
1.4117	74.7962	1.4148	80.9061	1.4179	87.2315
1.4118	74.9933	1.4149	81.1032	1.4180	87.4384
1.4119	75.1904	1.4150	81.3003	1.4181	87.6453
1.4120	75.3875	1.4151	81.4974	1.4182	87.8522
1.4121	75.5846	1.4152	81.6945	1.4183	88.0591
1.4122	75.7817	1.4153	81.8916	1.4184	88.2660
1.4123	75.9788	1.4154	82.0887	1.4185	88.4728
1.4124	76.1758	1.4155	82.2858	1.4186	88.6797
1.4125	76.3729	1.4156	82.4829	1.4187	88.8866
1.4126	76.5700	1.4157	82.6800	1.4188	89.0835
1.4127	76.7671	1.4158	82.8868	1.4189	89.3004
1.4128	76.9642	1.4159	83.0937	1.4190	89.5073
1.4129	77.1613	1.4160	83.3006	1.4191	89.7142
1.4130	77.3584	1.4161	83.5075	1.4192	89.9211
1.4131	77.5555	1.4162	83.7144	1.4193	90.1280
1.4132	77.7526	1.4163	83.9213	1.4194	90.3348
1.4133	77.9497	1.4164	84.1282	1.4195	90.5417
1.4134	78.1468	1.4165	84.3351	1.4196	90.7486
1.4135	78.3439	1.4166	84.5420	1.4197	90.9555
1.4136	78.5410	1.4167	84.7488	1.4198	91.1624
1.4137	78.7381	1.4168	84.9557	1.4199	91.3693
1.4138	78.9352	1.4169	85.1626	1.4200	91.5762
1.4139	79.1323	1.4170	85.3695	1.4201	91.7831
1.4140	79.3294	1.4171	85.5764	1.4202	91.9900

附 录

续表

折光率	C_6H_{12}摩尔分数	折光率	C_6H_{12}摩尔分数	折光率	C_6H_{12}摩尔分数
1.4203	92.2125	1.4215	94.8825	1.4227	97.5525
1.4204	92.4350	1.4216	95.1052	1.4228	97.7750
1.4205	92.6575	1.4217	95.3275	1.4229	97.9975
1.4206	92.8800	1.4218	95.5500	1.4230	98.2200
1.4207	93.1025	1.4219	95.7725	1.4231	98.4425
1.4208	93.3250	1.4220	95.9950	1.4232	98.6650
1.4209	93.5475	1.4221	96.2175	1.4233	98.8875
1.4210	93.7700	1.4222	96.4400	1.4234	99.1100
1.4211	93.9925	1.4223	96.6625	1.4235	99.3325
1.4212	94.2150	1.4224	96.8850	1.4236	99.5550
1.4213	94.4375	1.4225	97.1075	1.4237	99.7775
1.4214	94.6600	1.4226	97.3300	1.4238	100.0000

参考文献

[1]北京大学化学学院物理化学实验教学组编.物理化学实验(第4版).北京:北京大学出版社,2009.

[2]复旦大学等编,庄继华等修订.物理化学实验讲义(第3版).北京:高等教育出版社,2005.

[3]孙尔康等编.物理化学实验.南京:南京大学出版社,1998.

[4]罗澄源,向明礼等编.物理化学实验(第4版).北京:高等教育出版社,2004.

[5]浙江大学等校合编.新编大学化学实验.北京:高等教育出版社,2002.

[6]东北师范大学等编.物理化学实验(第2版).北京:高等教育出版社,1989.

[7]刘寿长,徐顺编.物理化学实验与技术.郑州:郑州大学出版社:2004.

[8]姜忠良,陈秀云编.温度的测量与控制.北京:清华大学出版社,2005.

[9]叶卫平,方安平,于本方编.Origin 7.0科技绘图及数据分析.北京:机械工业出版社,2004.

[10]印永嘉,奚正楷,张树永等编.物理化学(第4版).北京:高等教育出版社,2007.

[11]清华大学化学系物理化学编写组编.物理化学实验.北京:清华大学出版社,1992.

[12]武汉大学化学与分子科学学院实验中心编.物理化学实验.武汉:武汉大学出版社,2004.

[13]杨百勤编,物理化学实验.北京:化学工业出版社,2001.

[14]崔献英,柯燕雄,单绍纯编,物理化学实验.合肥:中国科学技术大学出版社,2000.

[15]夏海涛主编,物理化学实验.哈尔滨:哈尔滨工业大学出版社,2003.

[16]鲁道荣主编,物理化学实验.合肥:合肥工业大学出版社,2002.

[17]浙江大学,南京大学,北京大学,兰州大学编.综合化学实验.北京:高等教育出版社,2001.

[18]清华大学,大连理工大学,天津大学,南京化工大学编.化学化工工具书指南.北京:化学工业出版社,1997.

[19]刘寿长,张建民,徐顺.物理化学实验与技术.郑州:郑州大学出版社,2002.

[20]薛怀国编.大学化学实验——基础化学实验二.南京:南京大学出版社,2006.

[21]袁誉洪编.物理化学实验.北京:科学出版社,2008.

[22]罗鸣,石士考,张雪英主编.物理化学实验.北京:化学工业出版社,2012.

[23]董超,李建平等编.物理化学实验.北京:化学工业出版社,2011.

[24]尹业平,王辉宪主编.物理化学实验.北京:科学出版社,2006.

[25]唐林,孟阿兰,刘红天编.物理化学实验.北京:化学工业出版社,2008.

[26]罗士萍主编.物理化学实验.北京:化学工业出版社,2010.

[27]黄允中,张元勤,刘凡编著.计算机辅助物理化学实验.北京:化学工业出版社,2003.9.

[28]金丽萍,邬时清,陈大勇编.物理化学实验.上海:华东理工大学出版社,2005.

[29]刘振海,徐国华,张洪林.热分析仪器[M].北京:化学工业出版社,2006.

[30]张洪林,杜敏,魏西莲主编.物理化学实验[M].青岛:中国海洋大学出版社,2009.

[31]李敏娇,司玉军.简明物理化学实验[M].重庆:重庆大学出版社,2009.

[32]叶明德,王稼国,李新华等.综合化学实验[M].杭州:浙江大学出版社,2011.